内容简介

本书系统介绍了有机固体废物生物处理技术、生物质致密成型技术、生物质热解技术、有机固体废物焚烧技术、城市生活垃圾填埋处置技术、有机废水生物处理技术、沼气发酵系统与生态农业建设、有机废水自然净化技术、有机废气处理技术。书中配有相关的讨论题。

本书充分体现基础理论和工艺技术相结合的特点,尽量纳入国内外先进的和前瞻性的技术内容,既可以作为本科院校有机废物处理方面的教材,也可以作为专科生、研究生的教材或参考用书,也是一本对有机废物处理研究与技术人员有价值的参考书籍。

云南省高等学校"十二五"规划教材

有机废物处理工程

Organic Waste Treatment Engineering

主 编 陈玉保
副主编 刘士清 马 煜
参 编 尹 芳 李建昌 徐 锐
　　　 赵兴玲 许 玲 余琼粉
　　　 柳 静 张 成 王昌梅

图书在版编目(CIP)数据

有机废物处理工程/陈玉保主编. —北京：北京大学出版社，2012.3
ISBN 978-7-301-20361-3

Ⅰ.①有… Ⅱ.①陈… Ⅲ.①有机污染物－废物处理 Ⅳ.①X78

中国版本图书馆 CIP 数据核字(2012)第 034186 号

书　　　名：	有机废物处理工程
著作责任者：	陈玉保　主编
责 任 编 辑：	王树通
标 准 书 号：	ISBN 978-7-301-20361-3/X·0050
出 版 发 行：	北京大学出版社
地　　　址：	北京市海淀区成府路 205 号　100871
网　　　址：	http://www.pup.cn
电 子 信 箱：	zpup@pup.pku.edu.cn
电　　　话：	邮购部 62752015　发行部 62750672　编辑部 62765014　出版部 62754962
印 刷 者：	三河市博文印刷厂
经 销 者：	新华书店

787 毫米×1092 毫米　16 开本　12.75 印张　318 千字
2012 年 3 月第 1 版　2012 年 3 月第 1 次印刷

定　　　价：28.00 元

未经许可，不得以任何方式复制或抄袭本书之部分或全部内容。
版权所有，侵权必究
举报电话：(010)62752024　电子信箱：fd@pup.pku.edu.cn

前　　言

随着我国城市化和工业化进程的高速发展、人口的迅速增长以及人们物质生活的极大丰富,有机废物产生量逐日递增,其性质更趋复杂,由此引发的环境问题也日益突出。近十几年来,我国对有机废物的控制和管理工作越来越重视,先后颁布实施了《中华人民共和国固体废物污染环境防治法》、《中华人民共和国水污染防治法》、《中华人民共和国大气污染防治法》、《中华人民共和国可再生能源法》、《中华人民共和国循环经济促进法》和《中华人民共和国清洁生产促进法》等,使有机废物的治理与管理逐步纳入了法制化轨道,从而需要更加先进和可靠的有机废物处理、处置和资源化利用技术。

有机废物处理工程作为一门以环境科学、生态学、物理化学、生物学等理论学科为基础,以工艺技术为主导的工程课程,具有多学科相互渗透、技术工艺复杂等特点,主要包括有机固体废物生物处理技术、生物质致密成型技术、生物质热解技术、有机固体废物焚烧技术、城市生活垃圾填埋处置技术、有机废水生物处理技术、沼气发酵系统与生态农业建设、有机废水自然净化技术、有机废气处理技术等工程技术领域。近年来,我国开设有机废物相关专业课程的大专院校数量与日俱增,尤其是非环境保护专业的学校也十分关注环境保护和资源化利用。出版与有机废物相关专业教材的重要性也随之凸显重要。

本书内容既包括对有机废物污染控制的处理处置技术,也包括对有机废物作为可再生资源进行利用的各类资源化技术;内容涵盖了有机固体废物、有机废水和有机废气等方面。在全书内容设置上,为满足研究型人才培养的需要,充分体现基础理论和工艺技术相结合的特点。本书的编者旨在满足我国大专院校专科生、本科生以及研究生培养和教学的需要,兼顾研究与技术人员作为专业参考资料的需要。

由于编者水平有限,书中疏漏之处在所难免,恳请使用本书的师生多提宝贵意见。

编　者

2011 年 7 月

缩略词简表

AAFEB 厌氧附着膜膨化床(反应器)
AF 厌氧滤池
AFB 厌氧流化床
BAF 曝气生物滤池
BOD 生化需氧量
BVS 可生物降解的挥发性固体
CAST 循环式活性污泥法
CBR 氯丁橡胶
COD 化学需氧量
CPE 氯化聚乙烯
CSPE 氯磺聚乙烯
DE(型) 两沟(型)(氧化沟)
EGSB 厌氧膨胀颗粒污泥床(反应器)
ELPO 塑化聚烯烃
EPA 美国国家环境保护署
EPDM 乙烯-丙烯橡胶
F/M 食微比
GC-MS 气相色谱-质谱联用仪
HDPE 高密度聚乙烯
HHV 高位热值
HPLC 高效液相色谱法
HRT 水力停留时间
IC 厌氧内循环(反应器)
ICEAS 间歇循环延时曝气系统
ISO 国际标准化组织
LDPE 低密度聚乙烯
MBBR 移动床生物膜(反应器)
MLSS 混合液悬浮固体
MLVSS 混合液挥发性悬浮固体
MPN 最大可能数
NHV 低位热值

OF 地表漫流系统
ORP 氧化还原电位
PBR 乙烯橡胶
PCBs 多氯联苯
PCC 聚合物水泥混凝土
PCDDs 二噁英
PCDFs 呋喃
PVC 聚氯乙烯
RI 快速渗滤系统
3T1E (原则)指影响焚烧炉运行的 4 个因素(温度,停留时间,湍流程度和过剩空气量)
SBR 间歇(序批)式活性污泥法
SCR 选择性催化还原法
SI 地下渗滤系统
SNCR 非选择性催化还原法
SR 慢速渗滤系统
SRT 生物固体(平均)停留时间
SS 悬浮固体
SV 污泥沉降比
SVI 污泥容积指数
T(型) 三沟型氧化沟
TCA 三羧酸
TOC 总有机碳
TN 总氮
TP 总磷
TRI 有机气体排放物清单
TS 总固体含量
UASB 上流式厌氧污泥床(反应器)
VFA 挥发性脂肪酸
VOCs 挥发性有机物

目 录

前言 ………………………………………………………………………… (1)
缩略词简表 ………………………………………………………………… (1)
第1章 概论 ………………………………………………………………… (1)
  1.1 有机废物的来源与特点 ……………………………………………… (1)
    1.1.1 有机废物的来源与分类 ………………………………………… (1)
    1.1.2 有机废物的特点与特征 ………………………………………… (3)
  1.2 有机废物的污染与控制 ……………………………………………… (3)
    1.2.1 有机废物的污染与危害 ………………………………………… (3)
    1.2.2 有机废物的控制技术 …………………………………………… (5)
  讨论题 ……………………………………………………………………… (6)
第2章 有机固体废物的生物处理技术 …………………………………… (7)
  2.1 有机固体废物的生物处理原理 ……………………………………… (7)
    2.1.1 基本原理 ………………………………………………………… (7)
    2.1.2 好氧生物转换过程 ……………………………………………… (9)
    2.1.3 厌氧生物转换过程 ……………………………………………… (10)
    2.1.4 生物处理工艺的选择 …………………………………………… (11)
  2.2 有机固体废物好氧堆肥技术 ………………………………………… (12)
    2.2.1 好氧堆肥化原理 ………………………………………………… (12)
    2.2.2 堆肥化过程温度变化规律 ……………………………………… (12)
    2.2.3 堆肥化的影响因素及其控制 …………………………………… (13)
    2.2.4 好氧堆肥化工艺 ………………………………………………… (15)
  2.3 有机固体废物厌氧发酵技术 ………………………………………… (17)
    2.3.1 影响厌氧发酵技术的主要因素 ………………………………… (17)
    2.3.2 有机固体废物厌氧发酵处理工艺 ……………………………… (19)
  讨论题 ……………………………………………………………………… (24)
第3章 生物质致密成型技术 ……………………………………………… (25)
  3.1 生物质致密成型原理 ………………………………………………… (25)
  3.2 影响生物质致密成型的主要因素 …………………………………… (27)
  3.3 生物质致密成型工艺与技术 ………………………………………… (29)
    3.3.1 生物质致密成型工艺类型 ……………………………………… (29)
    3.3.2 生物质致密成型技术 …………………………………………… (30)
    3.3.3 生物质致密成型生产工艺流程 ………………………………… (32)
  讨论题 ……………………………………………………………………… (33)

第4章 生物质热解技术 (34)

4.1 生物质气化技术 (34)
4.1.1 生物质气化的基本原理与指标 (35)
4.1.2 影响生物质气化的主要因素 (39)
4.1.3 生物质气化工艺与设备 (40)

4.2 生物质热解液化技术 (44)
4.2.1 反应机理 (45)
4.2.2 影响生物质热解过程及产物组成的因素 (46)
4.2.3 生物质热解液化工艺流程 (47)
4.2.4 生物质热解液化产品 (49)

4.3 生物质炭化技术 (50)
4.3.1 生物质炭化设备 (50)
4.3.2 炭化工艺类型 (51)
4.3.3 木材干馏的工艺流程 (51)

讨论题 (52)

第5章 有机固体废物焚烧技术 (54)

5.1 焚烧原理与过程 (54)
5.1.1 焚烧原理 (54)
5.1.2 焚烧过程与特点 (56)
5.1.3 有机固体废物焚烧的燃烧方式 (57)
5.1.4 焚烧过程最终产物 (58)

5.2 焚烧效果评价指标与影响因素 (59)
5.2.1 焚烧效果评价指标 (59)
5.2.2 焚烧过程影响因素 (59)

5.3 焚烧热值计算 (60)

5.4 典型焚烧系统 (61)
5.4.1 机械炉床焚烧炉 (61)
5.4.2 旋转窑式焚烧炉 (62)
5.4.3 流化床式焚烧炉 (63)
5.4.4 模组式固定床焚烧炉(控气式焚烧炉) (64)

5.5 焚烧过程污染物及其控制 (65)
5.5.1 大气污染物及其控制 (65)
5.5.2 残渣处理与利用 (69)

讨论题 (69)

第6章 城市生活垃圾填埋处置技术 (70)

6.1 填埋工艺及技术 (70)
6.2 填埋场的选择 (71)
6.3 填埋场的生物降解过程 (73)
6.4 填埋场防渗技术 (74)

6.4.1 填埋场防渗技术类型 … (74)
6.4.2 防渗层结构 … (75)
6.4.3 填埋场防渗材料 … (76)
6.4.4 填埋场防渗层铺装及质量控制 … (77)
6.5 填埋场的设计与污染控制 … (78)
6.5.1 填埋场面积和容量的确定 … (78)
6.5.2 垃圾渗滤液的产生 … (79)
6.5.3 渗滤液收集系统 … (80)
6.5.4 垃圾渗滤液的性质 … (81)
6.5.5 垃圾渗滤液处理工艺 … (81)
6.5.6 气体的产生及控制 … (82)
6.5.7 封场 … (83)
6.5.8 场地监测与环境保护 … (83)
6.6 填埋方法与操作 … (84)
6.6.1 填埋方法 … (84)
6.6.2 填埋操作 … (85)
讨论题 … (85)

第7章 有机废水生物处理技术 … (86)
7.1 活性污泥法 … (86)
7.1.1 活性污泥法的基本概念与工艺流程 … (86)
7.1.2 活性污泥组成及其在污水处理中的作用 … (87)
7.1.3 活性污泥增长曲线 … (88)
7.1.4 活性污泥法性能指标 … (89)
7.1.5 活性污泥净化机理、过程及影响因素 … (92)
7.1.6 曝气方法与原理 … (97)
7.1.7 活性污泥法的工艺流程和运行方式 … (99)
7.2 生物膜法 … (114)
7.2.1 生物膜法的基本原理 … (114)
7.2.2 影响生物膜法的主要因素 … (116)
7.2.3 生物膜法主要类型和工艺流程 … (117)
7.3 有机废水厌氧生物处理 … (135)
7.3.1 厌氧生物处理原理与优缺点 … (135)
7.3.2 影响厌氧生物处理的主要因素 … (135)
7.3.3 厌氧生物处理反应器 … (136)
讨论题 … (143)

第8章 沼气发酵系统与生态农业建设 … (144)
8.1 沼气发酵系统 … (144)
8.1.1 什么是沼气发酵系统 … (144)
8.1.2 沼气发酵系统的输入物质 … (145)

8.1.3　沼气及发酵残留物的综合利用 ……………………………………………(145)
　　　8.1.4　沼气发酵系统的功能 …………………………………………………(147)
　8.2　生态农业的基本概念 …………………………………………………………(147)
　　　8.2.1　什么是生态农业 …………………………………………………………(147)
　　　8.2.2　生态农业的基本特征 ……………………………………………………(148)
　8.3　沼气发酵系统在生态农业中的地位和作用 …………………………………(148)
　　　8.3.1　生态农业建设的原则 ……………………………………………………(148)
　　　8.3.2　沼气发酵系统的效益 ……………………………………………………(149)
　　　8.3.3　沼气发酵系统在生态农业中的作用 ……………………………………(149)
　　　8.3.4　沼气生态系统模式 ………………………………………………………(149)
　8.4　以沼气为纽带的生态农业模式与典型案例 …………………………………(150)
　　　8.4.1　北方"四位一体"沼气综合利用生态模式 ……………………………(151)
　　　8.4.2　南方"猪—沼—果"沼气综合利用模式 ………………………………(154)
　讨论题 ……………………………………………………………………………………(157)

第9章　有机废水自然净化技术 …………………………………………………(158)
　9.1　人工构筑湿地系统污水处理技术 ……………………………………………(158)
　　　9.1.1　人工构筑湿地的优缺点 …………………………………………………(158)
　　　9.1.2　作用机理 …………………………………………………………………(159)
　　　9.1.3　人工构筑湿地的类型与构成 ……………………………………………(160)
　9.2　污水土地处理技术 ……………………………………………………………(161)
　　　9.2.1　优点和净化机理 …………………………………………………………(162)
　　　9.2.2　污水土地处理系统的组成 ………………………………………………(162)
　　　9.2.3　污水土地处理系统的工艺类型 …………………………………………(162)
　9.3　污水稳定塘处理技术 …………………………………………………………(165)
　　　9.3.1　概述 ………………………………………………………………………(165)
　　　9.3.2　稳定塘的分类、特点与应用 ……………………………………………(167)
　　　9.3.3　稳定塘 ……………………………………………………………………(167)
　讨论题 ……………………………………………………………………………………(168)

第10章　有机废气处理技术 ………………………………………………………(169)
　10.1　概述 …………………………………………………………………………(169)
　　　10.1.1　有机废气 ………………………………………………………………(169)
　　　10.1.2　恶臭特性与测定方法 …………………………………………………(170)
　　　10.1.3　有机废气处理方法概述 ………………………………………………(172)
　10.2　催化燃烧法 …………………………………………………………………(172)
　　　10.2.1　催化燃烧的机理 ………………………………………………………(172)
　　　10.2.2　催化剂 …………………………………………………………………(173)
　　　10.2.3　催化燃烧的工艺流程 …………………………………………………(174)
　　　10.2.4　催化燃烧的安全措施 …………………………………………………(175)
　10.3　吸附法 ………………………………………………………………………(175)

10.4 吸收法 …………………………………………………………………… (176)
10.5 生物法 …………………………………………………………………… (176)
　　10.5.1 生物法概述 ……………………………………………………… (176)
　　10.5.2 生物法机理研究 ………………………………………………… (178)
　　10.5.3 生物滤池技术 …………………………………………………… (179)
　　10.5.4 生物滴滤塔技术 ………………………………………………… (180)
　　10.5.5 生物洗涤器 ……………………………………………………… (181)
　　10.5.6 生物处理技术比较及发展 ……………………………………… (182)
10.6 冷凝法 …………………………………………………………………… (182)
10.7 其他控制方法 …………………………………………………………… (183)
　　10.7.1 膜分离法 ………………………………………………………… (183)
　　10.7.2 等离子体技术 …………………………………………………… (184)
　　10.7.3 微波催化氧化技术 ……………………………………………… (185)
　　10.7.4 电晕法 …………………………………………………………… (185)
　　10.7.5 光分解法 ………………………………………………………… (185)
　　10.7.6 臭氧分解法 ……………………………………………………… (186)
　　10.7.7 膜基吸收净化技术 ……………………………………………… (186)
　　10.7.8 纳米材料净化技术 ……………………………………………… (187)
讨论题 …………………………………………………………………………… (187)
参考文献 ……………………………………………………………………… (188)

第 1 章 概 论

1.1 有机废物的来源与特点

有机物是有机化合物的简称,通常是指含碳元素的化合物(一氧化碳、二氧化碳、碳酸盐、金属碳化物、氰化物除外)或碳氢化合物及其衍生物的总称。有机物是生命产生的物质基础。目前人类已知的有机物达 8000 多万种,数量远远超过无机物。有机物在生活和生产中的应用则由来已久,最初是从天然产物中提取有用的成分。18 世纪末,已经得到一系列纯粹的化合物,如酒石酸、柠檬酸、苹果酸、乳酸等。19 世纪初,这些有机物曾被认为是在生物体内生命力的影响下生成的,所以把这类化合物叫做有机化合物,有别于从没有生命的矿物中得到的化合物。而到 19 世纪 20 年代,科学家先后用无机物人工合成许多有机物(如尿素、醋酸、脂肪等),从而打破有机物只能从有机体中取得的观念。但是,由于历史和习惯的原因,人们仍然沿用有机物这个名称。

有机废物就是指在生产、生活和其他活动中产生的丧失原有利用价值或者虽未丧失利用价值但被抛弃或者放弃的固态、液态、气态的有机类物品和物质。根据形态划分,有机废物主要包括有机固体废物、有机废水和有机废气。

1.1.1 有机废物的来源与分类

(一)有机固体废物

有机固体废物是指以固态、半固态和置于容器中气态存在的有机废物,其种类繁多,来源非常广泛(见表 1-1)。

表 1-1 有机固体废物的类型、来源和主要组成物

类型	来源	主要组成物
城市生活垃圾	居民生活	指日常生活过程中产生的废物,如餐厨垃圾,生活垃圾(纸屑、衣物、庭院修剪物、金属、玻璃、塑料、陶瓷、炉渣、碎砖瓦、废弃物、粪便、杂品、废旧电器等)。
	商业、机关	指商业、机关日常工作过程中产生的废物,如废纸、食物、管道、碎砌体、沥青及其他建筑材料、废汽车、废电器、废器具,含有易爆、易燃、腐蚀性、放射性的废物,以及类似居民生活餐厨类的各类废物。
	市政维护与管理	指市政设施维护和管理过程中产生的废物,如碎砖瓦、树叶、金属、锅炉灰渣、污泥、渣土等。
工业有机固体废物	矿业	指煤炭开发、利用加工过程中产生的废物,如煤矸石等。
	石油与化学工业	指石油炼制及其产品加工、化学品制造过程中产生的有机固体废物,如废油、浮渣、含油污泥、塑料、橡胶、纤维、沥青、油毡、涂料、农药等。

续表

类型	来源	主要组成物
工业有机固体废物	轻工业	指食品工业、造纸印刷、纺织服装、木材加工等轻工部门产生的废物,如各类食品糟渣、废纸、皮革、塑料、橡胶、布头、线、纤维、染料、刨花、锯末、碎木、化学药剂、塑料填料等。
	机械、电子工业	指机械加工、电器制造及使用过程中产生含有机物质的废物,如润滑剂、木材、橡胶、塑料、化学药剂以及绝缘材料等。
	建筑工业	指建筑施工、建材生产和使用过程中产生的废物,如废包装材料、纤维板等。
危险有机废物	化学工业、医疗单位、科研单位等	主要来自化学工业、医疗单位、制药业、科研单位等产生的废物,如医院使用过的器械和废弃物,化学药剂,制药厂废渣、废弃农药、炸药、废油等。
农业固体废物	种植业	指作物种植生产过程中产生的废物,如作物秸秆、落叶、根茎、烂菜、废农膜、农用塑料、农药等。
	养殖业	指动物养殖生产过程中产生的废物,如畜禽粪便、死禽畜、死鱼虾、脱落的羽毛等。
	农副产品加工业	指农副产品加工过程中产生的废物,如畜禽加工废物、鱼虾加工废物、未被利用的菜叶、菜梗和菜根、稻壳、玉米芯、瓜皮、果皮、果核、贝壳、羽毛、皮毛等。

有机固体废物有多种分类方法,既可根据其来源、组成、形态等进行分类,也可就其危险性、燃烧特性等性质进行分类:

(1) 根据其来源,可分为工业有机废物、农业废物、生活垃圾、医疗垃圾等;

(2) 按其降解特性,可分为易降解有机固体废物和难降解有机固体废物;

(3) 按其形态,可分为固态有机废物(如木屑、塑料、秸秆等)、半固态有机废物(如污泥、油泥、粪便等)和液态(气态)有机废物(如废油、废有机溶剂、置于容器中的有机气体等);

(4) 按其污染特性,可分为危险废物和一般废物;

(5) 按其燃烧特性,可分为易燃废物和不易燃废物。

表 1-1 列出了有机固体废物的类型、来源和主要组成物。

(二)有机废水

有机废水是指含有有机物质的废水,包括了造纸废水、印染废水、石油化工废水、焦化废水等。根据有机废水的来源,可将其分为生活污水和工业有机废水两大类。生活污水是指人们生活过程中排出的废水,主要包括粪便水、浴洗水、洗涤水、冲洗水等;工业有机废水是指工业生产中排出的含有有机物的废水。根据有机废水的降解特性,可将其分为易降解有机废水和难降解有机废水。

(三)有机废气

有机废气主要是指含有挥发性有机物(volatile organic compounds, VOCs),尤其是含有苯、甲苯、三氯乙烯等具有高挥发性有机物的废气总称;广义上,包括小分子的烷烃及其衍生物及醛、酯等含氧化合物。有机废气主要来源于有机原料的应用与合成材料工业。常见的挥发性有机物有脂肪类碳氢化合物,芳香类碳氢化合物,氯化碳氢化合物,酮、醛、醇、多元醇类、醚、酚、环氧类化合物,酯、酸类化合物,胺、腈类化合物。

1.1.2 有机废物的特点与特征

(一)"资源"与"废物"的相对性

从有机废物的定义可知,它是在一定时间与地点被丢弃的物质,是放错地方的资源,因此,此处的"废"具有明显的时间和空间的特征。

(1) 从时间角度看

有机废物仅仅相对于目前的科技水平还不够高、经济条件还不允许的情况下暂时无法加以利用。但随着时间的推移,科技水平的提高和经济的发展,资源滞后于人类需求的矛盾也日益突出,今天的废物势必会成为明日的资源。

(2) 从空间角度看

废物仅仅是相对于某一过程或某一方面没有使用价值,但并非在一切过程或一切方面都没有使用价值,某一过程的废物往往会成为另一过程的原料,如利用粪便产生沼气发电、农业废物生产化工产品、城市生活垃圾生产有机肥料等。

(二) 成分的多样性和复杂性

有机废物成分复杂、种类繁多、大小各异,既含有有机物又含有无机物,既有有味的又有无味的,既有无毒物又有有毒物,既有单质又有混合物,既有高分子化合物又有低分子化合物,既有边角废料又有设备零件,既有液态形式又有固体形式,其成分构成和形态可谓五花八门、琳琅满目。

1.2 有机废物的污染与控制

近年来,随着经济的快速发展,人民生活水平的不断提高,有机废物的数量也迅速递增。环境问题已成为一个全球性问题,有机废物的污染是环境问题中较为突出的问题。许多工业和农业等领域在其生产和加工过程产生了大量含有有机化合物的废气、废水和固体废物。由于对有机废物处理处置方式不当、处理力度不够,导致了对自然环境的破坏与污染以及对人体健康的危害,在一定程度上影响到了经济的健康、稳定和可持续发展。因此,有必要对这些有机废物进行控制与治理。

1.2.1 有机废物的污染与危害

(一) 有机固体废物的污染与危害

有机固体废物产生量十分巨大,全世界每年超过 10 亿吨,从而有可能导致侵占土地、污染水体和土壤、污染大气、传播疾病等一系列环境问题和社会问题。事实上,有机固体废物中蕴涵着丰富的能源物质,以卫生填埋为主的传统处置方式,在可能发生二次污染的同时,也造成了资源的极大浪费,此类处置方式已不能适应当前循环经济发展的要求。妥善、安全和有效地处理有机固体废物,既能缓解对环境的压力,又能变废为宝、生产能源,起到保护环境与解决能源的双重作用,是当前亟待解决的重点课题。

(二) 有机废水的污染与危害

目前在水中测出的有机化学污染物在 2200 种以上。美国在自来水中测出 765 种,其中 20 种确认为致癌物,26 种为可疑致癌物。废水中常见的有机污染物主要有酚类化合物、苯类化合物、卤烃类化合物以及各种油类等。

近年来,有机化合物对水体的污染日趋严重,其污染程度与对健康影响的研究越来越受到重视。当水体受到人为因素或自然因素的影响而使水质发生改变时,将影响水的正常和有效利用,并使生态环境遭到破坏,甚至危害人体健康。而水中的污染物、致病微生物及某些天然存在的化学成分则可引起介水传染病及公害病、地方病(生物地球化学性疾病)等,使得水体污染引起的人体疾病及健康问题日益严重。水体污染可引起三类主要疾病及健康问题。

(1) 介水传染病

介水传染病是由于饮用或接触了受病原体污染的水而引起的一类传染病。经饮用水传播的主要包括伤寒和副伤寒、细菌性痢疾、霍乱、病毒性肝炎、贾第鞭毛虫病、隐孢子虫病等。

(2) 地方病(生物地球化学性疾病)

地方病起因于某一区域自然界的水和土壤中某些化学元素含量过多或过少,是当地的动物和人群中发生的特有疾病。我国常见的与饮用水有关的地方病有地方性氟中毒、地方性甲状腺肿和地方性砷中毒。

(3) 急慢性中毒及远期危害

水体受污染后水中各种无机和有机化学物质超过一定含量,可危害人体健康,引起急、慢性中毒,并产生致癌、致畸等远期危害。近年来有机化合物对水体的污染日趋严重,其污染程度与对健康影响的研究越来越受到重视。

水是人类生存和发展不可替代的资源,是经济和社会可持续发展的基础,已成为世界关注的战略问题之一。在我国,水资源短缺已日趋严重,而水环境问题是导致水资源短缺的主要原因,其中有机废水的污染在水环境问题中占了很大的比重,因此有机废水的处理在环保工作中显得尤为重要。

(三) 有机废气的污染与危害

众所周知,地球上生存的人类及其他生物,必须依赖大气才能生存。大气的化学成分和物理化学性质是相对稳定的。在人类社会生产活动及地壳运动过程中,总会产生一些异常物质进入大气中。但是,有些物质在大气中并不明显地改变大气的物理和化学性质,对人类和社会并不构成直接的危害;而有些物质虽然在大气中存在极少,但由于其本身的毒性比较大,却能对人类与自然生态构成严重的危害。

按照国际标准化组织(ISO)给出的定义:"大气污染通常系指由于人类活动和自然过程引起某些物质介入大气中,呈现出足够的浓度,达到了足够的时间,并因此而危害了人体的舒适、健康、福利或危害了环境"。人类活动包括生活活动和生产活动两方面。所谓自然过程,是指由于地壳运动而造成的火山活动、森林火灾、海啸、土壤和岩石的风化以及大气圈的空气运动等。所谓对人体健康与舒适的危害,是指对人体正常生理机能的影响,引起急性病、慢性病以致死亡等。而所谓福利,是指包括与人类协调并共存的生物、自然资源以及财产和器物等。由于自然环境所具有的物理、化学和生物机能,即自然环境的自净作用会使自然过程造成的大气污染经过一段时间后自动消除,从而使生态平衡自动恢复。因此,一般说来,防止大气污染的主要对象是指人类的工业生产活动。

大量工业废气排入大气,必然使大气环境质量下降,给人体健康带来严重危害,给国民经济造成巨大损失。而在工业生产中会产生各种有机废气,主要包括各种烃类、醇类、醛类、酸类、酮类和胺类等。工业废气中最难处理的就是有机废气。这些有机废气会造成大气污染与资源浪费,通过呼吸道和皮肤进入人体后,能给人的呼吸、血液、肝脏等系统和器官造成暂时性和永久性病变(尤其是接触苯并芘类多环芳烃,能使人体直接致癌);因此有机废气的控制与治理势在必行。

1.2.2 有机废物的控制技术

有机废物的控制技术就是指采用各种手段和技术,将有机废物中的有用物质资源化或将其转化为无害物质。目前有机废物处理方法主要分为物理处理法、化学处理法、物理化学处理法和生物处理法等几类。

(一)有机固体废物

有机固体废物的控制应遵循减量化、资源化、无害化的原则。其主要几种处理处置技术如下:

(1) 卫生填埋法

卫生填埋法是将城市生活垃圾填埋于不透水材质或低渗水性土壤内,并设有渗滤液、填埋气体收集或处理设施及地下水监测装置的填埋场的处理方法。该法具有投资小、运行费用低、操作设备简单、可以处理多种类型的垃圾等特点。

(2) 生物处理法

生物处理法是以可降解的有机固体废物为对象,通过生物的好氧或厌氧作用,使之转化为稳定产物、能源和其他有用物质的一种处理技术。其优点是:从固体废物中回收资源和能源,减少最终处置的废物量,从而减轻对环境污染的负荷。

(3) 热解处理法

热解处理法是指生物质在没有氧化剂(空气、氧气、水蒸气等)存在或只提供有限氧的条件下,通过热化学反应将生物质大分子物质(木质素、纤维素、半纤维素等)分解成较小分子的燃料物质的热化学转化方法。根据热解过程中的工艺参数,热解处理可分成气化、液化和炭化等三种工艺。热解处理充分利用了生物质所储存的能源。

(4) 焚烧处理法

焚烧处理法是以一定量的过剩空气与被处理的有机固体废物在焚烧炉内进行氧化燃烧反应,废物中的有害物质在高温下氧化、热解而被破坏,是一种可同时实现废物无害化、减量化、资源化的处理技术。焚烧处理法具有减容减量效果好、无害化彻底、可回收能源等特点,是世界各发达国家普遍采用的一种有机固体废物处理技术。

(二)有机废水

有机废水的控制技术应通过现场的实际调查和取样分析,明确有机废水的类型、成分、性质、数量以及变化规律等,考虑纳污水体的达标要求或资源化利用情况,确定处理的程度并选择适宜的处理方法。按处理的程度,通常把有机废水划分为一级处理、二级处理和三级处理。

(1) 一级处理

一级处理主要是预处理,是采用机械物理方法或简单化学方法的初级处理,常常将其作为进一步处理的准备阶段。然而,对于有机物污染轻微的废水,亦可作为主要的处理形式。

(2) 二级处理

二级处理主要去除可生物降解的溶解性有机物或部分胶体性污染物,通常采用生物法,如活性污泥法、生物膜法和厌氧法等。

(3) 三级处理

三级处理又称深度处理,常采用生物法和物理化学法来处理二级处理的出水,以便进一步降解污染物,并达到地表水、工业用水、生活杂用水的水质标准。生物法主要有人工构筑湿地系统、污水土地处理系统、稳定塘等;物理化学法主要有吸附、萃取、电渗析、电解等方法。

应当指出,对于一些成分较为简单的废水,往往只需采用某一单元技术;然而,对于一些成分复杂或成分虽然简单但浓度很高,而且要求处理的程度亦很高的废水,往往需采用多种处理方法联合使用,方能达到目的。以高浓度的含酚废水为例,可先采用萃取法回收酚,然后再用生化法处理。

(三) 有机废气

有机废气的控制技术主要有热破坏法(直接火焰燃烧和催化燃烧)、吸附法、吸收法、冷凝法、传统生物法等;近年来又出现了新的控制技术,如生物膜法和生物过滤法、电晕法、臭氧分解法、光催化、等离子体分解法等。

(1) 热破坏法

热破坏法是应用广泛的有机废气处理方法,特别是对低浓度有机废气,又可分为直接火焰燃烧和催化燃烧(又称催化氧化)。

(2) 吸附法

吸附法是一种重要的处理有机废气的方法,它主要是利用活性炭等对有害气体的有机成分的吸附作用,来达到去除有机废气的目的。此法主要适用于低浓度的有机废气净化,具有去除效率高、能耗低、处理工艺成熟等优点。

(3) 吸收法

利用有机废气能与大部油类物质互溶的特点,用沸点高、蒸气压低的油类作为吸收剂来吸收废气中的有机物。

(4) 冷凝法

冷凝法是利用各种有机废气在不同温度下具有不同饱和蒸气压的特点,对系统降温或增压,使处于蒸气状态的污染物冷凝并从废气中分离出来。该法具有回收物质纯度高、所需设备和操作条件简单等优点。

(5) 生物法

生物法是通过附着在介质上的活性微生物来吸收有机废气,并将其变为无害的无机物(CO_2、H_2O 等)或细胞组成物质;其净化实质是一种氧化分解过程。该法不仅设备简单、投资少,而且处理过程比较环保、无二次污染。

(6) 其他新处理方法

随着科学技术的进步,不断出现了如分离膜、微波催化氧化、膜基吸收净化、光降解、纳米材料等新的处理方法。

讨 论 题

1. 试讨论有机废物的来源与分类。
2. 有机废物的特点与特征有哪些?
3. 有机废物处理与处置技术有哪几类?试举例说明。
4. 试述你身边的有机废物污染情况以及你对此的想法。

第 2 章 有机固体废物的生物处理技术

从固体废物中回收资源和能源,减少最终处置的废物量,从而减轻其对环境污染的负荷,已成为当今世界所共同关注的课题。生物处理就是以可降解的有机固体废物为对象,通过生物的好氧或厌氧作用,使之转化为稳定产物、能源和其他有用物质的一种处理技术。

有机固体废物的生物处理技术有多种,例如堆肥化、厌氧发酵、纤维素水解等。堆肥化作为大规模处理有机固体废物的常用方法得到了广泛的应用,并已取得较成熟的经验。厌氧发酵也属古老的生物处理技术,早期主要用于粪便和污泥的稳定化处理,近年来随着对有机固体废物资源化的重视,在处理其他有机固体废物(如生活垃圾)方面的地位日益升高。其他的生物处理技术尽管尚不能满足大规模有机固体废物减量化的需求,但是作为从废物中回收高附加值生物制品的重要手段,也开展了多方面的研究。

2.1 有机固体废物的生物处理原理

2.1.1 基本原理

有机固体废物处理的生物反应过程,主要包括好氧堆肥和厌氧发酵处理工艺。这两种处理工艺生物降解过程的基本原理如下:

(一) 微生物生长所需的营养条件

微生物必须自外界获取能源、碳源以及无机盐(如含 N、P、S、K、Ca、Mg 等元素的盐类)。有时还需有多种生长因子,方能维持正常的新陈代谢和生长繁殖功能。微生物所需的这类物质随微生物种类的不同而有所差异。

1. 能源和碳源

有机碳和 CO_2 是细胞组织最常见的两种碳源。利用有机碳合成细胞组织的微生物称为异养微生物,从 CO_2 中获取碳的微生物称为自养微生物。由 CO_2 转化为有机细胞组织的过程是一个还原过程,它需要能量的输入。因此,自养微生物用于合成的能量多于异养微生物,这使得自养微生物的生长速率普遍比较慢。

细胞合成所需要的能量可以由光或氧化反应来提供。那些可利用光作为能源的生物体称为光能微生物。光能微生物中包括异养微生物(如某些硫化菌),也包括自养微生物(如藻类和光合细菌)。那些从化学反应中获取能量的生物体称为化能微生物。与光能微生物一样,化能微生物中有异养的(如原生动物、真菌和大多数细菌),也有自养的(如硝化细菌)。化能自养微生物通常从有机物的氧化过程中获取能量。微生物根据能源和碳源的分类列于表2-1 中。

表 2-1　根据能源和碳源对堆肥微生物的分类

分类		能源	碳源
自养型微生物	光能自养微生物	光	CO_2
	化能自养微生物	无机氧化-还原反应	CO_2
异养型微生物	光能异养微生物	光	有机碳
	化能异养微生物	有机氧化-还原反应	有机碳

2. 无机盐和生长因子

除碳源和能源以外,无机盐往往也是微生物合成与生长的限制因素。微生物所需的基本无机营养元素包括 N、S、P、K、Mg、Ca、Fe、Na、Cl 等,以及一些微量元素,如 Zn、Mn、Mo、Se、Co、Cu、Ni、W 等。

除了上述无机盐以外,一些微生物在生长过程中还需要某些不能自身合成的,同时又是生长所必须由外界供给的营养物质,通常把这类物质叫做生长因子。生长因子可分为三类:氨基酸类、嘌呤和嘧啶类、维生素类。

(二) 微生物的代谢类型

根据代谢类型和对分子氧的需求,可将化能异养微生物作进一步分类。好氧呼吸的作用过程是:首先在脱氢酶的作用下,基质中的氢被脱下,同时氧化酶活化分子氧,而从基质中脱下的电子通过电子呼吸链的传递可与外部电子受体分子氧结合成水,并放出能量。在厌氧呼吸作用过程中,由于没有分子氧的参与,因而厌氧呼吸作用所产生的能量少于好氧呼吸作用。这也是异养厌氧微生物的生长速率低于异养好氧微生物生长速率的缘故。

在好氧呼吸作用中,电子受体是分子氧。只能在分子氧存在的条件下依靠好氧呼吸方能生存的微生物叫绝对好氧微生物。有些好氧微生物在缺氧时可以利用一些氧化物(如 NO_3^-、SO_4^{2-} 等)作为电子受体来维持呼吸作用(见表 2-2),其反应过程称为厌氧过程。

表 2-2　生物反应中的典型电子受体

环境	电子受体	过程
好氧	氧气(O_2)	有氧代谢
厌氧	硝酸盐(NO_3^-)	脱氮作用
	硫酸盐(SO_4^{2-})	硫还原作用
	二氧化碳(CO_2)	产甲烷过程

只能在无分子氧的条件下,通过厌氧代谢来生存的微生物叫做专性厌氧微生物。还有另外一种微生物既可以在有氧环境中也可以在无氧环境中生存,这种微生物叫做兼性微生物。根据代谢过程的不同,兼性微生物又可分为两种:真正的兼性微生物能在有氧环境下进行好氧呼吸,而在无氧环境下则进行厌氧发酵;另外有一种兼性微生物实际上是厌氧微生物,这类微生物始终进行严格的厌氧代谢,只是对分子氧的存在具有较强的忍耐能力。

(三) 微生物的种类

根据细胞结构和功能的不同,微生物可分为原核细胞类型和真核细胞类型,见表 2-3。原核细胞微生物主要包括细菌和蓝绿藻,真核细胞微生物主要包括真菌(霉菌、酵母菌)、藻类和原生动物。在生活垃圾的生物反应过程中,起主要作用的是细菌和真菌(霉菌、酵母菌)。

表 2-3 微生物分类

类别	细胞结构	特征	代表性成员
真核微生物	真核结构	细胞核的分化程度高,有核膜、核仁和染色体,胞质内有完整的细胞器	原生动物、后生动物、真菌和藻类等
真细菌	原核结构	细胞化学组成类似于真核生物	大多数细菌、支原体、衣原体等
古细菌	原核结构	细胞化学组成很有特色	产甲烷菌、嗜盐菌、硫氧化菌和高温菌等

（四）环境条件

包括温度和 pH 的环境条件对微生物的生长具有重要作用。尽管微生物往往能够在某个特定温度和 pH 范围内生存,但是最适宜于微生物生长的温度和 pH 范围却很窄。在最适宜温度之下,其对微生物生长速率的影响要大于过高时的温度。当温度低于最适宜温度时,温度每升高 10℃,生长速率大约可增加到原来的 2 倍。根据最适宜生长温度的不同,微生物可分为低温微生物(嗜冷微生物)、中温微生物(嗜温微生物)和高温微生物(嗜热微生物)三类。上述每类微生物所能生存的典型温度范围见表 2-4。

表 2-4 低温、中温和高温微生物的生长温度

种类	温度范围/℃	最适温度/℃
低温微生物(嗜冷微生物)	−10～30	15
中温微生物(嗜温微生物)	20～50	35
高温微生物(嗜热微生物)	45～75	55

在中性 pH(6～9)的条件下,微生物生长较好,且 pH 不是微生物生长的重要影响因素。一般来说,微生物生长的最适 pH 为 6.5～7.5。当 pH 大于 9.0 或小于 4.5 时,未降解的弱酸或弱碱分子比氢离子或氢氧根离子更易进入细菌细胞内部,从而改变细胞内部的 pH,导致细胞质的破坏。

对于微生物的生长而言,水分是另外一个非常重要的环境因素。在对有机废物进行生物处理以前,必须知道它的含水率。在很多堆肥工艺中,为了保证微生物的正常活动,常需要向废物中添加水分。在厌氧发酵过程中,水分的添加取决于有机废物的特征和所采用的厌氧工艺的类型。

为了保证微生物的正常生长,环境中还不能含有微生物生长的抑制剂,例如重金属离子、NH_3、S^{2-} 以及其他有毒物质。

2.1.2 好氧生物转换过程

有机固体废物的好氧生物转化通常可描述为:

$$\text{有机物} + CO_2 + \text{营养物} \xrightarrow{\text{微生物}} \text{新细胞} + \text{腐殖质} + CO_2 + H_2O + SO_4^{2-} + \cdots + \text{热量}$$

大多情况下,有机物中含氮氧化物所产生的氨气水溶液和 NH_3 被进一步氧化成硝酸盐和 NO_3^-(硝化过程)。氨气水溶液氧化成硝酸盐这一过程的需氧量可由下式计算:

$$NH_3 + \frac{3}{2}O_2 \longrightarrow HNO_2 + H_2O$$

$$HNO_2 + \frac{1}{2}O_2 \longrightarrow HNO_3$$

$$NH_3 + 2O_2 \longrightarrow H_2O + HNO_3$$

虽然可堆肥的废物种类很多（如污泥、作物秸秆、畜禽粪便等），但不同种类微生物利用这些废物时的生物化学原理基本类似。当堆肥产物施用到土壤中后，在土壤微生物的作用下开始了新的生物化学变化。堆肥产物进入土壤后，产生了更为复杂和丰富的生物群落，这些微生物群落不但对降解有机质非常重要，也为土壤提供了营养和生物质。

涉及降解过程的生物分为一级、二级和三级消费者。一级消费者是废物和有机质的真正降解者，二级消费者捕食一级消费者，同时二级消费者又是三级消费者的食物。所有这些生物和来自植物残体的有机质构成了土壤生物质，而土壤生物质最终降解为腐殖质。

有机质是由基本化学物质和矿物质组成的非均一物质，组成有机质的基本单位包括糖类、蛋白质、脂肪、半纤维素、纤维素、木质素和矿物质。按分子量大小和结构复杂程度，可将有机质分为三种类型：一是简单的物质，如糖、氨基酸和其他小分子化合物；二是可识别的高分子化合物，如多聚糖和蛋白质；三是大分子的腐殖质。土壤有机质的组成受其产生源影响较大，来源于植物的有机质组分取决于植物类型、年龄和所处的环境，来源于动物粪便的有机质组分取决于动物类型和饲料种类。

2.1.3 厌氧生物转换过程

由于厌氧发酵的原料来源复杂，参加反应的微生物种类繁多，使得厌氧发酵过程中物质的代谢、转化和各种菌群的作用等非常复杂。目前，对厌氧发酵的生化过程有3种见解，即两阶段理论、三阶段理论和四阶段理论。依据四阶段理论，厌氧发酵反应分为4个阶段，即水解酸化阶段、产氢产乙酸阶段、产甲烷阶段和同型产乙酸阶段。有时也把同型产乙酸细菌群的作用步骤并入产氢产乙酸过程，此时厌氧发酵则常被分为3个阶段。厌氧发酵的4个阶段如图2-1所示。

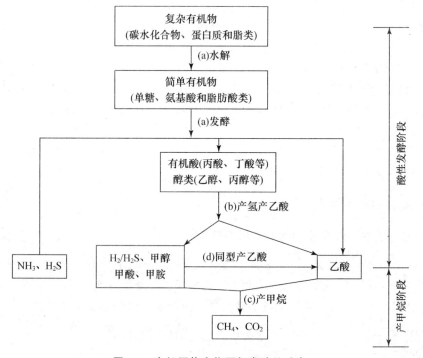

图 2-1 有机固体废物厌氧发酵总反应
（a）水解发酵细菌；（b）产氢产乙酸细菌；（c）同型产乙酸细菌；（d）产甲烷细菌

（一）水解酸化阶段（液化阶段）

复杂大分子、不溶性有机物（如蛋白质、纤维素、淀粉、脂肪等）先在细菌胞外酶的作用下水解为小分子、溶解性有机物（如氨基酸、脂肪酸、葡萄糖、甘油等），然后这些小分子有机物被发酵细菌摄入到细胞内，经过一系列生化反应，转化成有机酸（主要是甲酸、乙酸、丙酸、丁酸、戊酸、乳酸等）、醇（甲醇、乙醇、丁醇等）、醛、CO_2、H_2S、NH_3、H_2 等代谢产物排出体外。由于发酵细菌种群不一，代谢途径各异，故代谢产物也各不相同。在众多的代谢产物中，仅无机的 CO_2 和 H_2 及有机的甲酸、甲醇、甲胺和乙酸等简单物质可直接被产甲烷细菌吸收利用，转化为 CH_4 和 CO_2。

（二）产氢、产乙酸阶段（产酸阶段）

在产氢、产乙酸细菌群的作用下，将第一阶段所产生的各种不能为产甲烷细菌直接利用的代谢产物进一步分解转化为乙酸和 H_2 等简单物质。

（三）产甲烷阶段

产甲烷细菌利用无机的 CO_2/H_2 及有机的"三甲一乙"（甲酸、甲醇、甲胺、乙酸）化合物产生甲烷。

$$CH_3COOH \longrightarrow CH_4 + CO_2$$
$$4H_2 + CO_2 \longrightarrow CH_4 + 2H_2O$$
$$4HCOOH \longrightarrow CH_4 + 3CO_2 + 2H_2O$$
$$4CH_3OH \longrightarrow 3CH_4 + CO_2 + 2H_2O$$
$$4(CH_3)_3N + 6H_2O \longrightarrow 9CH_4 + 3CO_2 + 4NH_3$$
$$4CO + 2H_2O \longrightarrow CH_4 + 3CO_2$$

（四）同型产乙酸阶段

同型产乙酸阶段是指同型产乙酸细菌群将产甲烷细菌的一组基质（CO_2/H_2）横向转化为另一种基质（CH_3COOH）的过程。

2.1.4 生物处理工艺的选择

好氧或厌氧处理工艺都能有效地适用于处理有机固体废物，不过不同的工艺有其不同的特点和应用条件。一般来说，厌氧处理工艺的运行要比好氧过程复杂得多，然而厌氧发酵可以将潜存于有机固体废物中的低品位生物能转化为可以直接利用的高品位能源——沼气。好氧处理工艺由于需要向废物进行强制通风而需要消耗能量，但是其运行比厌氧发酵要相对简单，而且如果操作合理，能对废物中的有机组分起到明显的减量化效果。好氧和厌氧处理工艺各自不同的特点概括于表 2-5。

表 2-5 好氧和厌氧处理工艺的相互比较

名　称	好氧处理工艺	厌氧处理工艺
是否能回收能源	否	是
最终产物	腐殖质、H_2O、CO_2	污泥、CH_4、CO_2
减量化效果	约 50%	约 50%
处理时间	20～30 d	20～40 d
主要目标	减量化	能源回收
次要目标	生产堆肥	减量化、废物的稳定化

2.2 有机固体废物好氧堆肥技术

堆肥(composting)的基本概念包括两方面的含义,即堆肥化(composting process)和堆肥产物(compost product)。堆肥化是利用自然界广泛分布的细菌、放线菌、真菌等微生物或人工添加高效复合微生物菌剂,在合适的条件(如通气、湿度、pH、孔隙度等)下,人为地促进可生物降解的有机物向稳定的小分子物质和腐殖质生化转化的微生物学过程。堆肥化的主要特征是将易降解的有机物分解转化为性质稳定且对土壤有益的物质,有效杀灭病原菌,确保堆肥产物能安全地应用于农业或林业。堆肥化结束后的产品称做堆肥产物。堆肥产物的用途很广,既可以用作农田、绿地果园、菜园、苗圃、畜牧场、庭院绿化、风景区绿化、农业等的种植肥料,也可以用于水土流失控制、土壤改良等。

2.2.1 好氧堆肥化原理

好氧堆肥化是在有氧的条件下,依靠好氧微生物(主要是好氧细菌)的作用来进行的。如图 2-2 所示,在堆肥化过程中,有机废物中的可溶性有机物质可透过微生物的细胞壁和细胞膜被微生物直接吸收,而不溶的胶体状有机物质,先被吸附在微生物体外,依靠微生物分泌的胞外酶分解为可溶性物质,再渗入细胞。微生物通过自身的生命代谢活动,进行分解代谢(氧化还原过程)和合成代谢(生物合成过程),把一部分被吸收的有机物氧化成简单的无机物,并释放出生物生长、活动所需要的能量,把另一部分有机物转化合成新的细胞物质,使微生物生长繁殖,产生更多的生物体。

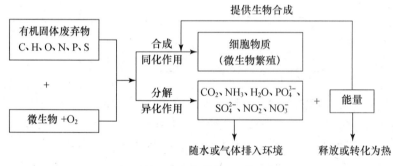

图 2-2 好氧堆肥原理图

2.2.2 堆肥化过程温度变化规律

堆肥化过程中发生的生物化学反应是极其复杂的,目前还难以对所有细节进行精确的描述。在实际的设计和操作过程中,通常根据温度的变化情况分为以下几个阶段:

1. 潜伏阶段

这一阶段是指堆肥化开始时微生物适应新环境的过程,即驯化过程。

2. 中温增长阶段

这一阶段嗜温微生物最为活跃,主要利用物料中的溶解性有机物大量繁殖,并释放出热量,使温度不断上升。此阶段微生物以中温、需氧型为主,通常是一些无芽孢细菌。适合于中温阶段微生物种类极多,其中最主要的是细菌、真菌和放线菌。细菌对水溶性碳水化合物具有较好的降解能力,放线菌和真菌具有分解纤维素和半纤维素物质的能力。

3. 高温阶段

当温度上升至45℃以上时称为高温阶段。这时,嗜热微生物大量繁殖,嗜温微生物则受到抑制或死亡。高温阶段对有机物的分解最有效,除了溶解性有机物继续得到分解外,固体有机物(如纤维素、半纤维素、木质素等)也开始被强烈分解。当温度达到50℃左右时,各类嗜热微生物都很活跃;60℃时,真菌不再适于生存,只有细菌仍在活动;70℃以上时,大多数微生物均不适应,其代谢活动受到抑制并大量死亡。在该阶段的后期,由于可降解有机物已大部分耗尽,微生物的内源呼吸起主导作用。

4. 熟化阶段

在这一阶段,温度逐渐下降至中温,并最终过渡到环境温度。剩余有机物大部分为难降解物质,腐殖质大量形成。在温度下降的过程中,一些嗜温微生物重新开始活动,对残余有机物做进一步分解,腐殖质更趋于稳定化。生物分解过程中产生的氨在这一阶段通过硝化细菌转变成硝酸盐,其反应式可表示为

$$22NH_4^+ + 37O_2 + 4CO_2 + HCO_3^- \longrightarrow 21NO_3^- + C_5H_7NO_2 + 20H_2O + 42H^+$$

由于硝化细菌生长缓慢,且只有在40℃以下时才活动,所以硝化反应通常是在有机物分解完成后才开始进行。氮在转化为硝酸盐以后才容易被植物吸收,因此熟化阶段对于生产优质堆肥是一个很重要的过程。堆肥化过程各个阶段与温度的关系如图2-3所示。

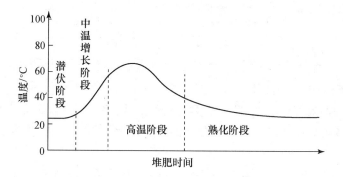

图 2-3 堆肥化过程中温度变化模式

2.2.3 堆肥化的影响因素及其控制

(一) 堆肥化的影响因素及其控制

好氧堆肥化设计中的主要影响因素及其控制概括于表2-6。通过表2-6可知,好氧堆肥化的设计和运行并不是一项简单的工作,特别是想要获得良好的处理效果,更要充分考虑各种影响因素的作用。

表 2-6　好氧堆肥化设计中的主要影响因素及其控制

影响因素	控制说明
粒度	较理想的粒度是 25~75 mm
碳氮比（C/N）	较适宜的范围在 25~50 之间。如果物料中 C/N 过低，则超过微生物生长需要的多余氮会以氨的形式逸散，从而抑制微生物的生长并可能污染环境；如果 C/N 过高，微生物的繁殖则会受到氮源的限制，导致有机物分解速率降低。
接种	按 1%~5% 的重量比向物料中添加腐熟的堆肥产物进行接种可以缩短堆肥时间，也可以用废水污泥来接种。
含水率	含水率范围应为 50%~60%，最佳含水率约 55%。
搅拌和翻动	为了加强空气的流通并防止物料的干化、结块，物料需要进行定期的搅拌；搅拌的频率和强度随着所采用的堆肥工艺而异。
温度	为了达到最佳的处理效果，在开始几天内应维持在 50~55℃，在剩下的时间内应维持在 55~60℃。若温度超过 66℃，则微生物活性显著下降。
病原微生物的控制	堆肥化的最高温度必须达到 60~70℃，并将该温度维持 24 h，以杀灭病原微生物和植物种子。
通风量	为了达到最佳的处理效果，必须让空气能到达物料的各个部分，特别是在采用强制通风的堆肥系统中。
pH	适宜范围是 7~7.5。为了尽量减少氮以氨的形式损失掉，pH 不能高于 8.5。
腐熟度	可通过下列指标或方法对堆肥产品的腐熟度进行估计：堆肥产品温度的降低、可降解有机物的含量、残余有机物的含量、氧化还原电位的升高、含氧量的增加、淀粉-碘测试。
场地面积	处理规模为 50 t/d 的堆肥工厂须占地 6000~10 000 m²。一般来说，处理规模越大，单位处理规模的占地面积就越小。

（二）热灭活与无害化

有机固体废物如果管理不善，在自然堆放过程中易于腐败分解，污染环境，尤其是在粪便、污泥中含有各种肠道病原体、蛔虫卵等，会导致疾病传播，所以有机固体废物的无害化是处理处置的重要目标之一。

控制、消灭生活垃圾、粪便、污泥中各类病原体有很多方法，主要有堆肥、厌氧或好氧消化、热干化（一般加热到 80℃ 以上，风化干燥）、巴氏灭菌消毒（70℃，经 30 min 处理）、电离辐射处理（用 β 射线或 γ 射线）、掺加石灰化学处理及发酵沉卵方法（适用于粪便）等。因为受各种条件的限制，目前好氧发酵堆肥化和厌氧发酵方法加热灭菌是实现无害化的行之有效的方法。

好氧堆肥能提供杀灭病原体所需要的热量。细胞（病原体）的热杀灭主要是由于酶的热灭活所致。在低温下，灭活是可逆的；而在高温下，则是不可逆的。

热灭活有关理论指出，当温度超过一定范围时，以活性型存在的酶将明显降低，大部分将呈变性（灭活）型。一旦无酶的正常活动，细胞会失去功能而死亡，而只有极少数酶能长时间耐热。可以说微生物对热灭活作用是非常有效的。热灭活作用是温度与时间两者的函数，即经历短时间、高温和长时间、低温是同样有效的。

一般认为杀灭蛔虫卵的条件也可杀灭原生动物，故可以把蛔虫卵作为灭菌程度的指标生物（它的耐热性能与其他肠道病原体大致相当）。

(三)好氧堆肥无害化工艺条件

根据上述热灭活概念分析可得出理论上的好氧堆肥无害化工艺条件,即堆层温度55℃以上需维持5~7 d,堆层温度70℃以上需维持3~5 d。即堆肥温度较高则维持时间较短,可以达到同样的无害化要求。但实际上由于堆肥原料不同、发酵装置性能及堆肥过程的复杂性,不能保证堆层内所有生物体受同样温度与时间影响。限制热灭活效率的因素有以下三点:

(1)堆料层可能因固态细菌的凝聚现象,形成大颗粒或球状物,使其内部供氧不足而明显减少来自颗粒本身内部产生的热量;

(2)由于传热速度低或整个堆料层没有均匀的温度场,存在局部冷的小区,会使病原微生物得到残活的可能条件(故加强翻堆、搅拌,使整个堆料层有均匀的温度场);

(3)细菌的再生长,也是限制热灭活的另一因素。某些在有机物料中的肠道细菌(如大肠杆菌、沙门氏菌及类链球菌等)一旦遇到温度降低到半致死水平时,它们就能再生长。所以实际操作时,堆肥无害化温度、时间条件要比理论上要求更高一些,即在较高的温度维持较长的时间,才能达到无害化要求。

2.2.4 好氧堆肥化工艺

(一)好氧堆肥化工艺类型

好氧堆肥化工艺包括三个基本步骤:① 有机固体废物的预处理;② 有机组分的好氧分解;③ 堆肥产品的制取和销售。常见的堆肥化工艺有如下三种:露天条垛式堆肥法,如图2-4(a)所示;静态强制通风堆肥法,如图2-4(b)所示;动态密闭型堆肥法,如图2-4(c)所示。尽管这些工艺对废物的通风方法并不相同,但微生物学原理却是相同的,而且只要设计和运行合理,都能在大致相同的时间内生产出质量相似的堆肥产品。

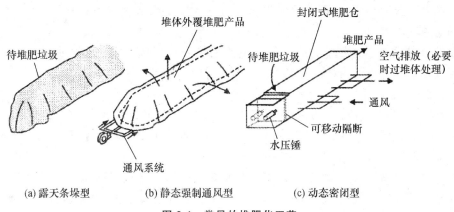

图2-4 常见的堆肥化工艺

(二)基本工艺

通常,好氧堆肥经过前(预)处理、主发酵(亦可称一次发酵或初级发酵)、后发酵(亦可称二次发酵或次级发酵)、后处理、脱臭及储藏等工序组成,其中一次发酵阶段又称高速堆肥阶段,二次发酵又称慢速腐熟堆肥阶段。好氧堆肥化工艺流程如图2-5所示。

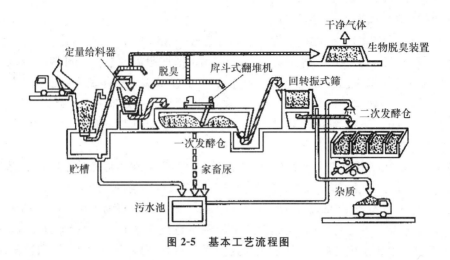

图 2-5　基本工艺流程图

1. 前(预)处理

前(预)处理是整个堆肥工艺能否顺利进行的关键因素之一,目前国内许多堆肥工艺不能正常进行的主要问题是没有按照城市生活垃圾特点设置前处理工艺。前处理就是通过破碎、分选等预处理方法,除去粗大垃圾,降低不可堆肥化物质的含量,使堆肥物料的粒度、含水率达到一定程度的均匀化。

(1) 颗粒变小,物料比表面积增大,便于微生物繁殖,促进发酵速率。

(2) 但颗粒也不能太小,因为要均匀充分地通风供氧,必须保持一定程度的孔隙率与透气性,合适的粒度范围是 12~60 mm。

(3) 用含水率较高的有机固体废物(如污水污泥、人畜粪便等)为主要原料时,前处理的主要任务是调整水分和 C/N,有时需要添加菌种和酶制剂,以使发酵过程正常进行。

2. 主发酵

主发酵单元也称一次发酵单元,一般在露天或发酵装置内进行,通过机械翻堆或强制通风向堆料层或发酵装置内的物料供给氧气。

(1) 发热(升温)阶段

发酵堆肥初期,由中温好氧的细菌和真菌等微生物将易分解的可溶性物质(淀粉、糖类)分解,产生 CO_2 和 H_2O,同时产生热量使温度上升(30~40℃),此阶段一般需花 1~3 d 时间。

(2) 高温阶段(>50℃就可称为高温阶段)

随着堆温的升高,最适宜温度 45~65℃ 的嗜热微生物,取代了嗜温微生物,可将堆肥中残留的或新形成的可溶性有机物继续分解转化,一些复杂的有机物也开始被强烈地分解,需时约 3~8 d。

此后,将进入堆肥化的降温阶段。通常将温度升高到开始降低为止的阶段,称为主发酵期。城市生活垃圾好氧堆肥的主发酵期约 4~12 d。

3. 后发酵

堆肥物料在经过主发酵后需要进一步发酵。在此阶段,尚未分解的易分解有机物和较难分解的物质可能被全部分解,变成腐殖酸、腐殖质等比较稳定的有机物,形成完全成熟的堆肥成品。后发酵也可以在专设仓内进行,但通常把物料堆积到 1~2 m 的高度,进行敞开式后发酵,此时要有防止雨水的设施。为提高后发酵效率,有时仍需进行翻堆或通风。

后发酵时间的长短,取决于堆肥的使用情况。例如堆肥用于温床(能利用堆肥的分解热)时,可在主发酵后直接利用。对几个月不种作物的处于休耕期的土地,大部分可以使用不进行后发酵的堆肥,即直接施用堆肥,而对一直在种作物的土地,则必须施用充分腐熟的堆肥产物,以避免堆肥在继续分解时跟作物争夺土壤中的氮。后发酵时间通常在 20~30 d 以上。显然,不进行后发酵的堆肥,其使用价值较低。

4. 后处理

经过二次发酵后的物料,几乎所有的有机物都从粒径、外形和数量上发生了变化。然而,塑料、玻璃、陶瓷、金属、小石块等杂物依然未发生改变,因此,还要经过筛分来去除这些杂物,可以采用回转式振动筛、振动式回转筛、磁选机、风选机、惯性分离机、硬度差分离机等预处理设备分离去除上述杂质。除分选和破碎外,后续处理还包括打包装袋、压实造粒等过程。可根据实际需要来组合后处理设备。

堆肥产物可根据需要(如生产精制堆肥)进行破碎。净化后的散装堆肥产品,既可以直接销售给用户,施于农田、菜园、果园作为土壤改良剂;也可以根据土壤的情况、用户的需要,将散装堆肥中加入 N、P、K 添加剂后生产复合肥,做成袋装产品,既便于运输,又有更佳的肥效。在有条件的情况下还可以固化造粒,以利于贮存。

5. 脱臭

在堆肥过程中,由于堆肥物料中含有的 N 和 S 等元素,这些物质在堆料的局部或某段时间内的厌氧发酵会产生以 H_2S、硫醇、NH_3、有机胶等为主的臭味物质。为控制堆肥过程中产生的臭气对环境的二次污染,必须采取措施对堆肥排气进行集中收集和处理。

在堆肥过程中,控制恶臭的方法较多,包括采用化学除臭剂除臭、碱性水溶液过滤;排气集中后用生物塔过滤处理,也可利用腐熟堆肥或利用腐熟堆肥制成的堆肥过滤器装置进行过滤处理;必要的情况下,可以采用活性炭或沸石等吸附剂进行吸附,但这种方法成本高,一般堆肥过程很少使用;在有条件的场地(如附近有工业锅炉或焚烧设施),可以把收集后的堆肥排气作为焚烧炉或工业锅炉的助燃空气,利用炉内高温,通过热处理的方法彻底破坏臭味物质以达到臭气控制的目的。

6. 储藏

堆肥的供应一般在春秋两季,在夏冬两季生产的堆肥只能积存,所以要建造至少贮存 6 个月生产量的设备。贮存方式可直接堆放在发酵池中或袋装,要求干燥透气,密闭和受潮则会影响制品的质量。

2.3 有机固体废物厌氧发酵技术

有机固体废物厌氧发酵技术是在缺氧条件下,利用兼性厌氧微生物和专性厌氧微生物进行的一种腐败发酵分解,将大分子有机物降解为小分子的有机酸、腐殖质和 CO_2、H_2O、NH_3、H_2S、CH_4 等的过程。其厌氧发酵基本原理如前所述。

2.3.1 影响厌氧发酵技术的主要因素

(一)厌氧条件

厌氧发酵是一个微生物学过程,它最显著的一个特点是有机物质在无氧的条件下被某些微生物分解,最终转化成 CH_4 和 CO_2。产酸阶段的不产甲烷微生物大多数是厌氧菌,需要在厌氧的条件下,把复杂的有机物质分解成简单的有机酸等。而产气阶段的产甲烷菌更是专性厌氧菌,不仅不需要氧,氧对产甲烷菌反而有毒害作用,培养中要求氧化还原电位在-330 mV以下。因此,必须创造良好的厌氧环境。

(二) 温度

温度是影响产气量的关键因素。在一定温度范围内,温度越高,产气量越高。因为温度高时原料中的细菌活跃,分解速度快,使得产气量增加。一般来讲,池内发酵温度在10℃以上,只要其他条件配合得好(如酸碱度适宜、发酵菌多)就可以开始发酵,产生沼气。由于细菌代谢速度在28～38℃有一个高峰、50～65℃是另一个高峰,因此,厌氧发酵常控制在这两个温度范围内,以获得尽可能高的降解速度。前者称为中温发酵,后者称为高温发酵,低于20℃的称为常温发酵。常温发酵能耗少、设备简单,但产气量不稳定、转化效率低。高温发酵分解速度快,处理时间短,产气量高,且能有效杀死寄生虫卵,但需要采取加热、保温等措施,提高了能耗。

产甲烷菌对温度的急剧变化非常敏感,中温或高温沼气发酵允许的温度变化范围为$\pm 1.5 \sim \pm 2.0$℃;当有± 3℃的变化时,就会抑制发酵速率;有± 5℃的变化时,就会突然停止产气,使有机酸大量积累而破坏沼气发酵。因此,厌氧发酵过程要求温度相对稳定。

(三) pH 与碱度

产酸菌适于在酸性条件下生长,其最佳 pH 是5.8,所以产酸阶段也称为酸性发酵;而产甲烷菌则需要较为严格的碱性条件,当 pH 低于6.2时,它就会失去活性。因此,在产酸菌和产甲烷菌共存的厌氧发酵过程中,系统的 pH 应控制在6.5～7.5之间,最佳范围是7.0～7.2。

当有机物负荷过高或系统中存在某些抑制物时,对环境要求苛刻的产甲烷菌会首先受到影响,从而造成系统中挥发性脂肪酸的积累,致使 pH 下降。pH 的下降反过来又会影响产甲烷菌的生长,如此恶性循环,最终导致厌氧发酵过程的停止。为了提高系统对 pH 的缓冲能力,需要维持一定的碱度。通常情况下,碱度控制在 $CaCO_3$ 2500～5000 mg/L 时,可获得较好的缓冲能力。碱度可以通过投加石灰或含氮物料的办法进行调节。

细胞内的细胞质 pH 一般呈中性,同时,细胞具有保持中性环境、进行自我调节的能力。因此,甲烷发酵菌的生长 pH 范围较广,在 pH 为5～10的范围内均可发酵。但对于产甲烷菌来说,维持弱碱性环境是绝对必要的,它的最佳 pH 范围是6.8～7.5。pH 低,将使 CO_2 增加,大量水溶性有机酸和 H_2S 产生,硫化物含量增加,因而抑制产甲烷菌生长。

在甲烷发酵过程中,pH 也呈规律性变化。发酵初期大量产酸,pH 下降;随后,由于氨化作用的进行而产生氨,氨溶于水,中和有机酸使 pH 回升,这样可以使 pH 保持在一定的范围之内,维持 pH 的稳定。在正常的甲烷发酵中,依靠原料本身可以维持发酵所需的 pH,但突然增加进料或改变原料等因素会冲击负荷,使发酵系统酸化,发酵过程受到抑制。为了顺利地进行甲烷发酵,可用石灰乳进行调节。

(四) 原料配比

充足的发酵原料是产生沼气的物质基础。各种微生物在其生命活动过程,不断地从外界吸收营养,以构成菌体和提供生命活动所需的能量。同时,在降解有机质过程中形成许多中间代谢产物。但是,不同的微生物所需的营养物质也是不一样的。譬如,产甲烷菌只能利用简单的有机酸和醇类等作为碳源,形成 CH_4。绝大多数产甲烷菌可以利用 CO_2 为碳源,形成 CH_4;氮源方面只能利用氨态氮,而不能利用复杂的有机氨化合物(如蛋白质等)。有机物质必须先经过不产甲烷微生物群的分解作用,才能进一步被产甲烷菌利用。因此,配料时应该控制适宜的碳氮比。各种有机物中碳素和氮素的含量差异很大；碳氮比值大的有机物称为贫氮有机物（如农作物的秸秆等），碳氮比值小的有机物称为富氮有机物（如人粪尿等）。为了满足甲烷发酵时的微生物对碳素和氮素的营养要求，需将贫氮有机物和富氮有机物进行合理配比，才能获得较高的产气量。大量实验表明，甲烷发酵的碳氮比以 20∶1～30∶1 为宜。碳氮比过小，细菌增殖量降低，氮不能被充分利用，过剩的氮变成游离 NH_3，抑制了产甲烷菌的活动，发酵不容易进行；但碳氮比过高，反应速率降低，碳氮比为 35∶1 时，产气量明显下降。

（五）搅拌

一般情况下，厌氧发酵装置需要设置搅拌设备。搅拌的目的是使发酵原料分布均匀，增加微生物与发酵基质的接触，也使发酵的产物及时分离，从而提高产气量。在以固体为原料的情况下，搅拌更为重要。在一些情况下，搅拌是为了破除浮渣层。在发酵过程中，如果不采用外力搅拌，发酵浆料容易发生分层，活性污泥发生脱节，尤其是活性污泥或浆料上附着了所产生的沼气，由于缺乏搅拌力量，气泡不易脱离，造成部分活性污泥或浆料上漂，从而给工艺控制造成困难，影响设备内的传质。因此，适当的搅拌也是工艺控制的重要组成部分。

（六）有机负荷

在有机负荷、处理程度和产气量三者之间，存在着密切的联系和平衡关系。一般情况下，较低的有机负荷获得的产气量较小，但处理程度会提高。由于厌氧发酵过程中产酸阶段的反应速率远高于产甲烷阶段，因此，必须使有机负荷达到一定范围，才能使挥发酸的生成和消耗不致失调，保持系统的稳定性。厌氧生物处理的有机负荷比好氧生物处理高很多，其化学需氧量（chemical oxygen demand，COD）一般为 5～10 kg/(m^3·d)，有时甚至能高达 50 kg/(m^3·d)。

（七）有毒物质

有毒物质会对厌氧微生物产生不同程度的抑制，使厌氧发酵过程受到影响乃至遭到破坏。最常见的有毒物质为硫化物、氨态氮、重金属离子、氰化物和某些人工合成的有机物。

硫酸盐和其他硫的氧化物容易在厌氧发酵过程中被还原为硫化物。可溶性的硫化物和 H_2S 气体在达到一定浓度后会对产甲烷过程产生抑制作用。

重金属离子能破坏细菌的代谢酶使其失活，导致厌氧发酵过程失效，主要表现为产气量的降低和挥发酸的积累。

氰化物对厌氧发酵的抑制作用取决于浓度和接触时间。如果浓度小于 10 mg/L，接触时间为 1 h，抑制作用不明显；如果浓度增高到 100 mg/L，气体产量会明显降低。

另外，相当一部分合成有机物（如 2-氯丙酸、1-氯丙烷、2-氯丙烯、丙烯醛、甲醛等）可以对厌氧微生物产生毒害作用，其作用大小也与浓度有关。

2.3.2 有机固体废物厌氧发酵处理工艺

（一）高固体厌氧发酵与低固体厌氧发酵

在厌氧发酵处理废物时，处理物料的总固体含量（TS）对反应的影响很大。根据 TS 的不同，可将厌氧发酵固体废物分成高固体厌氧发酵和低固体厌氧发酵。

1. 低固体厌氧发酵工艺

低固体厌氧发酵工艺是一种生物反应，此项技术可使固体浓度等于或者低于 4%～8% 情况下的有机废物发酵。表 2-7 列出了低固体厌氧发酵的优缺点。

表 2-7 低固体厌氧发酵的优缺点

项 目	优 点	缺 点
技术	由已知的技术而来	短流,沉降与浮渣层,砂的磨损,预处理复杂
生物反应	用新鲜水稀释	对冲击负荷敏感,挥发性有机物与惰性物质、塑料的损失
经济与环境	处理设施便宜(因为物料经过了预处理)	水的消耗量大,加热量大

(1) 工艺描述

第一步:人、畜、农业废物和城市生活垃圾的有机成分的准备工作。对于混合固体废物,典型的第一步包括接收、分选和减小粒径等工序。

第二步:包括增加水分和养分、混合、调节 pH 到 6.8 左右、加热泥浆到 55~60℃等过程,在浓度完全混合的连续流反应装置内完成并进行厌氧发酵。在有些工程中,已使用一系列的间歇式处理反应装置以代替一个或几个连续流完全混合反应装置。

对于大多数低固体厌氧发酵系统,所需要的水分和养分可以废水污泥或者粪肥的形式加入。有时也需额外加入养分,这取决于污泥和粪肥的化学特性。

第三步:包括沼气收集、存储;如果需要,还有沼气的分离。消化污泥的脱水和处置,也是一项必须进行的工作。一般来说,低固体厌氧发酵技术产生的消化污泥的处理费用很昂贵,因此限制了此类型工艺的推广应用。

(2) 工艺微生物学

如前所述,在厌氧情况下进行的有机物的转化和稳定化过程一般分成 4 个阶段:第一阶段主要是以酶为中介的转化(水解),高分子量的化合物转化成适宜于用作能量和细胞组织来源的化合物;第二阶段主要是化合物的细菌转化,来源于第一阶段的化合物变成可识别的低分子量的中间过渡化合物;第三阶段主要是中间过渡化合物的细菌转化,转化为更简单的最终产物,主要是 CH_4 和 CO_2;第四阶段主要是同型产乙酸细菌群将产甲烷细菌的一组基质(CO_2/H_2)横向转化为另一种基质(CH_3COOH)。

(3) 工艺设计考虑事项

表 2-8 总结了采用低固体厌氧发酵技术处理城市生活垃圾,在工艺设计和工程运行中可供参考的重要参数。固体废物和废水污泥混合运行系统的经验表明,从厌氧发酵装置收集的沼气中 CH_4 含量为 50%~60%;同时,每千克可生物降解的挥发性固体废物厌氧发酵后可产生大约 0.63 m^3 的沼气。

表 2-8 城市生活垃圾有机成分低固体厌氧发酵工艺设计的重要考虑事项

废物部分	说 明
物料尺寸	固体废物应先破碎,达到不影响泵输送和混合运行的效果
混合设备	推荐使用机械混合,以实现最佳效果,避免浮渣集结
固体废物和污泥的配比	固体废物和污泥的配比为 50%~90%,实际运行表明最佳配比在 60%左右
平均水力停留时间(HRT)	设计水力停留时间 10~20 d,或者根据中试研究的结果确定
可生物降解挥发性固体(BVS)的负荷率	0.6~1.6 kg/($m^3 \cdot d$)
固体浓度	等于或者少于 8%~10%(典型 4%~8%)

续表

废物部分	说　明
温度	对于嗜温微生物，介于30～38℃；对于嗜热微生物，介于55～60℃
BVS的降解率	取决于废物的特性，一般在60%～80%之间，平均水平为70%
总固体(TS)降解率	一般在40%～60%之间
产气量	0.5～0.75 m³/kg(BVS)
气体组分	CH_4 占55%，CO_2 占45%

(4) 工艺选择

低固体厌氧发酵工艺的主要设备设施，通常包括混合设备的类型（内部混合、内部气体混合、外部泵混合）、厌氧发酵装置的一般形式（例如：圆形或卵形）、控制系统、废物混合以及消化污泥脱水设施等。

2. 高固体厌氧发酵工艺

高固体厌氧发酵工艺的总固体浓度大约在22%以上。高固体厌氧发酵是一种相对较新的技术，它在城市生活垃圾有机成分的能量回收方面的应用还没有得到充分的发展，因此大规模运行的经验有限。高固体厌氧发酵工艺有两个重要优点，即反应装置单位体积的需水量低、产气量高。表2-9列出了高固体厌氧发酵的优缺点。

表2-9　高固体厌氧发酵的优缺点

项　目	优　点	缺　点
技术	反应装置内部没有移动部分，系统稳定，不会短流	湿物料不能单独处理
生物反应	预处理中挥发性有机物损失少，有机物负荷高，抗冲击负荷	很少用新鲜水稀释
经济与环境	预处理便宜，反应装置小，完善卫生，水用量小，加热量小	处理设备造价高

(1) 工艺描述

低固体厌氧发酵工艺的4个阶段也适用于高固体厌氧发酵工艺。主要区别是，后者厌氧发酵工艺的污泥脱水和消化污泥的处置需要的工作量较少。

(2) 工艺微生物学

高固体厌氧发酵工艺微生物学与前述低固体厌氧发酵工艺的一样。然而，由于较高的固体浓度，许多关于微生物数量的环境参数的作用更为重要。例如，氨的毒性可以影响产甲烷细菌，这对系统的稳定和甲烷产量有副作用。大多数情况下，可以通过适当调整进料的C/N来防止氨的毒性。

(3) 工艺设计考虑事项

目前高固体厌氧发酵工艺的发展尚在进行之中，表2-10总结了一些重要的设计参考参数。一般来说，与前面所述的低固体厌氧发酵工艺相比，高固体厌氧发酵工艺单位体积反应装置能够处理更多的有机废物，也能产生更多的沼气。

表2-10　城市生活垃圾有机成分高固体厌氧发酵工艺设计的重要考虑事项

废物部分	说　明
物料尺寸	固体废物应先破碎，达到不影响进料装置的有效作用范围
混合设备	混合设备取决于使用的反应装置的类型
固体废物和污泥的配比	取决于污泥特性

续表

废物部分	说 明
平均水力停留时间(HRT)	设计水力停留时间 10～20 d,或者根据中试研究的结果确定
可生物降解挥发性固体(BVS)的负荷率	6～7 kg/(m³·d)
固体浓度	介于 20%～35%(典型 22%～28%)
温度	对于嗜温微生物,介于 30～38℃;对于嗜热微生物,介于 55～60℃
BVS 的降解率	取决于水力停留时间和 BVS 负荷率,一般在 90%～98%
总固体(TS)降解率	变化范围取决于进料木质素的含量
产气量	0.625～1.0 m³/kg(BVS)
气体组分	CH_4 占 50%,CO_2 占 50%

3. 工艺选择

目前,高固体厌氧发酵工艺在国际上还没有大规模商业化运行。然而,美国和欧洲已经有不同规模的高固体厌氧发酵工程在运行。随着这些工程越来越充分地发展,可以预见,大批高固体厌氧发酵工艺必将可以实现商业化运作。

低固体和高固体厌氧发酵工艺运行特征的比较列于表 2-11 所示。

表 2-11 城市生活垃圾有机成分低固体和高固体厌氧发酵工艺的比较分析

设计/运行参数	注 释	
	低固体厌氧发酵工艺	高固体厌氧发酵工艺
反应装置设计	处理城市生活垃圾有机成分的大规模系统已经使用了完全混合反应装置。塞流反应装置广泛用在其他有机废物处理上。	完全混合、塞流、序批反应装置已经进行了试验研究。这些类型的反应装置尚无一个用于商业处理城市生活垃圾。
固体含量	典型 4%～8%	典型 22%～28%
反应装置体积	单位体积有机废物需要很大的反应装置体积	与低固体厌氧发酵工艺相比,处理相同体积的有机废物,需要较小的反应装置体积。
加水	为了提高城市生活垃圾有机成分的水分,需要加入大量的水。	由于较高的固体浓度,需水量较少
有机负荷率	单位体积的有机负荷率相对较低	单位体积反应装置的有机负荷率相对较高
产气率	已经报道的最大产气率为实际参加反应的反应装置体积的 2 倍	已经实现最大产气率为实际参加反应的反应装置体积的 6 倍
质量去除率	由于较高的水分,质量去除率很低	与低固体厌氧发酵工艺相比,相同的停留期可以实现明显更高的质量去除率。
污水进出装置	使用了所有类型的泵	因为这是相对较新的技术,还没有很合适的厌氧反应装置污水进出装置。已经使用高固体泵和螺旋传送装置。
毒性问题	由于有机废物的稀释特性,低固体厌氧发酵装置的毒性问题并不严重。	在高固体厌氧发酵方面,由于盐和重金属类物质的浓度高,这类毒性比较常见。C/N 比较低时(低于 10～15),氨毒性是一个主要问题。

续表

设计/运行参数	注　释	
	低固体厌氧发酵工艺	高固体厌氧发酵工艺
浸出液问题	由于水分很高,稳定的出流可能产生浸出液问题。	高固体厌氧发酵装置的出流一般包含25%～30%的固体,从而减少了浸出液的产生。
流出物脱水	需大型昂贵的设施来分离固体。对于最终处置,分离后的污水也应该处理。	可以采用不太昂贵的脱水设备
技术地位	城市生活垃圾有机成分的能量回收还没有商业化。利用农业废物产生能量的低固体厌氧发酵装置的商业用途前景十分广阔。	对于城市生活垃圾有机成分的能量回收还没有商业化

(二) 单相消化与两相消化

单相消化是指水解酸化阶段与产甲烷阶段都在一个反应装置中进行。

两相消化又叫两步或两阶段厌氧发酵,是人为地将厌氧反应过程分解为水解产酸阶段和产甲烷阶段,来满足不同阶段厌氧发酵微生物的活动需求,以达到最佳的反应效率。在产甲烷阶段前设置产酸阶段,可以控制产酸速率,避免产甲烷阶段超负荷,另外还可以避免复杂、多变、有毒的物质对整个系统造成冲击,提高了系统运行的稳定性。

(三) 高温消化与常温消化

温度对发酵效率、产气质量等有重要影响。厌氧发酵最适宜的范围是中温发酵(37～38℃)和高温发酵(53～54℃)。温度高,发酵效率增大,产气率增大,杀灭病原有机体效果增大,但产气质量下降、反应稳定性不好、容易产生丙酸盐积累。

高温发酵工艺的温度范围是47～55℃,此时有机物分解旺盛,发酵快,物料在厌氧池内停留时间短,非常适于城市生活垃圾、粪便和有机污泥的处理。其程序如下:

(1) 高温发酵菌的培养

高温发酵菌种的来源一般是将采集到的污水池或下水道有气泡产生的中性偏碱的污泥加到备好的培养基上,进行逐级扩大培养,直到发酵稳定后即可作为接种用的菌种。

(2) 高温的维持

高温发酵所需温度的维持,通常是在发酵池内布设盘管,通入蒸气加热料浆。我国有的城市利用余热和废热作为高温发酵的热源,是一种技术上十分经济的办法。

(3) 原料投入与排出

在高温发酵过程中,原料的消化速度快,因而要求连续投入新料与排出发酵液。其操作有两种方法:一种是用机械加料机出料,另一种是采用自流进料和出料。

(4) 发酵物料的搅拌

高温厌氧发酵过程要求对物料进行搅拌,以迅速消除邻近蒸气管道区域的高温状态和保持全池温度的均一。搅拌的方式有3种:

① 机械搅拌,即采用一定的机械装置(如:提升式、叶浆式等)进行搅拌;

② 充气搅拌,即将厌氧池内的沼气抽出,然后再从池底压入,产生较强的气体回流,达到搅拌的目的;

③ 充液搅拌,即从厌氧池的出料间将发酵液抽出,然后从加料管加入厌氧池内,产生较强

的液体回流,达到搅拌的目的。

常温厌氧发酵指在自然界温度影响下发酵温度发生变化的厌氧发酵。目前我国农村都采用这种发酵类型。这种工艺的发酵池结构简单、成本低廉、施工容易、便于推广;但该工艺的发酵温度不受人为控制,基本上是随气温变化而不断变化,通常夏季产气率较高,冬季产气率较低。

讨 论 题

1. 什么是有机固体废物的生物处理技术?有机固体废物生物处理技术的主要特点是什么?
2. 试述有机固体废物生物处理的基本原理。
3. 请说明堆肥化的定义和堆肥化的特点,并分析堆肥化的主要因素及其控制措施。
4. 完整的堆肥化工艺过程主要包括几个处理单元?各个处理单元的特点是什么?
5. 试述厌氧发酵的原理及影响因素。
6. 按发酵温度不同,厌氧发酵工艺有哪几种?
7. 试比较分析城市生活垃圾有机成分低固体和高固体厌氧发酵工艺。

第 3 章 生物质致密成型技术

农业和林业在生产与加工过程中产生了大量的废物,例如农作物收获时残留在农田里的农作物秸秆(如棉秆、玉米秆、高粱秆、甘蔗秆、稻秆、麦秆等)、农业生产过程中剩余的籽壳(如籽壳类、稻壳、麦壳、向日葵壳、花生壳、玉米芯等)、林业生产与加工过程中产生的林产剩余物(如树丫、树根、树叶、松针、木屑、木片等)。这些废物松散地分散在大面积范围内,具有较低的堆积密度,给收集、运输、储藏和大规模应用带来了困难。

由此,人们提出如果将农业和林业生产的废物致密为成型燃料,提高能源密度,不仅解决了上述问题,而且可以形成商品能源。例如,将松散的秸秆、树枝和木屑等生物质挤压成固体燃料,它的密度为 $1.1\sim1.4\ t/m^3$,体积缩小 $6\sim8$ 倍,能源密度相当于中质烟煤,火力持久,炉膛温度高,燃烧特性得到明显改善。

生物质致密成型技术是指将各类生物质(如锯末、稻壳、秸秆等),在一定压力作用下(加热或不加热),使原来松散、细碎、无定形的生物质致密成密度较大的棒状、粒状、块状等各种成型燃料的工艺过程。生物质致密成型燃料的热值比煤的低 $10\%\sim20\%$,但是成型燃料在一定工况下能够燃尽,而煤不能燃尽,煤渣中残留 $10\%\sim15\%$ 可燃成分。所以,在实际使用中两者的热值效果相当。成型燃料的着火性比煤好,易于点火,大大缩短了火力启动时间。成型燃料的固体排放量低于煤,减少了排渣费用和对环境的污染。成型燃料固体排放物全是灰,约占总重的 $0.4\%\sim20\%$(例如:稻壳为 16%);而煤的固体排放物是灰、碱石和残煤的混合物,约占总重的 $25\%\sim40\%$。煤对大气污染和对锅炉腐蚀的程度要比成型燃料大得多。煤的主要成分是"碳"矿物,煤烟中含有大量的粒状碳和有毒性的 SO_2、CO_2、CO 等腐蚀性气体;成型燃料的主要成分是碳氢有机物,烟气中无粒状碳和 SO_2 等气体,主要是碳氢挥发气体,这些成分对生态环境破坏作用和对锅炉蚀损都比煤小很多。因此,成型燃料在国际上素有"清洁燃料"的誉称。锅炉燃用成型燃料的费用和时间比燃用煤要节省。一台 0.5 t 锅炉燃用成型燃料比烧煤的费用降低 11%,时间节省 34%;一台 4 t 锅炉的燃料费比煤降低 10%,省时 16.2%。一般成型燃料的弯曲强度为 $32\ kgf/cm^2$,挤压强度为 $300\ kgf/cm^2$,表明具有常规能源的可运输性能。一般成型燃料持续燃烧的时间比软散物料提高 $8\sim10$ 倍,并且处在稳定持续燃烧状态。

3.1 生物质致密成型原理

生物质致密成型原理可解释为密实填充、表面变形与破坏、塑性变形这三种原因。从结构来看,生物质原料的结构通常都比较疏松,堆积时具有较高的空隙率,密度较小。松散细碎的原料颗粒之间被大量的空隙隔开,仅在一些点、线或很小的面上有所接触。在外力的作用下,颗粒发生位移及重新排列,使空隙减少、颗粒间的接触状态发生变化,即一个颗粒同更多个颗粒接触,其中有一些是线或面的接触,接触面积也增加。在完成对模具有限空间的填充之后,颗粒达到了在原始微粒尺度上的重新排列和密实化,物料的密度增加,从而实现密实填充,如图 3-1(a)所示;这一过程中通常伴随着原始微粒的弹性变形和因相对位移而造成的表面破坏,此过程为表面变形与破坏,如图 3-1(b)所示;在外部压力进一步增大之后,由应力产生的塑性变形使空隙率进一步降低,密度继续增高,颗粒间接触面积的增加比密度的提高要大几百甚至几千倍,将产生复杂的机械啮合和分子间的结合力(特别是添加胶黏剂时),此过程为塑性变形,如图3-1(c)所示。

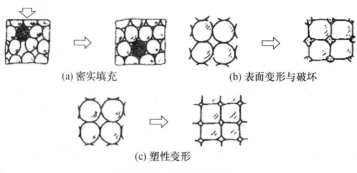

图 3-1 致密成型机理

1962年德国的Rumpf针对不同材料的致密成型,将成型物内部的黏结力类型和黏结方式分成五类,即固体颗粒桥接或架桥、非自由移动黏结剂作用的黏结力、自由移动液体的表面张力和毛细压力、粒子间的分子吸引力(范德华力)或静电引力、固体粒子间的充填或嵌合。当制成的颗粒脱模后,由于弹性和内部的压力的解除而产生微量的弹性膨胀,膨胀的大小依原料的特性而有所差异,严重的可能导致制品颗粒破裂。

为了防止致密后的物料反弹回原来的形态,使其维持一定的形状和强度,致密后的物料中必须有适量的黏结剂。这种黏结剂可以是在致密成型过程中加入的,也可以是原料本身所具有的。我们已经知道,各种生物质主要由纤维素、半纤维素、木质素等主要成分和树脂、蜡等少量成分组成。在构成生物质的各种成分中,木质素普遍认为是生物质固有的、最好的内在黏结剂;它是光合作用形成的天然聚合体,具有复杂的三维结构,属于高分子化合物,在植物中的含量一般为15%~30%。木质素属于非晶体,没有熔点但有软化点。当温度达70~110℃时软化,黏合力开始增加;当温度达到200~300℃时呈熔融状,黏性高,此时施加一定的压力,增强分子间的内聚力,可将它与纤维素、半纤维素等紧密粘接并与相邻颗粒互相黏结,使植物体变得致密均匀,体积大幅度减少,密度显著增加。生物质中的半纤维素由多聚糖组成,在一定时间的储存和水解作用下可以转化为木质素,也可达到黏结剂的作用。生物质中的纤维素分子连接形成的纤丝,在以黏结剂为主要结合作用的黏聚体内发挥了类似于混凝土中钢筋的"骨架"作用,可提高成型块强度。在水分存在时,纤维素可结合成团状,当含水率在30%左右时,用较小的力作用即可使纤维素形成一定的形状;当含水率在10%左右时,对其施加较大压力,才能使其成型,但成型后结构牢固。此外,生物质所含的腐殖质、树脂、蜡质等可提取物也是固有的天然黏结剂,且其对温度和压力较敏感,当采用适宜的温度和压力时,也可在致密成型过程中发挥一定的黏结作用。

生物质中的水分作为一种必不可少的自由基,流动于生物质颗粒中和颗粒间,在压力作用下,与有机质如糖类或果胶等混合形成胶体,起黏结剂的作用,因此过于干燥的生物质原料通常情况下是很难致密成型的。此外,生物质中水分的存在还可降低木质素的软化(熔融)温度,使生物质在较低加热温度下成型。

在较高温度下,生物质中的纤维素、半纤维素和木质素可受热分解为固态、液态和部分气态产物。将生物质热分解技术与致密成型工艺相结合,即利用热解反应产生的液态焦油等作为致密成型的黏结剂,可增强粒子的黏聚作用,并提高成型燃料的品位和热值。

因此,对于木质素等黏弹性组分含量较高的原料,可采用加压、加热的方式,使木质素达到软化点发生塑性变形,起到黏结剂的作用,使成型块维持既定的形状;同时,生物质原料加热软化,也利用减少成型时挤压压力,而对于木质素含量较低的原料,在致密成型过程中,可加入少量的诸如黏土、焦油、废纸浆等无机、有机和纤维类黏结剂,也可以使致密后的成型块维持致密的结构和既定的形状。当加入黏结剂时,原料颗粒表面会形成吸附层,颗粒之间产生引力(范德华力),使生物质粒子之间形成连锁的结构,强化了原始颗粒间的结合力,从而在整体上提高了制品颗粒的强度。

成型燃料经冷却降温后,强度增大,即可得到燃烧性能类似于木材的棒状、块状、粒状生物质成型燃料。

3.2 影响生物质致密成型的主要因素

影响生物质致密成型过程及其产品性能的主要因素有:生物质种类、粒度和粒度分布、含水率、黏结剂、成型压力及加热温度等。通常情况下,这些影响因素在不同致密成型方式条件下的表现形式也不尽相同。

1. 生物质种类

不同种类的生物质,其致密成型特性有很大差异。即使同一种生物质,由于不同生长部位、生长条件、成熟度等,其致密成型特性也有所差异。例如,木材废料一般在压力作用下变形较小,即难以致密;而纤维状植物秸秆和树皮等在压力作用下变形较大,即易于致密。在不加热条件下进行致密成型时,较难致密的生物质原料就不易成型,容易致密的生物质原料则成型较为容易。但是,在加热的条件下进行致密成型时,木材废料虽然难以致密,由于木材本身的木质素含量高,在高温下能起黏结作用,其成型反而容易;而植物秸秆和树皮等原料的黏结能力弱,不易成型。因此,生物质的种类直接影响成型机的动力消耗和产量。

生物质种类也直接决定着成型燃料的密度、强度、热值等特性。

2. 粒度和粒度分布

生物质原料的粒度也是影响致密成型的重要因素。一般来说,原料粒度越小,流动性越好,在相同的压力下物料的变形越大,成型物结合越紧密,成型后的密度越大;但原料粒度过小,黏性大,流动性反而下降,会使成型块的强度降低。原料粒度较大时,成型机将不能有效地工作,能耗大,产量低;但是有些成型方式(如冲压成型)却要求原料有较大的尺寸或较大的纤维,原料粒度过小反而容易产生脱落。

尽管生物质原料粒度分布的上限决定于成型产品的粒度大小,但较大的原料可能会导致成型过程中不光滑和在模具入口结渣而造成堵塞;原料粒度大小不均、形态差异较大,会使成型物表面产生裂纹,密度、强度降低。

所以,一般在生物质致密成型前要进行粉碎或筛分作业,使生物质原料具有合适的粒度和粒度分布。

3. 含水率

生物质原料的含水率是其致密成型中非常关键的一个因素。在湿压致密成型中,纤维素需在水中成团和腐化,故含水率较高。在致密成型过程中,水分为薄膜状黏结剂;同时,水分通过"范德华力"使固体颗粒间实际接触面积增大,有助于有机质间黏结。在热压致密成型时,含水量太高,会在喂入物料时发生堵塞现象;成型过程中影响热量传递,并增大物料与模具的摩擦;较高温度时,由于水蒸气量大,可能会发生气堵和"放炮"现象。水分含量太低,则影响木质素的软化点,生物质颗粒间的摩擦和抗压强度增大,会造成太多的能量消耗,会使成品表面龟裂。生物质原料合适的含水量可使成型燃料中的水分含量超过平衡水分,否则成型燃料会在储存和运输过程中吸收水分而膨大或碎裂。因此,含水率过高或过低都不能很好地成型。对于颗粒成型燃料,一般要求原料的含水率在15%～25%;对于棒状、块状成型燃料,要求原料的含水率不大于10%。

4. 黏结剂

为了使成型块在运输储存和使用时不致破损、裂开并具有良好的燃烧性能,理想的黏结剂必须能够保证成型炭块具有足够的强度和抗潮解性,而且在燃烧时不产生烟尘和异味,最好黏结剂本身也可以燃烧。常用的黏结剂可分为无机黏结剂、有机黏结剂和纤维类黏结剂等三类。无机黏结剂(如水泥、黏土、水玻璃等)虽然具有一定的黏结能力,但这类黏结剂会增大燃料的灰分含量,降低燃料的热值,而且在成型燃料燃烧时会产生开裂现象,所以使用效果较差。有机类黏结剂(如焦油、沥青、树脂、淀粉等)也具有较强的黏结能力;焦油、沥青和糖浆废料作为黏结剂使用时,用量大约30%,这一类黏结剂的抗潮解能力较强,但在燃烧时会产生一定的烟气。淀粉类黏结剂(如废纸浆、水解木纤维等工业废物)也具有较好的黏结能力,使用量一般为4%左右,价格低廉,在燃烧时不产生烟气,但其抗潮解能力较差。

5. 成型压力

成型压力是生物质致密成型最基本的条件和要求。对生物质原料施加压力的作用是:① 破坏原生物质的物相结构,组成新的物相结构;② 加强分子间的凝聚力,使生物质变得致密均实,以提高成型体的强度和刚度;③ 为生物质在模具内成型提供必要的动力。只有施加足够的压力,原材料才能被致密成型。

但是,成型压力的大小与模具(成型孔、成型容器)的形状尺寸有着密切关系。因为成型机大多数都采取挤压和冲压的成型方式,即把原料从成型模具的一端压入,从另一端连续挤出,这时原料挤压所需要的成型压力与容器内壁面的摩擦力相平衡,机器只能产生与摩擦力相同大小的成型压力。因此,对同一种生物质原料而言,摩擦力的大小与模具的形状尺寸有直接关系。在致密过程中,生物质原料的密度随压力增加而增加的幅度较大,当压力增加到一定值以后,成型物密度的增加就变得缓慢。

6. 加热温度

对于生物质热压成型来讲,加热温度也是影响致密成型的一个重要因素。将生物质加热到一定温度的目的是:① 使生物质中的部分有机质(如木质素等)软化形成黏结剂;② 使生物质在成型机内致密成型体的外表面形成炭化层,使成型体在模具内能滑动,而不会黏滞难以出模;③ 为生物质中的分子结构变化提供能量等。

通常加热器是设在成型套筒的外表面,温度过高,易使成型筒退火,工作面不耐磨,影响使用寿命;对物料而言,温度过高,干馏所形成的炭化层过厚变软,摩擦阻力减小,不易成型或成型物挤压不实,密度变小,容易断裂破损。由于生物质原料中水分的存在,温度过高,生物质在干馏过程中易产生高压蒸气和挥发分,会发生"放气"或"放炮"现象,中断成型。温度过低,传热慢,生物质中的木质素达不到软化点,不但原料不能成型,而且功耗增加。因此,对于一个生物质燃料成型机,当机器的结构尺寸确定以后,加热温度就应调整到一个合理的范围。例如,对于螺旋挤压成型机,一般温度调整在150～300℃之间,操作者可根据原料进行调整。有些成型方式(如压辊式颗粒成型机),虽然没有外热源加热,但在成型过程中,原料和机器部件之间的摩擦作用也可将原料加热到100℃,同样可使原料所含木质素软化,起到黏结剂作用。

3.3 生物质致密成型工艺与技术

3.3.1 生物质致密成型工艺类型

生物质致密成型工艺类型的划分有多种,例如,可根据致密压力的大小将生物质致密成型分为高压致密(>100 MPa)、采用加热的中等压力致密(5～100 MPa)和添加黏结剂的低压致密(<5 MPa)。当然,这种区分方法并不是对每一种生物质都适用。而目前则更多的是根据主要工艺特征的差别,从广义上将生物质致密成型工艺划分为湿压成型、热压成型、炭化成型等3种主要形式。

1. 湿压成型工艺

纤维类原料常温下浸泡数日后,其纤维变得柔软、湿润、皱裂并部分降解腐化,与一般风干原料相比,会损失一定能量,但是其致密性能明显改善,易于致密成型。这种工艺广泛应用于纤维板的生产,但也可以利用简易的杠杆和木模等工具将腐化后的生物质中的水分挤出,即可形成低密度的致密成型燃料块。

2. 热压成型工艺

热压成型是目前普遍采用的生物质致密成型工艺。由于原料的种类、粒度和粒度分布、含水率、成型压力、成型温度、成型方式、成型模具的形状和尺寸以及生产规模等因素对成型工艺过程和产品的性能都有一定的影响,所以具体的生产工艺流程以及成型机结构和原理也有一定的差别,但是在各种热压成型方式中,挤压成型作业是关键的作业步骤。

目前,热压成型工艺中采用的挤压成型技术主要有螺旋挤压技术、活塞冲压技术和压辊式(滚筒式)成型技术等几种形式:其中螺旋挤压技术采用螺杆连续挤压物料使其体积减小,可以对模具进行加热或不加热,成型块通常为空心燃料棒,其密度一般是1000～1400 kg/m³;活塞冲压技术采用飞轮或液压驱动的间断式的冲压方式,通常用于生产实心燃料棒或燃料块,其密度通常为800～1100 kg/m³;压辊式(滚筒式)成型技术是压辊碾压过穿孔的表面,将物料压入模具(小孔)内而成型,大多用于生产颗粒状的成型燃料,一般不需要外部加热,但需要在原料中加入一定量的黏结剂。

3. 炭化成型工艺

炭化成型是将生物质原料首先进行炭化或部分炭化,然后再加入一定量的黏结剂挤压成一定形状和尺寸的木炭块。由于原料纤维结构在炭化过程中受到破坏,高分子组分受热分解转换成炭并释放出挥发分(包括可燃气、木醋液、焦油等),因而其挤压加工性能得到改善,成型部件的机械磨损和挤压加工过程中的功率消耗明显降低。但是,炭化后的炭粉在挤压成型后维持既定形状的能力较差,储存、运输和使用时容易开裂或破碎,所以致密成型时一般都要加入一定量的黏结剂。如果在成型过程中不使用黏结剂,要保证成型块的储存和使用性能,则需要较高的成型压力,这将明显提高成型机的造价。

3.3.2 生物质致密成型技术

生物质致密成型技术主要有螺旋挤压成型技术、活塞冲压成型技术和压辊式(滚筒式)成型技术等几种形式。

1. 螺旋挤压成型技术

螺旋挤压成型技术是目前生产生物质致密成型燃料最常采用的技术。尤其以机制炭为最终产品的厂家,大都选用螺旋挤压成型机。螺旋挤压成型技术的工作原理如图 3-2 所示,被粉碎的生物质连续不断地送入致密成型筒后,转动的螺旋推进器也不断地将原料推向锥形成型筒的前端,挤压成型后送入保型筒,因此生产过程是连续的,质量比较均匀。成品的外表面在挤压中被炭化,这种炭化层容易点燃,且易防止周围空气中水分的侵入;这种形式易于成品打中心孔,送入炉子后空气可从中心孔中流通,有助于完全燃烧,快速燃烧。相对活塞式成型机,其设计比较简单,质量也较轻,运行平稳,但是动力消耗较大,单位成品能耗较高,也容易受原材料和灰尘的污染。螺旋挤压的最主要的缺点是螺旋部位和模具的严重磨损,不得不采用硬质合金,从而导致了高昂的维修费用。

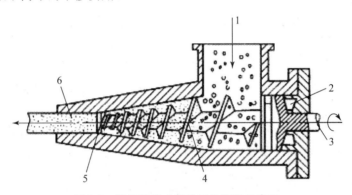

图 3-2 螺旋挤压成型的工作原理示意图
1—原料;2—止推轴承;3—驱动轴;4—锥形螺旋;5—挤出口;6—成品

2. 活塞冲压成型技术

在活塞冲压成型技术中,生物质原料的成型是靠活塞的往复运动实现的。当活塞后退时,经过粉碎的生物质原料从入料口进入套筒,活塞前进时把原料压紧到减缩的锥形模具内成型,如图 3-3 所示。在致密过程中由于摩擦作用,生物质会被加热,从而使生物质中的木质素软化起黏结作用,也可以采用外部电加热的方式对模具进行加热增强木质素黏结作用,在压力作用下使生物质黏结成型,成型温度为 140～200℃。其进料、致密和出料过程都是间歇进行的,活塞每工作一次可以形成一个致密块,在成型管内块与块挤在一起,但有边界。当生物质成型燃料离开模具后,成型管内成型燃料分离成 10～30 cm 的棒或块,离开成型机后,在自重的作用下能自行分离。成型燃料的直径与成型机的生产能力密切相关。一个 1 t/h 的模具直径为 8～10 cm,冲压式成型机通常用于生产实心燃料棒或燃料块,密度介于 0.8～1.1 kg/cm^3 之间。

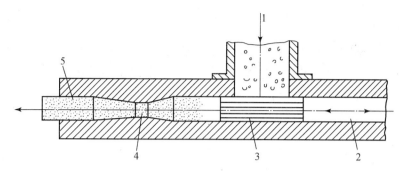

图 3-3 活塞冲压成型的工作原理示意图
1—原料；2—液压或机械驱动；3—活塞；4—挤出口；5—成品

与螺旋挤压成型技术相比,活塞冲压成型技术由于改变了成型部件与原料的作用方式,不但大幅度提高成型部件的使用寿命,同时也降低了单位产品能耗,两者的技术对比参见表3-1。活塞的往复驱动力国际上有三种形式：油压式、水压式和机械式。油压式设计比较成熟,运行平稳,油温便于控制,体积小,驱动力大,一般当产品外径为 8～10 cm 时,生产率就可达到 1 t/h；水压式体积大,投资多,驱动力小,生产能力低,一般在 0.25 t/h,有的可达到 0.35 t/h 左右；机械式生产能力大,每分钟可以冲压 270 次,在产品外径为 60 mm,输入功率为 25 kW 时,其生产率可达 0.7 t/h,且生产的产品密度比水压式要大得多,但震动大、噪音大,没有油压式平稳,工作易疲劳。这三种形式相比,机械式推广面较多,近几年液(油)压式也在发展。

表 3-1 螺旋挤压式和活塞冲压式技术对比

参　　数	螺旋挤压式	活塞冲压式
原料最佳含水率/(%)	8～9	10～15
接触部位磨损	在螺旋处有较大的磨损	活塞和模有轻度磨损
工作方式	连续	间断
动力消耗/(kW·h)/t	60	50
密度/(t/m³)	1～1.4	1～1.2
维护费	低	高
燃烧性能	非常好	一般
炭化	适宜	不适宜
均匀性	均匀	不均匀

活塞冲压成型技术由于冲头与生物质之间没有相对滑动运动,所以磨损小,工作寿命长,一般模子每 100～200 h 要维修一次,SiO_2 含量少的生物质原料可长达 300 h。但活塞冲压成型技术是间断冲击,有不平衡现象,产品不适宜炭化,虽允许生物质含水量有一定变化幅度,但质量也有高低的反复。

3. 压辊式(滚筒式)成型技术

压辊式(滚筒式)成型技术不同于前面的螺旋挤压成型技术和活塞冲压成型技术,主要区别在于其成型模具直径较小(通常小于 30 mm),并且每一个压模盘片上有很多成型孔,主要用于生产颗粒状成型燃料。压辊式成型机的基本工作部件由压辊和压模组成（如图 3-4），其中压辊可以绕自己轴转动。压辊的外圈一般加工齿或槽，使原料压紧而不至于打滑。压模有圆盘和圆环两种，压模上加工有成型孔。原料进入压辊和压模之间，在压辊的作用下被压入成型孔内，从成型孔内压出的原料就变成圆柱形或棱柱形，最后用切刀切成颗粒状成型燃料。根据压模的形状，压辊式成型机可分为环模成型机和平模成型机，其中环模成型机又有卧式和立式两种形式。

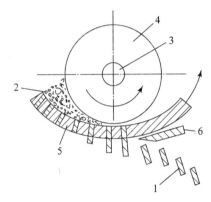

图 3-4 压辊式成型的工作原理示意图
1—成品；2—原料；3—驱动轴；4—滚筒；5—模具；6—刀

用压辊式成型机生产颗粒成型燃料一般不需要外部加热，依靠物料挤压成型时所产生的摩擦热即可使物料软化和黏合。如果原料木质素含量低，黏结力小，可添加少量黏结剂。压辊式成型机对原料的含水率要求较宽，一般在 10%～40% 之间均能成型。

3.3.3 生物质致密成型生产工艺流程

一般生产工艺流程如图 3-5 所示。

图 3-5 生物质致密成型生产工艺流程图

1. 生物质收集

生物质收集是十分重要的工序。在工厂化加工的条件下要考虑 3 个问题：一是加工厂的服务半径；二是农户供给加工厂原料的形式是整体式，还是初加工包装式；三是原料的枯萎度，也就是原料在田间经风吹、日晒、自然状态脱水程度。如果不是机械收割、打捆，易枯萎度大点好。另外要特别注意，收集过程中尽可能少夹带泥土，泥土多了容易造成燃烧时结渣，机械化收集可解决这一问题。

2. 干燥

生物质的含水率一般在 20%～40% 之间，一般通过滚筒干燥机进行烘干，将原料的含水率降低至 8%～10%。如果原料太干，致密过程中颗粒表面的炭化和龟裂有可能会引起自燃；而原料水分过高时，加热过程中产生的水蒸气就不能顺利排出，会增加体积，降低机械强度。

3. 粉碎

木屑及稻壳等原料的粒度较小，经筛选后可直接使用。而秸秆类原料则需通过粉碎机进行粉碎处理,通常使用锤片式粉碎机,粉碎的粒度由成型燃料的尺寸和成型工艺所决定。

4. 调湿

加入一定量的水分后,可以使原料表面覆盖薄薄的一层液体,增加黏结力,便于致密成型。

5. 成型

生物质通过致密成型,一般不使用添加剂,此时木质素充当了黏合剂。生物质致密成型技术主要有前面介绍的螺旋挤压成型技术、活塞冲压成型技术和压辊式(滚筒式)成型技术等几种形式。

6. 冷却

生物质在致密成型时,其温度会升高(通常为90~95℃),通风冷却后可以提高成型燃料的持久性。

原料种类、含水率、温度和粉碎程度将影响成型燃料的质量。生物质成型燃料生产线产量一般为 4 t/h,能源消耗量大约 80~130 kW·h/t,实际功率受生产等因素的影响。

讨 论 题

1. 生物质致密成型的原料和技术有哪些?试简要说明。
2. 生物质致密成型的机理是什么?
3. 生物质致密成型的主要影响因素有哪些?试简要说明。
4. 生物质致密成型工艺类型较多,主要有哪些?试说明这些工艺的优缺点。
5. 生物质致密成型技术有哪些?其关键技术是什么?
6. 试述生物质致密成型生产工艺的具体流程。

第4章 生物质热解技术

生物质热解(又称裂解或热裂解)技术,也称为热化学转换技术是生物质在没有氧化剂(空气、氧气、水蒸气等)存在或只提供有限氧的条件下,通过热化学反应将生物质大分子物质(木质素、纤维素、半纤维素等)分解成较小分子的燃料物质的热化学转化方法。根据热解过程中的工艺参数,分成气化(生产燃气)、液化(生产热解油)和炭化(生产木炭)等三种工艺。实际上热解的每种工艺都会同时得到这三种产物,只不过不同工艺希望得到尽可能多的某种产品而已。一般的说,低温慢速热解(小于500℃),产物以木炭为主;高温闪速热解(700~1100℃),产物以可燃气体为主;中温快速热解(500~650℃),产物以生物油为主。如果反应条件合适,可获得原生物质80%~85%的能量,生物油产率可达70%以上。

根据工艺操作条件,生物质热解工艺可分为慢速、快速和反应性热解三种类型。慢速热解工艺又可分为碳化和常规热解。生物质热解的主要工艺类型见表4-1。

表4-1 生物质热解的主要工艺类型

工艺类型	停留期	升温速率	最高温度/℃	主要产物
慢速热解				
炭化	数小时~数天	非常低	400	炭
常规	5~30 min	低	600	气、油、炭
快速热解				
快速	0.5~5 s	较高	650	油
闪速(液体)	<1 s	高	<650	油
闪速(气体)	<10 s	高	>650	气
极快速	<0.5 s	非常高	1000	气
真空	2~30 s	中	400	油
反应性热解				
加氢热解	<10 s	高	500	油
甲烷热解	0.5~10 s	高	1050	化学品

本章根据生物质热解产品的不同,主要介绍生物质气化技术、生物质热解液化技术以及生物质炭化技术。

4.1 生物质气化技术

生物质气化是以生物质为原料,以氧气(空气、富氧或纯氧)、水蒸气或氢气等作为气化剂(或称气化介质),在高温条件下通过热化学反应将生物质中可燃的部分转化为可燃气的过程。生物质气化所产生的气体,主要有效成分为CO、H_2和CH_4等,称为生物质燃气。气化和燃烧过程是密不可分的,燃烧是气化的基础,气化是部分燃烧或缺氧燃烧。固体燃料中碳的燃烧为气化过程提供了能量,气化反应其他过程的进行取决于碳燃烧阶段的放热状况。实际上,气化是为了增加可燃气的产量而在高温状态下发生的热解过程。

气态燃料比固态燃料在使用上具有许多优良性能：燃烧过程易于控制，不需要很大的过量空气，燃烧器具比较简单，燃烧时没有颗粒物排放和仅有较小的气体污染。因此，生物质气化可将低品位的固态生物质转换成高品位的可燃气体，广泛应用于工农业生产的各个领域（如集中供气、供热、发电等）。生物质气化技术首次商业化应用可追溯至1833年，直到20世纪70年代，能源危机的出现，重新唤起了人们对生物质气化技术的兴趣。研究的重心以各种农业废物和林业废物为原料的气化装置，生产的可燃气既可作为热源，或用于发电，或生产化工产品（如甲醇、二甲醚、氨等）。

4.1.1 生物质气化的基本原理与指标

在原理上，气化与燃烧都是有机物与氧发生反应。但是燃烧过程中提供充足的氧气，燃烧后的产物是 CO_2 和水等不可再燃烧的烟气，并放出大量的反应热，即燃烧主要是将原料的化学能转变为热能；而生物质气化是指在一定的热力学条件下，只提供有限氧时使组成生物质的碳氢化合物发生不完全燃烧，生成含 CO 和 H_2 等可燃气体的过程。气化中化学能的载体由固态转换为气态，气化反应放出的热量则小得多，气化取得的可燃气体再燃烧则可进一步释放出其含有的化学能。气化过程只供给热化学反应所需的那部分 O_2，而尽可能将能量保留在反应后得到的可燃气体中。

（一）生物质气化的反应过程

在典型的气化条件下，气化产气组分主要包括 CO(19%～21%)、H_2(10%～16%)、O_2(1.5%～2.5%)、CH_4(1%～3%)、N_2(40%～54%)和少量烃类、焦油及无机组分（如 HCN、NH_3）。

生物质气化是通过气化介质（如空气、氧气或蒸气）与生物质反应，将生物质转换为气体燃料的复杂的热化学过程。随着气化装置的类型、工艺流程、反应条件、气化剂种类、原料性质等条件的不同，反应的过程也不相同，不过这些过程的基本反应包括固体燃料的干燥、热分解反应、还原反应和氧化反应四个过程。空气气化过程中，空气中的氧气与生物质中的可燃组分发生氧化反应，释放出热量，为气化反应的其他过程提供所需热量，总的反应式可写为

$$10CH_{1.4}O_{0.6} + 4O_2 + 15N_2 \longrightarrow 7CO + 3CO_2 + 6H_2 + H_2O + 15N_2$$

式中，$CH_{1.4}O_{0.6}$ 代表生物质的分子式。

由于空气可以任意获得，空气气化过程不需外部热源，所以空气气化是所有气化过程中最简单、最经济也是最现实的形式。但由于空气中含有 78% 的 N_2，它不参加反应，却稀释燃气中可燃组分的含量，因而降低了燃气的热值，燃气热值仅为 4～6 MJ/m^3。

氧气气化过程与空气气化过程相同，但没有惰性气体氮气稀释反应介质，在与空气相同的当量比下，反应温度提高，反应速率加快，反应器容积减小，热效率提高，气体热值也提高，燃气热值达 10～15 MJ/m^3。

1. 固体燃料的干燥

生物质原料在进入气化器后，在热量的作用下，首先被加热析出吸附在生物质表面的水分，在 100～150℃ 主要为干燥阶段，大部分水分在低于 105℃ 条件下释出。这个阶段过程进行比较缓慢，因为需要供给大量的热，而且在表面水分完全脱除之前，被加热的生物质温度基本不会上升。

2. 热分解反应

当温度达到160℃以上便开始发生高分子有机物在吸热的不可逆条件下热分解反应,并且随着温度的进一步升高,分解进行得越强烈。由于生物质原料中含有较多的氧,当温度升高到一定程度后,氧将参加反应而使温度迅速提高,从而加速完成热分解。热分解是一个十分复杂的过程,其真实的反应可能包括若干不同路径的一次、二次甚至高次反应,不同的反应路径得到的产物也不同。但总的结果是大分子碳水化合物的链被打断,析出生物质中的挥发组分,留下木炭构成进一步反应的床层。生物质的热分解产物是非常复杂的混合气体和固态炭,其中混合气体至少包括数百种碳氢化合物,有些可以在常温下冷凝成焦油,不可冷凝气体则可直接作为气体燃料使用,是相当不错的中热值干馏气,热值可达 15 MJ/m^3。

原料种类及加热条件是生物质热分解过程的主要影响因素。由于生物质原料中的挥发组分高,在较低的温度下(300~400℃)就可能释放出70%左右的挥发组分,而煤要到800℃时才释放出约30%的挥发组分。热分解速率随着温度的升高和加热速率的加快而加快,只要有足够的温度与加热速率,热分解会以相当快的速率进行。完成热分解反应所需时间随着温度的升高呈线性下降;由试验可知,当温度为600℃时,完成时间约27 s;当温度达900℃时,则只需9 s。而足够的气相停留期和较高的温度则会使二次反应在很大程度上发生,从而使最终的不可冷凝气体产量随着温度的升高而增加。

3. 还原反应

生物质经热分解后得到的炭与气流中的 CO_2、H_2O、H_2 发生还原反应生成可燃性气体。主要发生如下反应:

(1) 二氧化碳还原的化学反应

$$C + CO_2 \longrightarrow 2CO \quad \Delta H = +162.142 \text{ kJ/mol}$$

这个反应向右进行,是强烈的吸热反应,因而温度越高,CO_2 的还原将越彻底,CO 的形成将更多。

(2) 水蒸气还原的化学反应

$$C + H_2O(g) \longrightarrow CO + H_2 \quad \Delta H = +118.628 \text{ kJ/mol}$$
$$C + 2H_2O(g) \longrightarrow CO_2 + 2H_2 \quad \Delta H = +75.114 \text{ kJ/mol}$$

上面的两个反应都是吸热反应,因此温度增加都将有利于水蒸气还原反应的进行。温度是影响碳还原反应的主要因素。温度升高有利于 CO 的生成及水蒸气的分解,确切地说,800℃是木炭与 CO_2 和水蒸气充分反应的温度。

(3) 甲烷生成反应

生物质气化可燃气中的 CH_4,一部分来源于生物质中挥发组分的热分解和二次裂解,另一部分则是气化器中的碳与可燃气中的 H_2 反应以及气体产物的反应结果。

$$C + 2H_2 \longrightarrow CH_4 \quad \Delta H = -752.400 \text{ kJ/mol}$$
$$CO + 3H_2 \longrightarrow CH_4 + H_2O(g) \quad \Delta H = -2035.66 \text{ kJ/mol}$$
$$CO_2 + 4H_2 \longrightarrow CH_4 + 2H_2O(g) \quad \Delta H = -827.514 \text{ kJ/mol}$$

以上生成甲烷的反应都是体积缩小的放热反应。在常压下甲烷生成反应速率很低,高压有利于反应进行。

而碳与水蒸气直接生成甲烷的反应也是产生甲烷的重要反应:

$$2C + 2H_2O \longrightarrow CH_4 + CO_2 \quad \Delta H = -677.286 \text{ kJ/mol}$$

碳加氢直接合成甲烷是强烈的放热反应,甲烷是稳定的化合物,当温度高于 600℃时,甲烷就不再是热稳定了,因而反应将向分解的方向 $CH_4 \longrightarrow C+2H_2$ 进行,在这个反应中碳以炭黑形式析出。

(4) 一氧化碳变换反应

$$CO+H_2O(g) \longrightarrow CO_2+H_2 \quad \Delta H=-43.514 \text{ kJ/mol}$$

该反应称为一氧化碳变换反应,它是气化阶段生成的 CO 与蒸气之间的反应,这是制取 H_2 为主要成分的气体燃料的重要反应,也是提供气化过程中甲烷化反应所需 H_2 源的基本反应。

当温度高于 850℃时,此反应的正反应速度高于逆反应速度,故有利于生成氢气。为有利于此反应的进行,通常要求反应温度高于 900℃。由于该反应易于达到平衡,通常在气化器燃气出口温度条件下,反应达到平衡,从而该反应决定了出口燃气的组成。

在实际的气化过程中,上述反应同时进行,改变温度、压力或组分浓度都对反应的化学平衡产生影响,从而影响产气成分,而且由于气体的停留时间很短,不可能完全达到平衡。因此,在确定合理的操作参数时,应综合考虑各反应的影响。

4. 氧化反应

由于碳与 CO_2、水蒸气之间的还原反应、物料的热分解都是吸热反应,因此气化器内必须保持非常高的温度。通常采用经气化残留的碳与气化剂中的氧进行部分燃烧,并放出热量,也正是这部分反应热为还原区的还原反应、物料的热分解和干燥提供了必要的热量。由于是限氧燃烧,氧气的供给是不充分的,因而不完全燃烧反应同时发生,生成 CO,同时也放出热量。在氧化区,温度可达 1000~1200℃,反应方程式为

$$C+O_2 = CO_2 \quad \Delta H=-408.177 \text{ kJ/mol}$$
$$2C+O_2 = 2CO \quad \Delta H=-246.034 \text{ kJ/mol}$$

在固定床中,氧化区中生成的热气体(CO 和 CO_2)进入气化器的还原区,灰则落入下部的灰室中。

通常把氧化反应区及还原反应区总称做气化区,气化反应主要在这里进行;而热分解区及干燥区则总称为燃料准备区。必须指出,燃料区(层)这样清楚的划分在实际上是观察不到的,因为区与区之间是参差不齐的,这个区的反应也可能在那个区中进行。上述燃料区(层)的划分只是为指明气化过程的几个大的区段。

(二) 气化指标

气化过程评价的指标主要有气化剂的比消耗量、气体燃料的产率、气体的组成和热值、碳转换率、气化效率、气化强度等。

1. 比消耗量

比消耗量为气化单位质量原料所消耗的气化剂(如空气、氧气、水蒸气)量,单位通常为 kg/kg。有时为了对比各种气化方法,也以制造 1 m³(标态)可燃气或纯 $CO+H_2$ 为基准。比消耗量是生物质气化站设计的一项重要技术经济指标。

随着生物质原料中固定碳含量的增加,气化过程中需要还原的碳量增大,需要的热量也增大,因此,气化 1 kg 生物质所需水蒸气量和氧量(或空气量)随着生物质原料中固定碳含量的增加而增大。比消耗量除与生物质种类有关外,还与气化方法和操作条件有关。例如,通入气化器中的水蒸气量除满足气化反应需要外,还必须用以冷却氧化层,以控制气化反应温度低于

灰分的熔点,其量由鼓风温度控制,它为鼓风温度下的饱和水蒸气含量。若空气气化比消耗量大,说明气化过程消耗的氧量多,反应温度升高,有利于气化反应的进行,但燃烧的生物质份额增加,产生的 CO_2 量增加,使气体质量下降。空气(氧气)气化时的比消耗量与完全燃烧所需的空气(氧气)量之比,称为比消耗量比(也称"当量比")。比消耗量比是气化过程的重要控制参数,对气化器的温度、产气成分、气体热值、气化效率、气体产量和木炭生成量有重要影响,理论最佳比消耗量比为 0.28,由于原料与气化方式的不同,实际运行中,控制的最佳比消耗量比在 0.2~0.28 之间。

2. 气体燃料的产率

气化单位质量原料所得到的气体燃料在标准状态下的体积称为气体产率,单位通常为 m^3/kg。气体产率可分为湿气体产率(包括水分在内的气体量)与干气体产率。气体产率与生物质种类有关,决定原料中的水分、灰分及挥发分;对于同一类型的原料,惰性组分(灰分和水分)越少,可燃组分含量越高,则气体产率越高。

3. 气体的组成和热值

气体燃料的组成和热值体现出燃气的质量。气体燃料组成通常用容积分率或分压分率表示;其中 CO、H_2、CH_4、C_2H_4 等为有效组分,N_2 为惰性组分,CO_2、H_2S 等为杂质。气体燃料的热值是指在标准状态下,其中可燃物热值的总和。生物质气化所产生气体燃料的低位热值简化计算公式为

$$Q_v = 126.36CO + 107.98H_2 + 358.18CH_4 + 629.09C_nH_m \tag{4-1}$$

式中,Q_v—气体低位热值,kJ/m^3(标态);CO、H_2、CH_4、C_nH_m 前的系数—分别为 CO、H_2、CH_4 以及不饱和碳氢化合物总和的体积含量(%)。

4. 碳转换率

碳转换率指固体生物质燃料中的碳转换为气体燃料中的碳的份额,即气体中含碳量与原料中含碳量之比。它是衡量气体效果的指标之一。

$$\eta_C = \frac{12(CO_2 + CO + CH_4 + 2.5C_nH_m)}{22.4 \times (298/273) \times C} \cdot G_v \tag{4-2}$$

式中,η_C—碳转换率,%;G_v—气体产率,m^3(标态)/kg;C—生物质原料中碳的含量,%;CO_2、CO、CH_4、C_nH_m 前的系数—CO_2、CO、CH_4 以及不饱和碳氢化合物总和的体积含量,%。

5. 气化效率

生物质气化后生成的气体燃料的总热量与气化原料的总热量之比,称为气化效率。它是衡量气化过程的主要指标。

$$气化效率(\%) = \frac{气体(标态)低位热值(kJ/m^3) \times 干气体(标态)产率(m^3/kg)}{原料低位热值(kJ/kg)} \tag{4-3}$$

6. 热效率

热效率为生成物的总热量与气化过程总耗热量之比。

7. 气化强度

在单位时间内,单位气化反应器横截面上所能气化的原料量,称为气化器的气化强度,单位通常为 $kg/(m^2 \cdot h)$。应该说明的是,平吸式气化器氧化层是向三维空间扩散的,这一概念并不适用于它。根据气化强度可以确定气化反应器的生产能力,即每小时的原料处理量。

$$气化强度[kg/(m^2 \cdot h)] = \frac{单位时间处理原料量(kg/h)}{气化反应器总截面积(m^2)} \tag{4-4}$$

4.1.2 影响生物质气化的主要因素

生物质气化是非常复杂的热化学过程,受很多因素的影响。影响气化指标的因素取决于原料的气化特性、原料的挥发组分、原料的反应性和结渣性、原料粒度及粒度分布、气化过程的操作条件和气化反应器的构造。

1. 原料的气化特性

原料的气化特性不但影响气化指标,而且也决定气化方法和器型选择。生物质作为气化原料比煤作为气化原料有突出的优点。

(1) 挥发组分高、固定碳低

煤的挥发组分一般在20%左右,固定碳在60%左右;而生物质特别是秸秆类生物质,固定碳在20%左右,而挥发组分高达70%左右。在较低的温度(约400℃)时大部分挥发组分分解释出,而煤在800℃时才释放出30%的挥发组分。

(2) 生物质炭反应性高

生物质炭在较低的温度下,以较快的速度与CO_2及水蒸气进行气化反应。例如:在815℃、2 MPa(约20个大气压)下,木炭在He(45%)、H_2(5%)及水蒸气(5%)的气体中,只要7 min,80%能被气化;而在此条件下,泥煤炭只能有约20%被气化,褐煤炭几乎没有反应。

(3) 生物炭灰分少

生物炭灰分一般少于3%(稻壳等除外),并且灰分不易黏结从而简化了气化器的除灰设备。

(4) 含硫量低

生物炭含硫量一般少于0.2%,不需要气体脱硫装置,降低了成本,又有利于环境保护。

2. 原料的挥发组分

一般原料中挥发组分越高,燃气的热值就越高。但燃气热值并不是按挥发组分的量成比例地增加。挥发分中除了气体产物外,还包括煤焦油与合成水分。当这些成分高时,则燃气热值就低。例如,木材中的焦油比泥煤中的要高很多;泥煤挥发分中的焦油含量比无烟煤高,从而液体焦油带走的热量也较多。

3. 原料的反应性和结渣性

反应性好的原料,可以在较低温度下操作,气化过程不易结渣,有利于操作,也有利于甲烷生成。矿物成分往往可使燃料在燃烧层反应中起催化作用。例如,将木灰(1.5%)喷加热中的木材面上,就可使反应性加强,使其反应时间减少一半;若加入CaO(5%)也具有同样效果。对于反应性和结焦性差的原料,应在较高温度下操作,以促使CO_2还原反应加强,提高水蒸气的分解率,从而增加气体产物中的H_2和CO含量。由于生物质与煤中灰的分组成均有SiO_2、Al_2O_3、Fe_2O_3、TiO_2、CaO、MgO、K_2O等,所以操作温度不得超过生物质灰分的熔化温度。

4. 原料粒度及粒度分布

原料粒度及粒度分布对气化过程影响较大,粒度较小能提供较多的反应表面,但通过气化器的压降大。颗粒粒度分布的均匀性是影响气流分布的主要因素。如果将未筛分过的原料加入固定床内,会造成大颗粒在床层中的分布不均,形成阻力较大和阻力较小的区域,造成局部强烈燃烧,温度过高,并造成气化局部上移或烧结形成"架空"现象。严重时气化层可能越出原料层表面,出现"烧穿"现象。此时,从"烧穿"区出来的气化剂就会把器腔产生的气体燃料烧掉,严重降低气体燃料质量,使气化器处于不正常操作状态。因此,气化器所用原料必须经过筛分,原料最大与最小粒度比一般不超过8。

5. 气化条件

反应温度、反应压力、气化设备结构等也是影响气化过程中的主要因素;在不同的气化条件下,气化产物成分变化很大。

在生物质气化过程中,反应温度是一个很重要的影响因素,并对气化产物分布、产品气的组成、产气率、热解气热值等都有很大的影响。反应温度升高,气体产率增加,反应速率增大,而对产品气组成的影响则随着反应温度的不同而不同。在热解的初始阶段,反应温度增加,气体产率增加,归因于挥发物的裂解。焦油的裂解也是随着温度的升高而增大,生物质气化过程中产生的焦油在高温下发生裂解反应生成 C_nH_m、CO、H_2 和 CH_4。

反应压力可使木屑中挥发组分释放强度减弱,释放高峰延后。在相同温度下,反应压力越低,挥发组分析出就越多;可见反应压力的增加抑制了热解气相产物的析出。反应压力的提高,一方面能提高生产能力,另一方面能减少带出物损失;从结构上看,在同样的生产能力下,压力提高,气化器容积可以减小,后续工段的设备也可减小尺寸,而且净化效果好。

4.1.3 生物质气化工艺与设备

(一) 气化工艺

采用不同原料和吹入气体(空气、氧气和水蒸气)所产生的可燃气成分也各不相同。其中,以空气和水蒸气同时作为气化剂而得到混合燃气的技术应用最广,现行的固定床生物质气化系统基本上采用这种气化方式。

生物质气化有多种形式,如果按气化介质可分为使用气化介质和不使用气化介质两种,使用气化介质则分为空气气化、氧气气化、水蒸气气化、空气(氧气)-水蒸气混合气化和氢气气化等,不使用气化介质有热裂解气化。

1. 空气气化

空气气化是以空气为气化介质的气化过程。空气中的氧气与生物质中的可燃组分发生氧化反应,放出热量为气化反应的其他过程(即热分解与还原过程)提供所需的热量,整个气化过程是一个自供热系统。由于空气可以任意取得,空气气化过程又不需外供热源,所以空气气化是所有气化过程中最简单、最经济也最易实现的形式;但由于空气中含有78%的 N_2,它不参加气化反应,却稀释了燃气中可燃组分的含量,因而降低了燃气的热值(热值仅为 $4\sim 6\ MJ/m^3$)。在近距离燃烧或发电时,空气气化仍是最佳选择。

2. 氧气气化

氧气气化是以氧气为气化介质的气化过程。其过程原理与空气气化相同,但没有惰性气体 N_2 稀释反应介质,在与空气气化相同的比消耗量比下,反应温度提高,反应速率加快,反应器容积减小,热效率提高,气体产物热值提高一倍以上。氧气气化的气体产物热值与城市煤气相当,因此,可利用生物质废物为原料,建立中小型的生活供气系统,且气体产物又可用化工合成燃料的原料。

3. 水蒸气气化

水蒸气气化是以水蒸气为气化介质的气化过程。它不仅包括水蒸气和碳的还原反应,而且还有 CO 与水蒸气的变换反应、各种甲烷化反应及生物质在气化器内的热分解反应等;其主要气化反应是吸热反应过程,因此,需要外供热源。典型的水蒸气气化结果为:H_2 20%~26%、CO 28%~42%、CO_2 16%~23%、CH_4 10%~20%、C_2H_2 2%~4%、C_2H_6 1%、C_3以上成分2%~3%,气体的热值为17~21 MJ/m³。水蒸气气化经常出现在需要中热值气体燃料而又不使用氧气的气化过程,例如双床气化反应器中有一个床是水蒸气气化床。

4. 空气(氧气)-水蒸气气化

空气(氧气)-水蒸气气化是以空气(氧气)和水蒸气同时作为气化介质的气化过程。从理论上分析,空气(或氧气)-水蒸气气化是比单用空气或单用水蒸气都优越的气化方法。一方面,它是自供热系统,不需要复杂的外供热源;另一方面,气化所需要的一部分氧气可由水蒸气提供,减少了空气(或氧气)消耗量,并生成更多的H_2及碳氢化合物。特别是有催化剂存在的条件下,随着CO变成CO_2反应的发生,降低了气体燃料中CO的含量,增加了H_2及碳氢化合物的含量,从而使气体燃料更适合于用作城市燃气。典型情况下(在800℃水蒸气与生物质比为0.95,氧气的比消耗量比为0.2时),氧气-水蒸气气化的气体成分(体积分数)为:H_2 32%、CO_2 30%、CO 28%、CH_4 7.5%、C_nH_m 2.5%,气体低位热值为11.5 MJ/m³(标态)。

5. 氢气气化

氢气气化是使氢气同碳及水发生反应生成大量甲烷的过程。其可燃气热值可达22 260~26 040 kJ/m³(标态),属高热值燃气。但因其反应需在高温高压且具有氢源的条件下进行,条件苛刻,所以不常使用。

6. 热裂解气化

热裂解气化同样可以得到气体燃料,它是在隔绝空气或只提供极有限的氧使气化不至于大量发生情况下进行的生物质热裂解,产生固体炭、液体(焦油)与可燃气(不可凝挥发分)。也可描述成生物质的部分气化。可燃气主要组成为H_2、CH_4、CO、CO_2及少量C_2H_4、C_2H_6,热值为10 878~12 552 kJ/m³(标态)。由于热裂解气化是吸热反应,应提供外热源以使反应进行。

(二) 生物质气化设备

生物质气化过程从根本上说是气固相反应,所用的气化设备有固定床反应器、流化床反应器和移动床反应器,其中,前两种在工业实际应用中比较普遍。

1. 固定床气化器

固定床气化器气体通过静置的固体生物质原料,气化反应在一个相对静止的床层中进行,依次完成干燥、热解、氧化和还原反应过程,将生物质原料转变成可燃气体。根据气流方向的不同,固定床气化器可分为上吸式、下吸式和平吸式气化器。目前国内外较成熟的固定床气化器主要是前两种。

(1) 上吸式气化器(炉)

上吸式气化器(炉)适应于含水率高的生物质气化,当含水率达40%时,仍能正常操作,而且产生的气体热值较高。在上吸式固定床气化炉(如图4-1所示)中,生物质原料从气化炉上部的加料装置送入炉内,整个料层由炉膛下部的炉栅支撑。气化剂从炉底下部的送风口进入炉内,由炉栅缝隙均匀分布并渗入料层底部区域的灰渣层,气化剂和灰渣进行热交换,气化剂被预热,灰渣被冷却。气化剂随后上升至燃烧层,在燃烧层,气化剂和原料中的炭发生氧化反应,放出大量的热量,可使炉内温度达到1000℃,这一部分热量可维持气化炉内的气化反应所需热量。气流接着上升到还原层,将燃烧层生成的CO_2还原成CO;气化剂中的水蒸气被分解,生成H_2和CO。这些气体与气化剂中未反应部分一起继续上升,加热上部的原料层,使原料层发生热解,脱除挥发分,生成的焦炭落入还原层。生成的气体继续上升,将刚入炉的原料预热、干燥后,进入气化炉上部,经气化炉气体出口引出。不足之处是煤气中焦油含量较高,连续加料有一定困难。

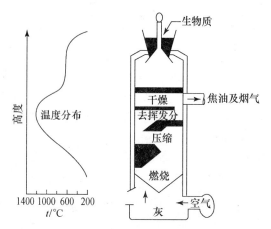

图 4-1　上吸式固定床生物质气化炉及其床内温度分布

(2) 下吸式气化器(炉)

在下吸式固体床气化炉中,料口在气化炉顶部,原料可从高位料仓放入,也可通过加料机提升进入气化炉内,生物质原料依靠重力逐渐由顶部移动到底部,依次经历了干燥、热解、氧化和还原过程,灰渣由底部排出,燃气也由反应层下部吸出。下吸式固定床气化炉可连续加料,连续出灰,如图 4-2 所示。

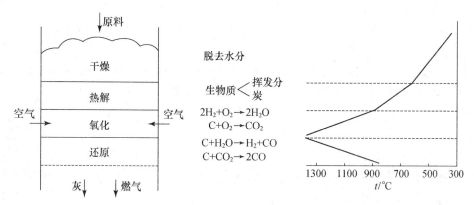

图 4-2　下吸式固定床气化器的反应层

在气化器的最上层,原料首先被干燥。当温度达到 250℃ 以后开始热解反应,大量挥发物质析出。600℃ 时大致完成热解反应,此时空气的加入引起了剧烈的燃烧,燃烧反应以炭层为基体,挥发组分在参与燃烧的过程中进一步降解。燃烧产物与下方的炭层进行还原,最终转变为可燃气体(如图 4-3 所示)。

在上述反应过程中,氧化(燃烧)反应是放热反应,其他是吸热反应。正是氧化反应产生的热量,维持了热解和还原反应的进行。

该炉型具有加料方便,产生的煤气中焦油含量相对较低,但其产生的气体热值偏低。

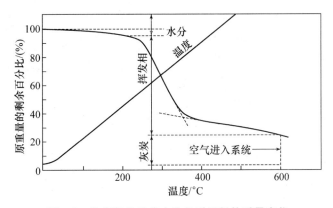

图 4-3 热解气化反应中生物质原料的质量变化

2. 流化床气化器

在流化床气化器中,具有一定粒度的固体燃料,当通过燃料颗粒之间的气流速度相当低时,燃料层保持静止状态,此时进行的气化为固定床气化;当气流速度继续增加至某一值时,原料颗粒被气流夹带移动,由于颗粒间的相互碰撞及上部空间气速的降低,被气流夹带的颗粒又落下,处于恒定的搅动状态,此时即为"流化床"状态,这时的气流速度称为"临界流化速度"。

气化剂通过布风板进入流化床反应器中。为了加强传热,生物质流化床气化器一般有一个热沙床,即在流化床气化器中放入沙子作为流化介质。首先将沙床加热,之后,进入流化床气化器的物料便能在热沙床上进行气化反应,并能通过反应热保持流化床的温度。在流化床气化器中物料颗粒、沙子、气化剂充分接触,受热均匀,在炉内呈"沸腾"状态,气化反应速率快,产气率高。它的气化反应是在恒温床上进行的。

流化床气化器具有反应温度均匀、传热传质速度快、操作易于控制等优点,物料在反应器中停留时间短,生产能力大,相同单位截面积的气化能力比固定床气化器可提高 35 倍,气化产生的热值也较高。在生物质气化领域,流化床气化器与固定床气化器相比,具有独特的优点;尤其对于细粉状和堆积密度小,难以依靠自重流动的物料气化,流化床气化器具有其独特的优越性。在发电规模较大的情况下,气化器(炉)一般采用流化床式。

按气固流动特性不同,将流化床分为单流化床气化器、循环流化床气化器、双流化床气化器和携带床气化器。

(1) 单流化床气化器(炉)

在单流化床气化炉(如图 4-4 所示)中,气化剂从底部气体分布板吹入,在流化床上同生物质原料进行气化反应,生成的气化气直接由气化炉出口送入净化系统中,反应温度一般控制在 800℃左右。鼓泡床流化速度较慢,比较适合颗粒较大的生物质原料。

(2) 循环流化床气化器(炉)

循环流化床(如图 4-5 所示)在气化气出口设有旋风分离器或袋式分离器,循环流化床流化速度较高,气化气中含有大量的固体颗粒。在经过旋风分离器或袋式分离器后,通过料脚,使这些固体颗粒返回流化床,继续进行

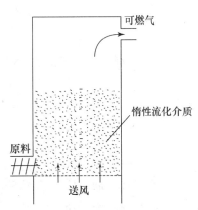

图 4-4 单流化床气化炉

气化反应,提高了碳的转化率。循环流化床气化炉的反应温度一般控制在700~900℃,适合于较小的生物质颗粒。

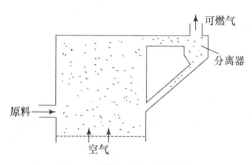

图 4-5　循环流化床气化炉

(3) 双流化床气化器(炉)

双流化床气化炉(如图4-6所示)是鼓泡床和循环流化床相结合的装置。它把燃烧和气化过程分开,燃烧床采用鼓泡床,气化床采用循环流化床,两床之间靠热载体进行传热。该气化炉分为两个部分,即第Ⅰ级反应器和第Ⅱ级反应器。在第Ⅰ级反应器中,生物质原料发生裂解反应,生成气体排出后,送入净化系统;同时生成的炭颗粒经料脚送入第Ⅱ级反应器。在第Ⅱ级反应器中,炭进行氧化燃烧反应,使床层温度升高,经过加温的高温床层材料,通过料脚返回第Ⅰ级反应器,从而保证第Ⅰ级反应器的热源,并提高碳的转化率。

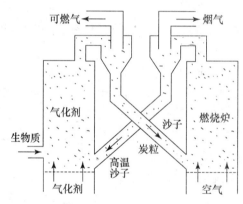

图 4-6　双流化床气化炉

(4) 携带床气化器(炉)

携带床气化炉不使用惰性材料作流化介质,气化剂直接吹动炉中生物质原料,流速较大。要求生物质原料破碎成非常细小的颗粒,运行温度高达1100℃,产出的气体中焦油及冷凝成分少,碳转化率可达100%;但其运行温度高,易烧结,选材较难。

4.2　生物质热解液化技术

生物质热解液化是在缺氧、中温(500~650℃)、高加热速率(10^4~10^5℃/s)和极短气体停留时间(小于2 s)的条件下,将生物质直接热解的一项技术。热解产物经快速冷却,可使中间液态产物分子在进一步断裂生成气体之前冷凝,从而得到高产量的生物质液体油。该技术最大的优点在于生物油的易存储和易运输,不存在产品的就地消费问题。

生物油经过处理并通过进一步分离后,含水率为 25% 时的高位热值为 17 MJ/kg,相当于同等质量汽油或柴油热值的 40%,具有很大用途。不仅可作锅炉和其他加热设备的燃料,再经处理和提炼可作内燃机燃料,还可用来提取化工产品。与矿物燃料石油相比,生物油中硫、氮含量低,并且灰分少,对环境污染小。从寻求石油的替代原料角度考虑,近十几年,世界上许多国家都很重视对生物质快速热解的研究,该技术已成为生物质能转换的前沿技术。

4.2.1 反应机理

在热解反应过程中,会发生一系列的化学变化和物理变化,前者包括一系列复杂的化学反应(一级、二级),后者包括热量传递和物质传递。现从以下三个角度对反应机理进行分析:

1. 从生物质组成成分分析

生物质主要由纤维素、半纤维素和木质素三种主要组成物以及一些可溶于极性或弱极性溶剂的提取物组成的。生物质的三种主要组成物通常被假设独立地进行热分解,半纤维素、纤维素、木质素分别主要在 225~350℃、325~375℃、250~500℃ 分解。半纤维素和纤维素主要产生挥发性物质,而木质素主要分解成炭。生物质热解液化工艺开发和反应器的正确设计都需要对热解机理进行良好的理解。因为纤维素是多数生物质最主要的组成物,同时它也是相对简单的生物质组成物,因此纤维素被广泛用作生物质热解基础研究的实验原料。最为广泛接受的纤维素热分解反应途径模式如图 4-7 所示。

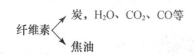

图 4-7 纤维素热分解反应途径模式

2. 从反应进程分析

生物质的热解过程分为如下三个阶段:

(1) 脱水阶段(室温~100℃)。在这一阶段生物质只是发生物理变化,主要是失去水分。

(2) 主要热解阶段(100~380℃)。在这一阶段生物质在缺氧条件下受热分解,随着温度的不断升高,各种挥发物相应析出,原料发生大部分的质量损失。

(3) 炭化阶段(>400℃)。在这一阶段发生的分解非常缓慢,产生的质量损失比第二阶段小得多,该阶段通常被认为是 C—C 键和 C—H 键的进一步裂解所造成的。

3. 从物质、能量的传递分析

首先,热量传递到颗粒表面,并由表面传到颗粒的内部。热解过程由外至内逐层进行,生物质颗粒被加热的成分迅速分解成木炭和挥发分。其中,挥发分由可冷凝气体和不可冷凝气体组成,可冷凝气体经过快速冷凝得到生物油。一次裂解反应生成了生物质炭、一次生物油和不可冷凝气体。在多孔生物质颗粒内部的挥发组分将进一步裂解,形成不可冷凝气体和热稳定的二次生物油。同时,当挥发分气体离开生物颗粒时,还将穿越周围的气相组分,在这里进一步裂化分解,称为二次裂解反应。生物质热解过程最终形成生物油、不可冷凝气体和生物质炭(如图 4-8 所示)。反应器内的温度越高且气态产物的停留时间越长,二次裂解反应则越严重。为了得到高产率的生物油,需快速去除一次热解产生的气态产物,以抑制二次裂解反应的发生。

与慢速热解产物相比,快速热解的传热过程发生在极短的原料停留时间内,强烈的热效应导致原料迅速降解,不再出现一些中间产物,直接产生热解产物,而产物的迅速淬冷使化学反应在所得初始产物进一步降解之前终止,从而最大限度地增加了液态生物油的产量。

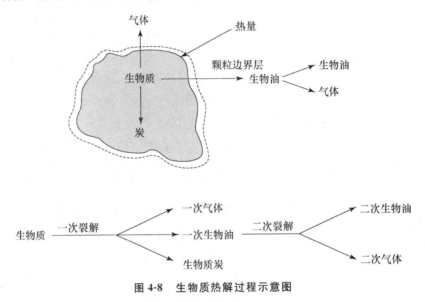

图 4-8　生物质热解过程示意图

4.2.2　影响生物质热解过程及产物组成的因素

生物质热解产物主要由生物油、不可冷凝气体及木炭组成。人们普遍认为,影响生物质热解过程和产物组成的最重要因素是温度、生物质物料特性、固体和气相停留期和加热条件(如压力、升温速率)。提高温度以及固体和气相停留期,有助于挥发物和气态产物的形成。随着生物质直径的增大,在一定温度下达到一定转化率所需的时间也增加。因为挥发物可与炽热的炭发生二次反应,所以挥发物停留时间可以影响热裂解过程。加热条件的变化可以改变热解的实际过程及反应速率,从而影响热解产物的生成量。

1. 温度的影响

研究表明温度对生物质热解的产物组成及不可冷凝气体的组成有着显著的影响。一般来说,低温、长停留期的慢速热解主要用于最大限度地增加炭的产量,其质量产率和能量产率可分别达到 30% 和 50%;温度小于 600℃ 的常规热解时,采用中等反应速率,其生物油、不可冷凝气体和炭的产率基本相等;闪速热解温度在 500~650℃ 范围内,主要用来增加生物油的产量,其生物油产率可达 80%;同样的闪速热解,若温度高于 700℃,在非常高的反应速率和极短的气相停留期下,主要用于生产气体产物,其产率可达 80%。

2. 生物质物料特性的影响

生物质种类、粒径、形状及粒径分布等特性对生物质热解行为及产物组成有着重要影响。例如,木材特性(如密度、导热率、种类等)对热解的影响是相当复杂的,它将与热解温度、压力、升温速率等外部特性共同作用,影响热解过程。由于木材是各向异性的,这样,形状与纹理将影响水分的渗透系数,影响挥发产物的扩散过程。木材纵向渗透系数是横向渗透系数的 50 000 倍,这样,在木材热解过程中大量挥发产物的扩散主要发生在与纹理平行的表面,而垂直方向的挥发产物较少,这样,在不同表面上热量传递机制差别会较大。在与纹理平行的表面,通常发生气相对固相的传递机理;但在与纹理垂直的表面上,热传递过程是通过析出挥发分从固相传给气相。在木材特性中,粒径是影响热解过程的主要参数之一,因为它将影响热解过程中的反应机制。粒径在小于 1 mm 时,热解过程受反应动力学速率控制;而当粒径大于 1 mm 时,热解过程中还同时受传热和传质现象控制,并且颗粒将成为热传递的限制因素。当上述大的颗粒从外面被加热时,则颗粒表面的加热速率远远大于颗粒中心的加热速率,这样,在颗粒的中心发生低温热解,产生过多的炭;随着生物质颗粒粒径的减小,炭的生成量也减少。因此,在生物质热解液化过程中,所采用生物质粒径应小于 1 mm,以减少炭的生成量,从而提高生物油的产率。

3. 固体和气相停留期的影响

在给定颗粒粒径和反应器温度条件下,为使生物质彻底转换,需要很小的固相停留期。木材加热时,固体颗粒因化学键断裂而分解。在分解初始阶段,形成的产物可能不是挥发分,还可能进行附加断裂形成挥发产物或经历冷凝/聚合反应而形成较高相对分子质量产物。这些挥发产物在颗粒的内部或者以均匀气相反应或者以不均匀气相与固体颗粒和炭进一步反应。这种颗粒内部的二次反应受挥发产物在颗粒内和离开颗粒的质量传递率影响。当挥发物离开颗粒后,焦油和其他挥发产物还将发生二次裂解。在木材热解过程中,反应条件不同,粒子内部和粒子外部的二次反应可能对热解产物与产物分布产生中等强度和控制的影响。所以,为了获得最大生物油产量,在热解过程中产生的挥发产物应迅速离开反应器以减少焦油二次裂解的时间。因此,为获得最大生物油产率,气相停留期也是一个关键的参数。

4. 压力的影响

压力的大小将影响气相停留期,从而影响二次裂解,最终影响热解产物产量分布。以纤维素热解为例,在 300℃和氮气气氛下,压力对炭及焦油产量的影响为:在 101 kPa(1 个大气压)下,炭和焦油的产率分别为 34.2% 和 19.1%,而在 200 Pa 下分别为 17.8% 和 55.8%,这是由于二次裂解的结果。在较高的压力下,挥发产物的停留期增加,二次裂解较大;而在低的压力下,挥发物可以迅速地从颗粒表面离开,从而限制了二次裂解的发生,增加了生物油产量。

5. 升温速率的影响

低升温速率有利于炭的形成,而不利于焦油产生。因此,以生产生物油为目的的闪速裂解都采用较高的升温速率。

4.2.3 生物质热解液化工艺流程

生物质热解液化的一般工艺流程包括物料的干燥、粉碎、热解、固液分离、气态生物油的冷却和生物油的收集。生物质热解液化工艺流程如图 4-9 所示。

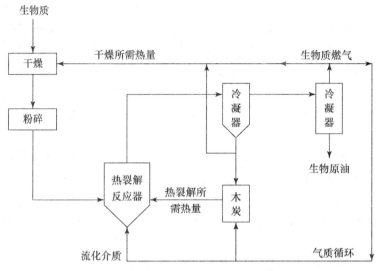

图 4-9　生物质热解液化工艺流程

1. 干燥

为减少生物油中的水分,需要对原料进行干燥。一般要求原料含水率在 10% 以下。

2. 粉碎

为了提高生物油产率,必须有很高的加热速率,要求物料有足够小的粒度。不同的反应器对生物质粒径的要求也不同,旋转锥所需生物质粒径要小于 200 μm,流化床要小于 2 mm,传输床或循环流化床要小于 6 mm,烧蚀床由于热量传递机理不同可以采用树木碎片。但是,采用的物料粒径越小,加工费用越高,因此,需在满足反应器对物料粒径要求的同时综合考虑加工成本。

3. 热解

热解液化技术的关键在于要有非常高的加热速率和热传递速率,要严格控制温度以及热解挥发分的快速冷却。只有满足这样的要求,才能最大限度地提高产物中油的比例。在目前已开发的多种类型反应工艺中,还没有最理想的类型。

4. 固液分离

几乎所有的生物质灰分都被留在产物炭中,所以分离炭的同时也分离了灰。但是,从生物油中分离炭较为困难,而且炭的分离并不是在所有生物油的应用中都是必要的。因为炭会在二次裂解中起催化作用,并且在液体生物油中产生不稳定因素,所以,对于要求较高的生物油生产工艺,快速彻底地将炭和灰从生物油中分离出来是必须的。

5. 气态生物油的冷却

热解挥发分由产生阶段到冷凝阶段的时间及温度影响着液体产物的质量及组成,热解挥发成分的停留时间越长,二次裂解生成不可冷凝气体的可能性越大,因此必须快速冷却挥发产物。

6. 生物油的收集

生物质热解反应器的设计除对温度进行严格控制外,还应在生物油收集过程中避免由于生物油多种重组分的冷凝而导致的反应器堵塞。

4.2.4 生物质热解液化产品

用快速热解工艺得到的生物油,与通过慢速热解(干馏)或气化工艺得到的焦油,其性质存在着较大的差别。前者常被称为一次油,后者常被称为二次油。生物油的黏度、凝固点比焦油低得多,密度、灰分、含氮量也比焦油小。与石油相比,生物油中硫、氮含量低,并且灰分少,对环境污染小。

1. 生物油的性质

(1) 颜色

生物油是有色液体,其颜色与原料种类、化学成分以及含有细炭颗粒的多少有关,从暗绿色、暗红褐色到黑色。

(2) 气味

具有独特的气味,似含有酸的烟气味。化学组成主要是解聚的木质素、醛、酮、羧酸、糖类和水,成分非常复杂。

(3) 可溶性

生物油的密度约 1.2×10^3 kg/m³,不能和甲苯、苯等烃类溶剂互溶,但可溶于丙酮、甲醇、乙醇等溶剂。

(4) 含氧量与含水量

有较高的含氧量与含水量,以木屑为原料制取的生物油含氧量高达 35% 以上,含水量高达 20% 以上。

(5) 黏度

生物油的黏度范围很宽。室温下,最低为 0.01 Pa·s;若长期存放于较差条件下,可以达到 10 Pa·s。水分、热解反应操作条件、物料情况和油品贮存的环境及时间对黏度有着极大的影响。

(6) pH

生物油具有酸性(pH 2.0~3.5)和腐蚀性,主要是因为生物质中携带的有机酸(如甲酸、乙酸)进入油品造成的,因而,生物油的收集贮存装置最好由抗酸腐蚀的材料制成(如不锈钢或聚烯烃类化合物)。由于中性环境有利于多酚成分的聚合,所以酸性环境对于油的稳定是有益的。

(7) 高位热值

生物油的高位热值一般为 17~25 MJ/kg;含水率为 25% 的生物油的高位热值为 17 MJ/kg,相当于同等质量汽油或柴油热值的 40%。这意味着 2.5 kg 的生物油与 1 kg 化石燃油能量相当。

(8) 稳定性

生物油的一个关键特性是由于多酚的慢速聚合和缩合反应而具有"老化"倾向。暴露在氧气和紫外光线环境下的生物油,黏度随着外界环境温度的升高而增大。所以生物油加热不宜超过 80℃,且宜避光保存,避免与空气接触。

2. 生物油的改性处理

由于生物油具有高含氧量(意味着它的热值还不够高)、腐蚀性、黏度较大、化学成分复杂、相对不稳定等弱点,用它代替石油燃料尚有一段距离,还需要对其做改性处理,进行精制与优化。改性的主要目的是以水或 CO_2 的形式去除生物油中的氧,从而获得更高的碳氢化合物含量。生物油经改性处理后,可得到接近石油的高品质的液体燃料。目前,国外的主要处理方法有加氢处理和沸石分子筛处理。

(1) 加氢处理

在高压(10~20 MPa)下加入 H_2(或 CO),采用 CoMo、NiMo 及其氧化物作催化剂,去除生物油中的氧(生成 H_2O 或 CO_2),降低重馏分的分子量。为了避免因油的焦化而造成的强烈热聚合反应(减少结焦的形成),通常需要在适当的温度(200℃左右)下以供氢溶剂作预加氢处理,提高其热稳定性。

由于生物油含氧量很高,所以脱氧需要较长的反应时间,所取得产物处于汽油与柴油的蒸馏范围内。完全加氢处理用于取得高等级的碳氢化合物产品,而部分加氢处理则用来增加生物油的稳定性。

(2) 沸石分子筛处理

用沸石处理生物油,因压力低、不需要氢、成本较少而引起越来越多人的兴趣。沸石被广泛地用于醇类(如甲醇转变为汽油)的改性过程,而在生物油改性方面仍处于探索中。沸石本身在使用过程中存在焦化(表面焦炭层的沉积)问题,虽然可反复使用,但催化剂效果会降低。一般采用 ZSM-5 型沸石作为催化剂进行生物油的低压催化。

4.3 生物质炭化技术

生物质炭化是生物质在炭窑或烧炭窑中,通入少量空气进行热分解制取木炭的方法。木材干馏是将木材原料放置于干馏釜中,隔绝空气热解,制取醋酸、甲醇、木焦油抗聚剂、木馏油和木炭等产品的方法。生物质炭化和干馏的主要原料为薪炭林、森林采伐剩余物(如枝丫、伐根)、木材加工业的剩余物(如木屑、树皮、板皮)、林业副产品的废物(如果壳、果核)、稻壳以及生物质致密成型棒状或块状燃料。

炭化产物——木炭用途极其广泛。在冶金行业,木炭可用来炼制铁矿石,熔炼的生铁具有细粒结构、铸件紧密、无裂纹等特点,适于生产优质钢;在有色金属生产中,木炭常用做表面阻熔剂;大量的木炭也用于二硫化碳生产和活性炭制造;此外,木炭还用于制造渗碳剂、黑火药、固体润滑剂、电极碳制品等产品中。

4.3.1 生物质炭化设备

生物质炭化技术在我国已有 2000 多年的历史,几种常见炭化设备的性能特点见表 4-2。

表 4-2 几种常见炭化设备的性能特点

名称	原料	基本特征
炭窑	薪炭材	炭窑烧炭是最简单的一种木材热解方法,采用筑窑烧炭法,由炭化室、烟道、燃烧室和排烟孔等组成,出炭率为 25%,周期 3~7 d。其中,使用闷窑熄火得到的为黑炭,在窑外熄火得到的为白炭。
移动式炭化炉	薪炭材	为克服筑窑烧炭劳动强度大、受季节影响而设计,2 mm 钢板焊接而成,由炉下体、炉上体和顶盖叠套而组成。出炭率为 25%左右,周期 24 h。
果壳炭化炉	果壳	果壳经风选,送至炉顶的加料槽,分别通过预热段、炭化段、冷却段从卸料器出料,出炭率为 25%~30%,周期 4~5 h,灰分小于 2%,挥发分 8%~15%。
流态化炉	木屑等粉状或颗粒原料	为立式圆筒或圆锥形的炉体,用螺旋加料器从下部送料,从底部吹入空气作为流态化气体,使原料进行流态化炭化,出炭率为 20%。

4.3.2 炭化工艺类型

木炭制取的主要方法有堆烧法、窑烧法和炉烧法等。欧美一些国家常采用堆烧法,而我国多采用窑烧法。

1. 堆烧法

将炭化原料竖立或横放在垫木上,上面铺盖一层小树枝或柴草,再用黏土覆盖密封,同时修筑一排烟口或装一根排烟管,而后点火烧制。在炭化过程中,要特别注意供给的空气量(通过控制点火口的开合大小)。堆烧法出炭率:硬木原料20%~35%,软木原料14%~18%。

2. 窑烧法

将炭化原料置于地窑内进行烧炭的方法。各地炭窑的形式虽不一致,但炭窑的基本组成和烧炭程序相差不多。炭窑最好在土壤坚实的黏土地筑造。烧炭操作程序一般为烘窑、缺氧焖烧、闷窑。窑烧法出炭率:黑炭15%~20%,白炭要比黑炭少1/4~1/3。发展中国家有许多地方使用最简易的烘窑,有的用土覆盖在木柴堆上,有的将木柴放入地坑内。这种窑的炭化过程非常慢,而且效果很差,生产的木炭质量也很差。

在烘制木炭的过程中,一部分木材燃烧以保持热解所要求的温度。当温度达到280℃时,燃烧过程变成了放热过程,便可停止向炭窑供应空气或氧气。用窑烧法烧制木炭,其木炭的质量和产量与操作水平关系甚大。如果控制不好,火候太过,产炭量少,甚至将炭化原料烧尽;若火候不足,会烧出夹生炭,影响使用。火候的掌握需要在实践中不断摸索,不断总结。

3. 炉烧法

(1) 节柴烧炭炉

节柴烧炭炉由砖砌成,在烧炭的同时,可利用其产生的热取暖或烧水等。该炉一般由炉盖、炭化室、燃烧室、火山墙、迎风墙、烟囱、炉门等部分组成。烧炭的操作程序包括装料、缺氧焖烧、闭炉和出炭。

(2) 移动式烧炭炉

移动式烧炭炉具有结构紧凑、操作容易、移动方便、出炭率高、炭质较好的特点,并且避免了窑烧法存在的筑窑劳动强度大、受季节影响等问题,近年来普及较快。通常采用的移动式烧炭炉由上炉体、下炉体、烟道、风孔、炉盖、点火架、炉栅等组成。移动式烧炭炉的出炭率为25%~30%。

4.3.3 木材干馏的工艺流程

木材干馏的工艺流程包括木材干燥、木材干馏、气体冷凝冷却、木炭冷却和供热系统。木材可采用自然干燥和人工干燥的方式,一般要求原料的含水率低于20%。木材干馏产生的蒸气气体混合物在焦油分离器或列管冷凝器中进行冷凝冷却,使其中可凝结的蒸气冷凝为木醋酸、焦油。木炭可在干馏釜或专门的冷却设备进行冷却。供热系统可为木材干馏提供热量,所用的燃料包括干馏产生的水煤气、煤气或煤等。

木材干馏设备(即干馏釜),根据加热方式不同可分为内热式和外热式;根据釜的形式不同可分为卧式和立式;根据操作方式不同可分为连续式和间歇式。热量通过釜壁传给木材称为外热式,木材通过载热体进入釜内与木材直接接触称为内热式。

下面以连续内热立式干馏釜为例,对木材干馏的工艺流程加以简要说明(如图4-10所示)。

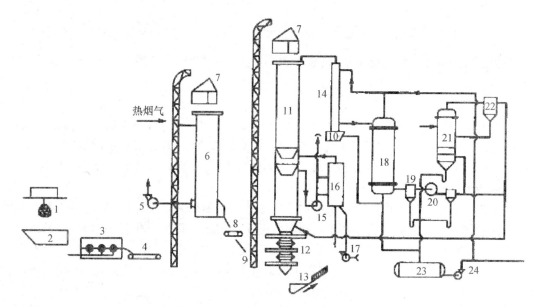

图 4-10 连续内热立式干馏釜工艺流程

1—原木捆；2—料仓；3—断材机；4—传送带；5—烟道气风机；6—干燥机；7—水封；8—传送带；9—斗式提升机；10—焦油水封；11—干馏釜；12—闸门阀；13—木炭提升机；14—前冷凝器；15—吸风机；16—燃烧室；17—鼓风机；18—冷凝、冷却器；19—雾滴捕集器；20—风机；21—泡沫吸收器；22—旋风分离器；23—木醋液收集；24—泵

可用于工艺干馏的材料在料场成捆装入车内，经轨道送至断材机截成 200 mm 长的木段，通过传送机和提升机送至干燥器进行干燥，干燥的热源为水煤气。干木段间歇出料，由传送带和提升机送至干馏釜。

干馏釜是半连续方式工作的，木段在其中干燥、炭化、煅烧和木炭冷却。用水煤气燃烧产生的热烟气载热体，在开始启动或低负荷运行时可使用煤气作为辅助燃料。随着炭化进程，向干馏釜的下部送入冷的不凝缩性气体，用来冷却木炭，亦可回收部分热量，木炭经提升机送入木炭库。

干馏所产生的蒸气气体混合物与热载体从干馏釜的上部被引出，依次通过前冷凝器和列管式冷凝器，分离出木醋液收集在木醋液储槽；不凝缩性气体由风机送至泡沫吸收器，用水吸收甲醇等低沸点组分，而气体冷却到 20~30℃，经鼓风机冷却木炭，然后燃烧产生载热体。

影响立式干馏釜产量的主要因素包括木材含水率、木材形态、加料速度、载热体温度和数量以及气体出口温度与压力等，其中木材含水率和载热体温度的影响最大。一般每立方米的木材可以得到 137 kg 木炭、37 kg 醋酸和 65 kg 焦油。

讨 论 题

1. 什么是生物质气化过程？试阐述生物质气化的基本原理。
2. 试述影响生物质气化的主要因素。
3. 目前生物质气化有哪些工艺方法？各自的特点是什么？

4. 生物质气化器(炉)主要设备有哪几类？试比较相应性能。
5. 你是怎么评估生物质气化在国民经济发展中的作用的？
6. 生物质热解液化主要途径有哪些？试简述其工艺流程。
7. 影响生物质热解液化过程和产物组成的主要因素有哪些？
8. 试阐述生物质炭化工艺类型及其常见设备。
9. 请介绍生物质气化技术、热解液化技术以及炭化技术的发展与应用前景。

第 5 章　有机固体废物焚烧技术

有机固体废物焚烧技术是一种高温热处理技术，即指以一定量的过剩空气与被处理的有机固体废物在焚烧炉内进行氧化燃烧反应，废物中的有害物质在高温下氧化、热解而被破坏，是一种可同时实现废物无害化、减量化、资源化的处理技术。焚烧处理技术和设备已从 120 多年前的简单到目前的复杂、从小到大、从间歇式焚烧炉型到半连续式焚烧炉型直至连续式高效焚烧炉的发展过程。目前，垃圾焚烧炉已发展成为集高新技术为一体的现代化工业装置，焚烧技术是有机固体废物处理的基本方法之一。处理有机固体废物的焚烧厂可分为城市生活垃圾焚烧厂、一般工业废物焚烧厂和危险废物焚烧厂，其中，数量最多的是城市生活垃圾焚烧厂。

有机固体废物经焚烧处理，除获得能源外，可使废物体积减小 80%～90%、质量减少 20%～80%。高温焚烧消除了垃圾中的病原体和有害物质，得到无害化处理，最终产物转化为化学性质比较稳定的灰渣（可用于制砖等）。对于城市生活垃圾，这种处理方法能较彻底地消灭各类病原体，消除腐化源。焚烧技术已成为固体废物无害化、减量化和资源化的重要手段，在许多国家都得到广泛的应用。在瑞士、日本、瑞典、丹麦、法国等工业发达而国土面积较小的国家，其垃圾处理以焚烧为主；在其他工业发达的欧美国家，有机危险废物大部分也都采用焚烧法进行处理。但由于目前许多方面的原因，大多数国家对焚烧技术仍采取谨慎的态度，在我国其使用比例远低于卫生填埋处置方法。

我国城市生活垃圾的处理与处置，以前主要采用简易填埋法，目前主要采用卫生填埋法。近年来，随着人口的增加和城市规模的迅速扩大，许多大中城市也开始寻求采用焚烧法减少垃圾填埋量，解决填埋用地紧张问题。目前，北京、上海、广州等大城市现已筹建了大规模垃圾焚烧设施。

垃圾焚烧厂的选址一般基本原则为：① 建厂要具备较好的交通运输条件，符合经济运距要求；② 要有足够的建厂和其他用地面积，同时建厂用地要与城市用地和规划协调一致；③ 市政基础设施较齐全，满足建厂净空要求；④ 具有良好的自然条件，满足环境保护要求，不影响自然生态环境和居民生活环境；⑤ 能够较好地利用焚烧余热，有利于垃圾综合利用；⑥ 不产生二次污染，投资要尽量小，运行费用要尽量低。

5.1　焚烧原理与过程

5.1.1　焚烧原理

焚烧过程是将可燃性固体废物与空气中的氧在高温下发生燃烧反应，使其氧化分解，达到减容、去除毒性并回收能源的目的。

通常把具有强烈放热效应、有基态和电子激发态的自由基出现并伴有光辐射的化学反应现象称为燃烧。燃烧可以产生火焰，而火焰又能在合适的可燃介质中进行自行传播。火焰能否自行传播,是区分燃烧与其他化学反应的特征。其他化学反应都只局限在反应开始的那个局部地方进行,而燃烧反应的火焰一旦出现,就会不断向四周传播,直到能够反应的整个系统完全反应完毕为止。燃烧过程,伴随着化学反应、流动、传热和传质等化学和物理过程,这些过程又相互影响、相互制约。因此,燃烧过程是一个极为复杂的综合过程。

从工程技术的观点看,需焚烧的物料从送入焚烧炉起,到形成烟气和固态残渣的整个过程,可总称为焚烧过程。固体废物的焚烧过程必须以良好的燃烧(即完全燃烧)过程为基础,这就要求被燃物质与空气应保持适当的比例并能迅速着火发生燃烧。最常见到的燃料着火方式为化学自燃、热自燃和强迫点燃。

有机固体废物中的可燃组分可分为挥发性和不挥发性两类。焚烧处理过程的燃烧方式可分为表面燃烧、分解燃烧(又称裂解燃烧)和蒸发燃烧三种:

(1) 表面燃烧是指固体废物不含挥发性组分,燃烧只在固体表面进行,在燃烧过程中不产生熔融产物或分解产物。它的燃烧速度由空气中的氧向固体表面扩散速度及固体表面氧化反应速率所决定。

(2) 分解燃烧是指废物在炉内着火燃烧前的某一温度下,挥发分发生逸出产生可燃气体,此气体挥发分在炉内作扩散燃烧;当挥发分的逸出速度大于燃烧速度时,则燃烧不完全,会产生黑烟。

(3) 蒸发燃烧是指固体物质受热熔化成液体,继而转化为蒸气,所产生的蒸气再与空气混合而燃烧(如石蜡的燃烧)。

其中,分解燃烧和蒸发燃烧又称火焰燃烧。液体燃烧反应主要以分解燃烧和蒸发燃烧为主;而气体燃烧以分解燃烧为主。

一般,在分解燃烧中几乎看不到火焰,或火焰颜色暗淡,只有充分挥发气化与氧气接触燃烧后,才发现有光耀火焰燃烧。因此裂解是一种非常重要的过程,也是有计划地控制燃烧反应的关键,因此才有自控式焚烧炉的出现。

固体废物受热后的相变化和焚烧时固体废物碳颗粒形成途径如图 5-1 和图 5-2 所示。

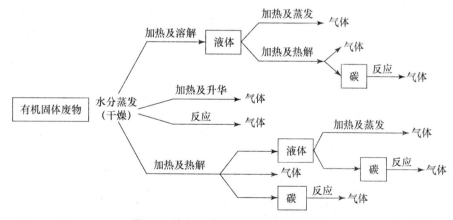

图 5-1 有机固体废物加热后的相变化

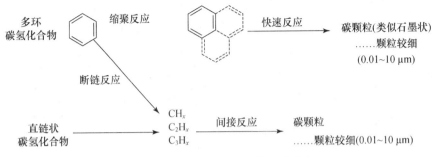

图 5-2 有机固体废物碳颗粒形成途径

5.1.2 焚烧过程与特点

焚烧过程包括 3 个阶段：物料的干燥加热阶段、焚烧阶段和燃尽阶段。焚烧阶段是焚烧过程的主阶段，燃尽阶段也是生成固体残渣的阶段。

1. 干燥加热阶段

城市生活垃圾含水率通常较高，而我国城市生活混合垃圾中一般含水率都高于 30%。因此，焚烧时的第一阶段，即预热干燥阶段很重要。从物料送入焚烧炉起到物料开始析出挥发组分着火这一阶段，都认为是干燥阶段。在干燥阶段，物料的水分是以蒸气形式析出，水在汽化过程需要吸收大量的热量。

对于送料的机械运动式炉排炉，随着物料送入炉内的进程，其温度逐步升高，其表面水分开始逐步蒸发，当温度增高到 100℃ 左右，物料中水分开始大量蒸发，随着不断加热，物料中水分大量析出，物料不断干燥，此时物料温度基本稳定。当水分基本蒸发完后，物料温度开始迅速上升，直到着火进入真正的燃烧阶段。

干燥阶段的时间与物料的含水率有关，物料含水率越大，所需干燥时间也就越长。水分过高，会使炉内温度降低太多，着火燃烧就会变得困难，此时需投入辅助燃料燃烧，以提高炉温，改善干燥着火条件。

对于含水率较高的城市生活垃圾，也可采用干燥段与焚烧段分开的方法。干燥段产生的大量水蒸气不与燃烧的高温烟气混合，维持燃烧段烟气和炉墙的高温水平，保证燃烧段有良好的燃烧条件。同时，干燥吸热是取自完全燃烧后产生的烟气，燃烧已经在高温下完成，这就不会影响燃烧过程。

2. 焚烧阶段

物料经干燥过程后，当炉内温度足够高又有足够的氧化剂时，物料就会很顺利地进入完全焚烧阶段。焚烧阶段有 3 个化学反应模式，可同时发生。

（1）强氧化反应

燃烧包括产热和发光二者的快速氧化过程。在理论完全燃烧状态下，用空气作氧化剂，焚烧碳（C）、甲烷（CH_4）和典型废物 $C_xH_yCl_z$ 的燃烧反应为

$$C + O_2 = CO_2$$

$$CH_4 + 2O_2 = CO_2 + 2H_2O$$

$$C_xH_yCl_z + \left(x + \frac{y-z}{4}\right)O_2 = xCO_2 + zHCl + \frac{y-z}{2}H_2O$$

式中，x、y、z 分别为 C、H、Cl 的原子数。

(2) 热解反应

尽管焚烧要求确保有 50%～150% 的过剩空气量，以提供足够的氧与炉中待焚烧的物料有效地接触但仍有不少部分物料没有机会与氧接触。这部分物料在高温条件下就要进行热解，被热解后的组分常是简单的物质（如 CO、CH_4、H_2O），而碳则以固态形式出现的。

在焚烧阶段，对于有机固体废物中的大分子含碳化合物，其受热后，总是先进行热解，随即析出大量的气态可燃气体成分（如 CO、CH_4、H_2 或者分子量较小的 C_xH_y 等），这些小分子的气态可燃成分很容易与氧接触进行均相燃烧反应。热解过程挥发分析出的温度区间在 200～800℃ 范围内。

同一物料在热解过程不同的温度区间下，析出的成分和数量均不相同；不同的物料其析出量的最大值所处的温度区间也不相同。因此，焚烧城市生活垃圾时，其炉温维持在多高是恰当的，应充分考虑待焚烧物料的组成情况。特别要注意热解过程会产生某些有害的成分，这些成分如果没有充分被氧化燃烧掉，则必然成为不完全燃烧物而污染环境。

(3) 原子基团碰撞反应

焚烧过程出现的火焰，实质上是高温下富含原子基团的气流，气流包括原子态 H、O、Cl 等元素，双原子 CH、CN、OH、C_2 等，以及多原子的基团 HCO、NH_2、CH_3 等和极其复杂的原子基团气流。焚烧火焰的性状取决于温度和气流的组成，通常温度在 1000℃ 左右就能形成火焰；在火焰中，最重要的连续光谱是由高温碳微粒发射的。

3. 燃尽阶段

物料在焚烧阶段进行的强烈的发热发光氧化反应之后，参与反应的物质浓度就自然减少。反应生成 CO_2、H_2O 和固态的灰渣等惰性物质。由于灰层的形成和惰性气体的比例增加，剩余的氧化剂要穿透灰层进入物料的深部与可燃成分反应也就越困难。整个反应的减弱使物料周围的温度也逐渐降低，对整个反应产生不利。因此，要使物料中未燃的可燃成分反应燃尽，就必须保证足够的燃尽时间，延长整个焚烧过程。

焚烧过程和所需时间与焚烧炉的几何尺寸和操作等因素直接相关。要改善燃尽阶段的状况，一般常采用的有效措施有：减少物料外表面的灰层（如：翻动等办法）、控制稍多一点的过剩空气量和增加物料在炉内的停留时间等。

焚烧过程的 3 个阶段界限并非分明，尤其是对混合垃圾之类的焚烧过程更是如此。从炉内实际过程看，送入的垃圾中有的物质还在预热干燥，而有的物质已开始燃烧，甚至已燃尽了。对同一物料来讲，物料表面已进入了燃烧阶段，而内部还在加热干燥。上述 3 个阶段只不过是焚烧过程的必由之路，其焚烧过程的实际情况更为复杂。在整个焚烧过程中，燃烧结果可能有以下 3 种情况：① 废物的主要部分达到完全焚毁；② 废物在焚烧过程中发生逃逸或只有部分销毁；③ 发生不完全燃烧产生一些中间产物，这些中间产物可能比原废物更为有害。因此，整个焚烧过程必须避免发生后两种情况。

5.1.3 有机固体废物焚烧的燃烧方式

1. 按照燃烧气体的流动方向划分

按照燃烧气体的流动方向可分为反向流、同向流和旋涡流燃烧。

(1) 反向流燃烧。指燃烧气体与废物流动方向相反，适合难燃性、闪火点高的废物燃烧。

（2）同向流燃烧。指燃烧气体与废物移动方向相同，适用于易燃性、闪火点低的废物燃烧。

（3）旋涡流燃烧。指燃烧气体由炉周围方向切线加入，造成炉内燃烧气流的漩涡性，可使炉内气温扰动性增大，不易发生短流，废气流经路径和停留时间长，而且气流中间温度非常高，周围温度并不高，燃烧较为完全。

2. 按照助燃空气加入阶段数划分

按照助燃空气加入阶段数可分为单段燃烧和多段燃烧，最常用的是多段燃烧。

单段燃烧必须送入大量空气，较长停留时间才能将固体废物完全燃烧。

在多段燃烧中，首先在一次燃烧过程中提供未充足的空气量，使废物进行蒸发和热解燃烧，产生大量的 CO、碳氢化合物气体和微细的碳颗粒；然后在第二次、第三次燃烧过程中，再供给充足空气使其逐次氧化成稳定的气体。多段燃烧的优点是燃烧所必须提供的气体量不需要太大，因此在第一燃烧室内送风量小，不易将底灰带出，在烟尘中产生颗粒物的量也较少。

3. 按照助燃空气在第一燃烧室的供应量划分

按照助燃空气在第一燃烧室的供应量可分为过氧燃烧、缺氧燃烧（控气式）和热解燃烧。

在过氧燃烧中，第一燃烧室供给充足的空气量，使固体废物完全燃烧。缺氧燃烧又称控气式燃烧，其方法是在第一燃烧室供给的空气量约是理论空气量的 70%～80%，处于缺氧状态，使废物在此室内裂解成较小分子的碳氢化合物气体、CO 与少量微细的碳颗粒，到第二燃烧室再供给充足空气使其氧化成稳定的气体。由于经过阶段性的空气供给，可使燃烧反应较为稳定，相对产生的污染物较少，且在第一燃烧室供给的空气量少，所带出的粒状物质也相对较少。

缺氧燃烧（控气式）是最常用的燃烧方法。

热解燃烧在第一燃烧室与热解炉相似，利用部分燃烧使炉体升温，向燃烧室加入少量的空气（约为理论空气量的 20%～30%），加速废物裂解反应的进行，产生部分可回收利用的裂解油，裂解后的烟气中仅有微量的粉尘与大量的 CO 和碳氢化合物气体，加入充足的空气使其迅速燃烧放热。该热解燃烧技术适合处理高热值废物，但目前技术还不够成熟。

5.1.4　焚烧过程最终产物

可燃的固体废物基本是有机物，由大量的 C、H、O 元素组成，有些还含有 N、S 和卤素等元素。这些元素在焚烧过程中与空气中的氧起反应发生完全燃烧时，生成各种氧化物或部分元素的氢化物，具体为：

（1）有机碳的焚烧产物是 CO_2；

（2）有机物中氢的焚烧产物是水；若有氟或氯存在，也可能有它们的氢化物生成；

（3）固体废物中的有机硫和有机磷，在焚烧过程中生成 SO_2 或 SO_3 以及 P_2O_5；

（4）有机氮化物的焚烧产物主要是 N_2，也有少量的 NO_x；

（5）有机氟化物的焚烧产物是 HF；

（6）有机氯化物的焚烧产物是 HCl；

（7）有机溴化物和碘化物焚烧后生成溴化氢与少量溴气以及元素碘；

（8）根据焚烧元素的种类和焚烧温度，金属在焚烧以后可生成卤化物、硫酸盐、碳酸盐、氢氧化物和氧化物等。

5.2 焚烧效果评价指标与影响因素

5.2.1 焚烧效果评价指标

有机固体废物焚烧的目的,包括使废物减量、使废热释出而再利用、使废物中的毒性物质得以摧毁。在一般垃圾中,有时会混入少许来自家庭或商业区排出的有害废物;而在燃烧过程中,人们顾虑含有氯的多环芳香烃族化合物的产生,使得烟道气中最终含有微量毒性物质(例如二噁英和呋喃等),因此对燃烧室燃烧温度的要求日益严格。

在焚烧处理危险废物时,以有害物质破坏去除效率或焚毁去除率,作为焚烧处理效果的评价指标。焚毁去除率是指某有机物经焚烧后减少的百分比。

在焚烧城市生活垃圾或一般性有机固体废物时,以燃烧效率(焚烧效率)作为焚烧处理效果的评价指标。焚烧效率是指烟道排出气中 CO_2 浓度与其 CO_2 和 CO 浓度之和的百分比。

在我国的焚烧污染控制标准中,还采用热灼减率反映灰渣中残留可焚烧物质的量。热灼减率是指焚烧残渣经灼热减少的质量占原焚烧残渣质量的百分数。

5.2.2 焚烧过程影响因素

影响废物焚烧效果的主要因素包括物料尺寸(size)、停留时间(time)、湍流程度(turbulence)、焚烧温度(temperature)、空气过量系数(excess air)和其他因素。

1. 物料尺寸

物料尺寸越小,则所需加热和燃烧时间越短。另外,尺寸越小,比表面积则越大,与空气的接触随之越充分,有利于提高焚烧效率。一般来说,固体物质的燃烧时间与物料粒度的 1~2 次方成正比。

2. 停留时间

停留时间是指废物(尤指焚烧尾气)在燃烧室与空气接触的时间;设计的目的在于能够达到完全燃烧,以避免产生有毒的产物。停留时间的长短应根据废物本身的特性、燃烧温度、燃料颗粒大小以及搅动程度而定。为了保证物料的充分燃烧,需要在炉内停留一定时间,包括加热物料及氧化反应的时间。

3. 湍流程度

湍流程度是指物料与空气及气化产物与空气之间的混合情况,湍流程度越大,混合越充分,空气的利用率越高,燃烧越有效。

4. 焚烧温度

焚烧温度取决于废物的燃烧特性(如热值、燃点、含水率)以及焚烧炉结构、空气量等。一般来说,焚烧温度越高,废物燃烧所需的停留时间越短,焚烧效率也越高。但是,如果温度过高,会对炉体材料产生影响,还可能发生炉排结焦等问题。在实际操作中,当火焰温度足够高时,应对燃烧速度加以限制,此时停留时间成为主要控制因素;相反,如果温度太低(低于 700℃),则易导致不完全燃烧,产生有毒的副产物。

在进行危险废物焚烧处理时,一般需要根据所含有害物质的特性提出特殊要求,以达到规定的破坏去除率。例如,美国对多氯联苯(PCBs)的焚烧要求:温度在 1200±100℃时,停留时间必须大于 2 s；温度在 1600±100℃ 时，停留时间必须大于 1.5 s，并且要求烟气中的过剩空气量分别达到 3% 和 2%。

5. 过量空气

为了保证氧化反应完全进行，从化学反应的角度应提供足够的空气。但是，过剩空气的供给会导致燃烧温度的降低。因此，空气量与温度是两个相互矛盾的影响因素，在实际操作过程中，应根据废物特性、处理要求等加以适当调整。一般情况下，过剩空气量应控制在理论空气量的 1.7~2.5 倍。

总之，在焚烧炉的操作运行过程中，温度、停留时间、湍流程度和过剩空气量是 4 个最重要的影响因素，而且各因素间相互依赖，通常称为"3T1E 原则"。

5.3 焚烧热值计算

固体废物的热值是指单位质量的固体废物完全燃烧所释放出来的热量，一般以 kJ/kg 计。废物能否进行焚烧处理，主要取决于其可燃性及热值。几乎所有的有机和可燃性无机固体废物，只要其热值达到一定的数值，均可直接用焚烧法处理。

要使固体废物维持燃烧，则要求其燃烧释放出来的热量足以提供加热废物到达燃烧温度所需要的热量和发生燃烧反应所必需的活化能。否则，便要添加辅助燃料才能维持燃烧。根据经验，城市生活垃圾的热值在大于 3350 kJ/kg 时，燃烧过程无需加辅助燃料就能实现自燃烧。

热值有两种表示法，高位热值和低位热值。高位热值（又称粗热值）是指单位质量固体废物完全燃烧，产物中的水分冷凝为 0℃ 的液态水所放出的热量。低位热值（又称净热值）是指单位质量固体废物完全燃烧，产物中的水分冷凝为 20℃ 的水蒸气所放出的热量。

废物的热值可通过标准实验测定，即通过氧弹量热仪测量或通过元素组成作近似计算。最常用的方法是，求出混合固体废物中的各组成物百分比，再通过测定各组成物质的热值，最后采用比例求和法得到混合固体废物的热值。

1. 通过元素组成作近似计算

将高位热值转变成低位热值，可以通过式(5-1)计算：

$$NHV = HHV - 2420 \left[\omega_{H_2O} + 9 \left(\omega_H - \frac{\omega_{Cl}}{35.5} - \frac{\omega_F}{19} \right) \right] \quad (5-1)$$

式中，NHV—低位热值，kJ/kg；HHV—高位热值，kJ/kg；ω_{H_2O}—焚烧产物中水的质量分数，%；ω_H、ω_{Cl}、ω_F—废物中 H、Cl、F 含量的质量分数，%。

若废物的元素组成已知，则可利用 Dulong 方程式近似计算出低位热值：

$$NHV = 2.32 \left[14000 M_C - 45000 \left(M_H - \frac{1}{3} M_O \right) - 760 M_{Cl} + 4500 M_S \right] \quad (5-2)$$

式中，M_C、M_H、M_O、M_{Cl} 和 M_S 分别代表 C、H、O、Cl 和 S 的摩尔质量。

2. 通过比例求和法计算

如果已知混合固体废物总重和废物中各组成物的重量和热值，则混合固体废物的总热值（焚烧获得的总热量）可用下式计算：

$$固体废物总热值 = \frac{\sum(各组成物热值 \times 各组成物质量)}{固体废物总质量} \quad (5-3)$$

实际上,在焚烧装置中进行焚烧时,由于空气的对流辐射、可燃部分的不完全燃烧、残渣中和烟气的湿热等原因都会造成热能的损失。因此,焚烧后可以利用的热量应从焚烧反应产生的总热量中减去各种热损失,计算方法为:

$$焚烧后实际可利用的热量 = 焚烧获得的总热量 - \sum 各种热损失 \quad (5-4)$$

不同组分废物,其热值是不同的。

5.4 典型焚烧系统

目前,国际上常用的四大类焚烧系统为机械炉床混烧式焚烧炉、旋转窑式焚烧炉、流化床式焚烧炉以及模组式焚烧炉,各式焚烧炉型的优缺点列于表 5-1 中。在实际应用时,可根据不同的处理对象和运行等所需要的条件加以选用。

表 5-1 主要型号焚烧炉的优缺点

焚烧炉种类	优　　点	缺　　点
机械炉床焚烧炉（混烧式焚烧炉）	适用大容量（单座容量 100～500 t/d）;未燃分少,二次污染易控制;燃烧稳定,余热利用高。	造价高;操作及维修费高;需连续运转;操作运转技术高。
旋转窑式焚烧炉	垃圾搅拌及干燥性佳;可适用中、大容量（单座容量 100～400 t/d）;残渣颗粒小。	连接传动装置复杂;炉内的耐火材料易损坏。
流化床式焚烧炉	适用中容量（单座容量 50～200 t/d）;燃烧温度较低（750～850℃）;热传导性;公害低;燃烧效率佳。	操作运转技术高;燃料的种类受到限制;需添加载体（石英砂或石灰石）;进料颗粒较小（约 5 cm 以下）;单位处理量所需动力高;炉床材料易冲蚀损坏。
模组式固定床焚烧炉	适用小容量（单座容量 50 t/d）;构造简单;装置可移动、机动性大。	燃烧不安全,燃烧效率低;使用年限短;平均建造成本较高。

5.4.1 机械炉床焚烧炉

完整的固体废物焚烧系统通常由许多装置和辅助系统组成,典型的机械炉床焚烧系统如图 5-3 所示。

在这个系统中包括核心设备的机械炉床焚烧炉主体以及其他作为辅助系统的原料贮存系统、加料系统、送风系统、灰渣处理系统、废水处理系统、尾气处理系统和余热回收系统等。大型机械炉床焚烧炉多用于大城市的集中式废物处理系统中,全部装置均在现场建造和安装,工期较长,建造成本高,使用寿命较长,但操作复杂,整体系统相当于一座火力发电厂的构造。

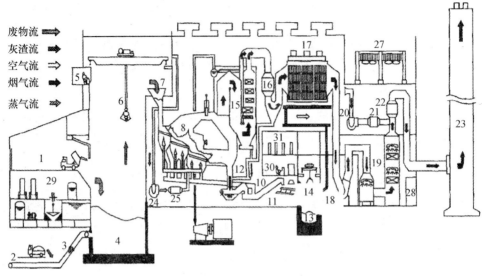

图 5-3　大型水墙式机械焚烧炉系统示意图

1—大型车卸料平台，2—小型车卸料平台，3—垃圾输送带，4—垃圾槽，5—进料抓斗操作室，6—进料抓斗，7—投料口，8—焚烧炉，9—出灰装置，10—灰渣输送带，11—金属回收装置，12—粉尘输送装置，13—灰槽，14—灰渣抓斗，15—废热锅炉，16—节煤器，17—除尘器，18—引风机，19—气体净化装置，20—消除白烟用风机，21—消除白烟用空气加热器，22—烟气加热器，23—烟囱，24—鼓风机，25—空气预热器，26—蒸气发电机，27—除湿冷却器，28—水银回收装置，29—污水处理装置，30—中央控制室，31—配电室

5.4.2　旋转窑式焚烧炉

旋转窑炉的主体设备是一个横置的滚筒式炉体，通过炉体的缓慢转动，对废物起到搅拌和移送的作用。旋转窑式焚烧炉通常包括滚筒式炉体、后燃烧炉排和二次燃烧室。炉体通常是一个钢制滚筒，内衬耐火材料，筒体主轴沿废物移动方向稍微倾斜。废物在炉内的移动过程中完成干燥、燃烧和后燃烧。旋转窑炉的燃烧室热负荷通常设计为 $(7\sim8)\times10^4$ kcal/(m³·h)①。

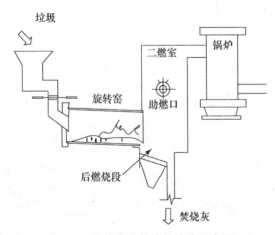

图 5-4　旋转窑式焚烧炉构造示意图

由于旋转窑炉的结构简单，可以达到较高的炉膛温度，适于处理多氯联苯(PCBs)等危险废物和一般工业废物。用于处理城市生活垃圾时，则会由于动力消耗较大而增加垃圾的处理成本。旋转窑式焚烧炉的构造示意图如图 5-4 所示。

---

① 卡(cal)为非许用单位，1 cal=4.1868 J。

5.4.3 流化床式焚烧炉

当一流体由下往上通过固体颗粒层时,固体颗粒在流体的作用下呈现类似流体行为的现象,称之为流体化。应用此原理,以带有一定压强的气流通过粒子床,当气体的上浮力超过粒子本身的重量,将使粒子移动并悬浮于气流中,此类型设计称为流化床(如图 5-5 所示)。

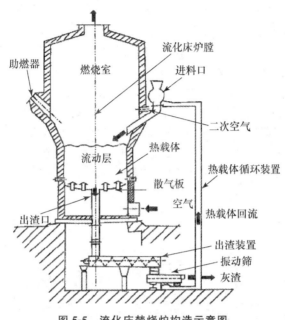

图 5-5 流化床焚烧炉构造示意图

流化床的燃烧原理是借助石英砂介质的均匀传热与蓄热效果以达完全燃烧,由于介质之间所能提供的空隙狭小,故无法接纳较大的颗粒,因此若是处理固体废物,则必须先破碎成小颗粒,以利于燃烧反应。助燃空气多由底部送入。

向上的气流流速控制着颗粒流体化的程度。有时气流流速过大时,会造成介质被上升气流带入空气污染控制系统,故可以外装一旋风除尘器,将大颗粒的介质捕集再返送回炉堂内。下游的空气污染控制系统中,通常只需安装静电除尘器或滤袋除尘器进行悬浮微粒的去除即可;若欲去除酸性气体,则可以在进料口加一些石灰粉或其他碱性物质,则酸性气体可以在流体化床内直接去除,此为流体化床的另一优点。

目前流化床焚化炉的种类可分为气泡式、循环式、压力式及涡流式4类。其中,气泡式与循环式流化床的发展已臻成熟,这两种流化床焚化炉主要的差异在于后者的流化床空气流速较高,会将固体粒子吹出燃烧室,然后利用热旋风分离器使粒子与气体分离,再让固体粒子回流至燃烧室。压力式流化床是对气泡式的改良,在炉体结构及燃烧控制上没有多大的差异,其主要特点是能够提高总发电效率。涡流式流化床焚化炉则为近期开发的技术,也是气泡式流化床焚烧炉改良后的产品,已经证明它具备提高燃烧效率、降低载体流失等多项优点。

5.4.4 模组式固定床焚烧炉(控气式焚烧炉)

模组式固定床焚烧炉亦称控气式焚烧炉,或简称为模组式焚烧炉。该炉型先在工厂内铸造好,再运到现场组装后即可使用,因此,施工工期短,但单位造价高,且使用寿命较短。一般模组式焚烧炉单炉的处理容量均不大,由每日处理数百千克到每日处理数十吨,其构造如图 5-6 所示。模组式固定床焚烧炉的进料方式可采用堆高机推送进料或槽车举升翻转方式,配合进料斗入料。其燃烧过程一般可在两个燃烧室进行,第一燃烧室常设计为缺空气系统,而第二燃烧室则设计为过量空气系统。所谓缺空气,即助燃空气未达理论需空气量,于是燃烧过程变成热解过程;而所谓超空气,即供应的助燃空气超过理论需空气量,使进入二次燃烧室的废气能完全燃烧。模组式焚烧炉之所以要如此设计,主要是早期空气污染控制系统比较不发达,且小型炉也不易设置昂贵而复杂的空气污染控制系统,故在第一燃烧室先供以小风量使垃圾在 700℃左右热解,避免风量过大,将大量不完全燃烧的悬浮颗粒带入第二燃烧室中;在第二燃烧室再以辅助燃油及超量助燃空气将燃烧温度提升到 1000℃以上,以完全氧化不完全燃烧的碳氢化合物。另外,在第一燃烧室的炉床设计上,模组式焚烧炉采用可水平移动的半固定床,定时往前推移,搅拌能力不大。故残灰中的含碳量较高,其空气污染控制系统以粒状污染物控制为主。

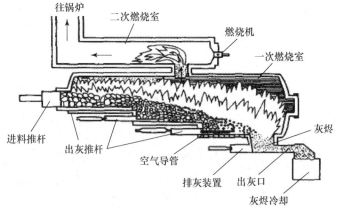

(a) 模组式焚烧炉构造图

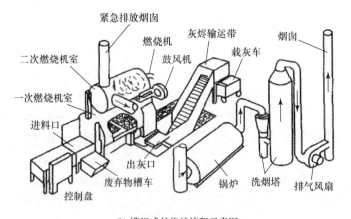

(b) 模组式焚烧炉流程示意图

图 5-6 模组式焚烧炉的基本结构

5.5 焚烧过程污染物及其控制

5.5.1 大气污染物及其控制

(一) 废气组成及其控制标准

有机固体废物焚烧过程中产生废气的组成包括：粒状污染物、CO、SO_2、SO_3、NO_x、HCl、HF、重金属、二噁英和呋喃(PCDDs/PCDFs，详见图 5-7)、N_2、CO_2、H_2O 等。在评价废气组成时，可分为干基与湿基两种标准，一般环保法规中，多以干基及某特定含氧量下标准状态来制定标准。但在实际工程规划时，则应采用湿基以符合实际情况。我国在《生活垃圾焚烧污染控制标准》(GB 18485-2001)和《危险废物焚烧污染控制标准》(GB 18484-2001)中对排放废气都有严格的控制标准。

(二) 粒状污染物控制技术

固体废物焚烧系统中控制粒状污染物的设备主要是除尘装置，常使用的除尘装置有静电除尘器、布袋除尘器、旋风除尘器及湿法除尘设备等。近年来，随着人们对二噁英和呋喃环境问题的重视，有以布袋除尘器代替静电除尘器的趋势。

(三) 氮氧化物(NO_x)控制技术

NO_x 的形成主要与炉内温度的控制及废物化学成分有关。燃烧产生的 NO_x 可分成两类：一类是空气中氮气氧化产生的 Thermal-NO_x，通常火焰温度在 1000℃ 以上高温时会大量发生；另一类是燃料中氮的氧化而产生的 Fuel-NO_x。由于废气中的 NO_x 大多以 NO 的形式存在，且不溶于水，无法通过洗烟塔加以去除，故必须有专门的处理办法。垃圾焚烧厂中 NO_x 形成的反应方程式如下：

$$O\cdot + N_2 \longrightarrow NO + N\cdot$$
$$N\cdot + O_2 \longrightarrow NO + O\cdot$$

一般而言，降低废气中 NO_x 的方法可分为燃烧控制法、湿式法及干式法。其中，干式法有非选择性催化还原法(SCR)和选择性催化还原法(SNCR)。

1. 燃烧控制法

燃烧控制法是通过调整焚烧炉内垃圾的燃烧条件，降低 NO_x 生成量。又有狭义燃烧与广义燃烧控制之分，前者的燃烧控制是指低氮燃烧法、两阶段燃烧法或抑制燃烧法，而后者的燃烧控制则包括喷水法及废气再循环法。

采用燃烧控制来降低 NO_x 生成量，主要是考虑发生自身的脱硝作用，也即经燃烧垃圾生成的 NO_x，在炉内可被还原为 N_2。在此反应中作为还原性物质，一般认为是由炉内干燥区产生的 NH_3、CO 及氰化氢(HCN)等热分解物质。要使这种反应能有效进行，除必须促进热分解气体的发生外，还必须维持热分解气体与 NO_x 的接触，并使炉内处于低氧状况，以避免热分解气体发生急剧燃烧。

2. 湿式法

去除 NO_x 的湿式法与去除 HCl 及 SO_x 的湿式法类似，但因占 NO_x 中大部分的 NO 不易被碱性溶液吸收，故需以 O_3、次氯酸钠(NaClO)、高锰酸钾($KMnO_4$)等氧化剂将 NO 氧化成 NO_2 后，再以碱性液中和、吸收。此外，欧洲各国亦有利用 EDTA-Fe(Ⅱ)水溶液形成络合盐的方式吸收 NO_x。

3. 选择性催化还原法和非选择性催化还原法

选择性催化还原法（SCR）是在催化剂存在的条件下，NO_x 被还原剂还原为对环境无害的 N_2 的净化方法。由于催化剂的作用，该反应在不高于 400℃ 的条件下即可完成。非选择性催化还原法（SNCR）是在高温（800~1000℃）条件下，利用还原剂氨或尿素将 NO_x 还原为 N_2 的方法。与 SCR 法不同的是，SNCR 法不需要催化剂，其还原反应所需的温度比 SCR 法高得多。NH_3 选择性催化还原法以 Pt 作催化剂，反应温度在 150~250℃，同时也可去除烟气中的 SO_2。吸收法主要是利用了 NO_x 是酸性气体这个特性，用碱液与之反应以使 NO_x 转化为硝酸盐类，该法一般都能同时去除烟气中的 SO_2。

（四）酸性气体控制技术

废气排烟脱硫技术已是一种发展成熟的技术，其主要目的是将废气中 SO_x 酸性气体去除，同时也有效去除 HCl 和 HF 等酸性气体，在垃圾焚烧烟气中成功应用的技术有干式、半干式及湿式洗烟法等工艺技术。

干式洗烟法是将消石灰粉直接通过压缩空气喷入烟管或烟管上某段反应器内，使碱性消石灰粉与酸性气体充分接触而达到中和及去除的目的。一般在应用干式洗烟法时，通常需要在前面先加一个冷却塔，借助喷入的冷水先将废气温度降至 150℃，以提高酸性气体的去除效率。整个系统最大的优点为设备简单、维修容易及造价便宜，且消石灰输送管线不易阻塞；但缺点是药剂的消耗量大，整体的去除效率低于其他两种方法，产生的反应物及未反应物量也较多。

半干式洗烟法采用的碱性药剂一般均为石灰系物质，如颗粒状的生石灰或粉状消石灰[$Ca(OH)_2$]。若采用生石灰，首先需将其消化，再加水调配为乳剂；采用粉状消石灰则可直接加水调配，由于喷入的乳剂本身含降温作用，故其前不需加装冷却降温塔。

湿式洗烟法通常用在静电除尘器或布袋除尘器之后。废气在粒状物质先被去除后，再进入湿式洗烟塔上端，首先需喷入足量的液体使废气达到饱和度，再使饱和的废气与喷入的碱性药剂在塔内的填充材料表面进行中和作用。常用的碱性药剂有 NaOH 溶液或 $Ca(OH)_2$ 溶液。整个洗烟塔的中和剂喷入系统采用循环方式设计，当循环水的 pH 或盐度超过一定标准时，即需排出，再补充新鲜的 NaOH 溶液，以维持一定的酸性气体去除效率；排出液中通常含有很多溶解性重金属盐类，氯盐浓度亦高达 3%，必须予以适当处理。

（五）重金属控制技术

有机固体废物中多含有重金属物质，包括防腐剂、杀虫剂及印刷油墨等的废容器，温度计、灯管、颜料、金属板、电池、产业废物及医疗废物等。这些垃圾在焚烧过程中，为有效焚烧有机物质，需要相当高的温度，在温度升高的同时，也会使垃圾中的部分重金属以气态附着于飞灰而随废气排出。一般而言，垃圾焚烧厂排放废气中所含重金属量的多少，与废物性质、重金属存在形态、焚烧炉的操作及空气污染控制方式有密切关系。

垃圾焚烧厂空气污染控制设备主要可分为干式、半干式和湿式共三类。干式和半干式处理流程分别由干式洗烟塔或半干式洗烟塔与静电除尘器或布袋除尘器相互组合而成；湿式处理流程则包括静电除尘器与湿式洗烟塔的组合。垃圾中含有的重金属物质经高温焚烧后，部分因挥发作用而以元素态及其氧化状态存在于废气中，构成废气中重金属污染物的主要来源。由于每种重金属及其化合物均有其特定的饱和温度（与其含量有关），当废气通过废热回收设备及空气污染控制设备而被降温时，大部分成挥发状态的重金属，可自行凝结成颗粒或凝结于飞灰表面而被除尘设备收集去除，但挥发性较高的铅、锡及汞等少数重金属则不易凝结。

(六) 二噁英和呋喃控制技术

1. 二噁英和呋喃的定义及其浓度表示方式

二噁英是一族多氯二苯二噁英化合物(polychlorinated dibezodioxins,PCDDs)。它是含有两个氧键连接两个苯环的有机氯化合物,具有三环结构,其结构式如图 5-7(a)所示。呋喃是一族多氯二苯呋喃化合物(polychlorinated dibenzofurnans,PCDFs),其结构与 PCDDs 不同的是只有一个氧原子连接苯环,其结构式如图 5-7(b)所示。绝大部分二噁英和呋喃具有毒性和致癌性。

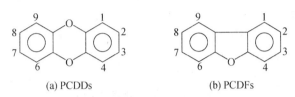

图 5-7 二噁英和呋喃分子结构示意图

2. 焚烧过程中二噁英和呋喃的生成机制

废物焚烧过程中,PCDDs/PCDFs 的产生主要来自废物成分、炉内形成及炉外低温再合成三方面,分别说明如下:

(1) 废物成分

以家庭垃圾为例,其成分本已相当复杂,再加上多有使用杀虫剂、除草剂、防腐剂甚至农药及喷漆等有机溶剂,垃圾中即可能含有 PCDDs/PCDFs 等物质。由于 PCDDs/PCDFs 的破坏分解温度并不高(750~800℃),若能保持良好的燃烧状况,由废物本身所夹带的 PCDDs/PCDFs 物质,经焚烧后大部分应已破坏分解。

(2) 炉内形成

废物化学成分中 C、H、O、N、S、Cl 等元素,在焚烧过程中可能先形成部分不完全燃烧的碳氢化合物(C_xH_y)。当 C_xH_y 因炉内燃烧状况不良(如氧气不足,缺乏充分混合及炉温太低等因素)而未及时分解为 CO_2 和 H_2O 时,可能与废物或废气中的氯及氯化物(如 NaCl、HCl、Cl_2)结合形成 PCDDs/PCDFs、氯苯及氯酚等物质。其中氯苯及氯酚的破坏分解温度较 PCDDs/PCDFs 高出约 100℃,若炉内燃烧状况不良,尤其在二次燃烧段内混合程度不够或停留时间太短,更不易将其去除,因此可能成为炉外低温再生成 PCDDs/PCDFs 的前驱物质。

(3) 炉外低温再生成

由于完全燃烧不容易达成,当氯苯及氯酚等前驱物质随废气自燃烧室排出后,可能被废气中飞灰的碳元素所吸附,并在特定的温度范围(250~400℃,300℃时最显著),在飞灰颗粒所构成的活性接触面上,被金属氯化物($CuCl_2$ 及 $FeCl_2$)催化反应生成 PCDDs/PCDFs。此种再生成反应的发生,除了需具备特定温度范围内由飞灰所提供的碳元素、催化物质、活性接触面及先驱物质外,废气中充分的氧含量、重金属含量与水分含量也扮演着再生成的重要角色。在典型的混烧式垃圾焚烧厂中,因多是采用过氧燃烧,且由于垃圾中的水分含量较其他燃料为高,再加上重金属物质经燃烧挥发多凝结于飞灰上,废气中亦含有较多的 HCl 气体,因此提供了符合 PCDDs/PCDFs 再生成的环境,而此种再生成反应也成为焚烧尾气中产生 PCDDs/PCDFs 的主要原因。

3. 二噁英和呋喃的控制

为控制由焚烧厂所产生的 PCDDs/PCDFs,可由"控制来源"、"减少炉内形成"及"避免炉外低温区再生成"这三方面着手。

(1) 控制来源

由于废物的来源广,成分控制困难,由于避免含 PCDDs/PCDFs 物质及含氯成分高的物质(如 PVC 塑胶等)进入垃圾中,可降低 PCDDs/PCDFs 的生成,因此,加强和改进垃圾分类及资源回收技术甚为重要。

(2) 减少炉内形成

为达到完全燃烧的目标,不仅要分解破坏垃圾内含有的 PCDDs/PCDFs,也要避免氯苯及氯酚等前驱物质产生。为此,应在以下几个方面进行控制:

① 在燃烧室设计时采取适当的炉体热负荷,以保持足够的燃烧温度及气体停留时间、燃烧段与后燃烧段的不同燃烧空气量及预热温度等的要求;

② 炉床上的二次空气量要充足(约为全部空气量的 40%),且应配合炉体形状于混合度最高处喷入(如二次空气入口上方),喷入的压力亦需能足够穿透及涵盖炉体的横断面,以增加混合效果;

③ 燃烧的气流模式宜采用顺流式,以避免在干燥阶段已挥发的物质未经完全燃烧即短流排出;

④ 高温阶段炉室体积应足以确保废气有足够的停留时间等;

⑤ 在操作上,应确保废气中具有适当的过氧浓度(最好在 6%~12%之间),因为过氧浓度太高会造成炉温不足,太低则燃烧需氧量不足,同时亦需避免大幅变动负荷(最好在 80%~110%之间);

⑥ 在启炉、停炉与炉温不足时,应确保启动助燃器达到既定的炉温等;

⑦ 对于 CO 浓度(代表燃烧情况)、O_2 浓度、废气温度及蒸气量(代表负荷状况)等均应连续监测,并借助自动燃烧控制系统或模糊控制系统回馈控制垃圾的进料量、炉床移动速度、空气量及一次空气温度等操作参数以达到燃烧的完全。

(3) 避免炉外低温再生成

由于目前多数大型焚烧厂均设有锅炉回收热能系统,焚烧烟气在锅炉出口的温度在 220~250℃,因此前述的 PCDDs/PCDFs 炉外再生成现象,多发生在锅炉内(尤其在节热器的部位)或在粒状污染物控制设备前。有人认为主要的生成机制为铜或铁的化合物在悬浮微粒的表面催生了二噁英的前驱物质。

在干式处理流程中,最简单的方法是喷入活性炭粉或焦炭粉,通过吸附作用以去除烟气中的 PCDDs/PCDFs。

在湿式处理流程中,因湿式洗烟塔一般仅能吸收酸性气体,且因 PCDDs/PCDFs 的水溶性甚低,故其去除效果不大;但在不断循环的洗涤液中,氯离子浓度持续累积,造成毒性较低的 PCDDs/PCDFs 占有率较高,对总浓度影响不大,也为一种控制 PCDDs/PCDFs 毒性当量浓度的方法;若欲进一步将 PCDDs/PCDFs 去除,可在洗烟塔的低温段加入二噁英驱除剂。

5.5.2 残渣处理与利用

焚烧系统所产生的固体残渣,一般可分为细渣、底灰、锅炉灰和飞灰等4类。细渣由炉床上炉条间的细缝落下,经由集灰斗槽收集,其成分有玻璃碎片、熔融的铝金属和其他金属;细渣一般可并入底灰收集处置。底灰是焚烧后由炉床尾端排出的残余物,主要含有燃烧后的灰分及未燃尽的残余有机物及无机物(例如铁丝、玻璃、水泥块等),一般经过水冷却后再排出。锅炉灰是焚烧尾气中悬浮颗粒被锅炉管阻挡而掉落于集灰斗或黏附于锅炉管上,再被吹灰器吹落的部分;锅炉灰可单独收集,或并入飞灰一起收集。飞灰是指由焚烧尾气污染控制设备所收集的细微颗粒,一般是通过除尘设备(如旋风除尘器、静电除尘器、布袋除尘器等)所收集的中和反应物(如 $CaCl_2$、$CaSO_4$ 等)及未完全反应的碱剂[如 $Ca(OH)_2$]等细微颗粒。

经过焚烧处理后的有机固体废物虽然已达到稳定化、减量化和减容化的目的,但是从质量比来看,仍有 10%～20% 的残渣以固体形式存在。由于这些固体残渣含有重金属、未燃物和盐分,如果处置不当,将对环境产生严重的不良影响。焚烧系统所产生的固体残渣经收集系统之后,可运往垃圾填埋场做最终处置,也可作为资源进行再利用(如建筑材料、筑路基材、水泥添加剂、土壤改良剂等)。

讨 论 题

1. 试述有机固体废物焚烧处理的原料有哪些?垃圾焚烧厂选址的基本原则是什么?
2. 焚烧处理技术的原理是什么?简述焚烧过程及其特点。
3. 请介绍有机固体废物焚烧的燃烧方式,并指出燃烧过程最终的产物是什么?
4. 简述固体废物焚烧的目的及其效果评价指标,并介绍影响废物焚烧效果的主要因素。
5. 典型焚烧系统有哪些?简述这些系统的性能。
6. 试简要叙述有机固体废物焚烧过程中大气污染物的种类及控制措施。
7. 试论有机固体废物焚烧残渣处理与利用。

第6章 城市生活垃圾填埋处置技术

城市生活垃圾(又称城市固体废物)是指城市居民日常生活丢弃的家庭生活垃圾(包括有机类、无机类和危险品)、与人们餐饮有关的厨房有机垃圾、公共场所垃圾、环卫部门道路清扫物(如草坪除草、树木剪枝、落叶、纸品、塑料制品、尘土等)及部分装修、建筑垃圾的总称。随着社会经济的迅速发展和城市人口的高度集中,城市生活垃圾的产量也随之增加。据统计,目前我国城市生活垃圾历年堆放总量高达70多亿吨,而且产生量每年平均以约8.98%速度递增。城市生活垃圾有些可能自行降解能力很弱,并含有各种有害成分。因此,为了防止和减少城市生活垃圾对环境的污染和影响,需对其进行最终安全的处置,使其安全化、稳定化、无害化。卫生填埋的目的是采取有效措施,使城市生活垃圾最大限度地与生物圈隔离,从而解决其最终归宿问题,这对于城市生活垃圾的污染防治起着十分关键的作用。

卫生填埋法是指将城市生活垃圾填埋于不透水材质或低渗水性土壤内,并设有渗滤液、填埋气体收集或处理设施及地下水监测装置的一种填埋场的处理方法,即为填埋处置无需稳定化预处理的非稳定性的废物。

卫生填埋法始于20世纪60年代,并首先在工业发达国家得到推广应用,随后在实际应用过程中不断得到发展和完善。由于卫生填埋法具有工艺简单、操作方便、处置量大、费用较低等优点,已逐步成为广泛采用的固体废物处置方法。

卫生填埋主要分厌氧、好氧和准好氧3种。

(1) 厌氧填埋具有结构简单、操作方便、施工相对简单、投资和运行费用低、可回收甲烷气体等优点,目前在世界上得到广泛的采用。

(2) 好氧填埋实际上类似高温堆肥,其主要优点是能够减少填埋过程中由于垃圾降解所产生的垃圾渗滤液的数量;同时具有分解速度快,能够产生高温(可达60℃)有利于消灭大肠杆菌等致病细菌。但由于好氧填埋存在结构设计复杂、施工困难、投资和运行费用高等问题,在大中型卫生填埋场中推广应用很少。

(3) 准好氧填埋介于厌氧和好氧填埋之间,也同样存在类似问题,但准好氧填埋的造价比好氧填埋低,在实际中应用也很少。

为了防止地下水的污染,目前卫生填埋已经普遍采用密封型结构。所谓密封型结构,就是利用足够的天然地质屏障隔离条件或在填埋场的底部和四周设置人工衬里(人工屏障隔离条件),使垃圾同环境完全屏蔽隔离,防止地下水的浸入和垃圾渗滤液的释出。

卫生填埋场主要由填埋区、污水处理区和生活管理区构成。填埋区主要有填埋作业区、垃圾坝、雨水沟、分期坝、分区坝、监测井等;污水处理区主要有污水调节池、处理站、中水池等;生活管理区主要有办公用房、服务用房、配电室、传达室、计量室等。

6.1 填埋工艺及技术

卫生填埋工艺及技术特点是进场垃圾分单元、分层进行填埋。用推土机将垃圾车卸下的成堆垃圾推平,以约0.7 m厚的松散垃圾层作为碾压层碾压,反复压实后层厚不大于0.4 m,

垃圾压实密度大于 0.8 t/m³，每单元垃圾层累积厚度约 2.5～3 m 后覆土并压实，覆土厚度 0.3 m。由此就构成了一个填筑单元。同样高度的一系列互相衔接的填筑单元构成一个升层。再在此层上进行下一个填埋层的作业，依此类推，直至设计标高。完整的卫生填埋场是由一个或多个升层组成的。当填埋达到最终设计高度之后，再用一层 90～120 cm 厚的土壤覆盖压实封场后就形成了一个完整的卫生填埋场。垃圾卫生填埋场分层结构断面和工艺流程如图 6-1 和图 6-2 所示。

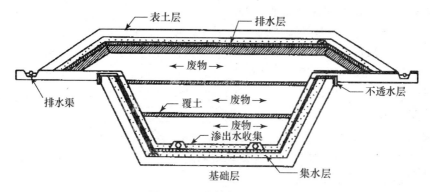

图 6-1 卫生填埋场剖面图

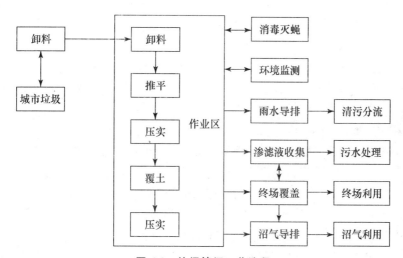

图 6-2 垃圾填埋工艺流程

垃圾填埋场分层结构包括垃圾层、覆盖土层和终场覆盖层。覆盖土层包括日覆盖层、中间覆盖层和终场覆盖层。日覆盖层一般每间隔 2.8 m 垃圾层覆以 0.15～0.2 m 厚的自然土或黏土压实，并尽量做到当日覆盖，以防止垃圾中的轻质物飞散，保持作业面整洁，抑制臭味，防止蚊蝇孳生。中间覆盖层一般在每一作业区完成填埋高度 8.7 m 后进行，中间覆盖的黏土覆盖层厚度为 0.3～0.5 m，其功能是减少渗滤液产生及防止填埋气体的无序排放。

6.2 填埋场的选择

填埋场选址总原则是以合理的技术经济方案，尽量少的投资，达到最理想的经济效益，实现保护环境的目的。

场址选择是填埋场建设最重要的环节之一，是一个连续、反复的评价过程，也是城市生活垃圾处置工程设计的第一步。场址选择的好坏直接影响着垃圾填埋工艺、渗滤液产生量、建设投资和运行费用。影响选址的因素很多，主要从工程学、环境学、经济学以及法律社会学等许多方面考虑卫生填埋场的场址选择。在场址的选择期间要不断排除不适宜的场址，并对可能的场址进行深入调查。在选出可使用的场址后，应作详细评价工作，以论证所得的结论是否确切。场地的选择一般分区域调查、场址初选和场址确定三步进行：区域调查的任务是确定若干可能建立处置场的地区，并对这些地区的稳定性、地震、地质构造、工程地质、水文地质、气象条件和社会经济因素进行初步评价；场址初选是在区域调查的基础上进行现场踏察与勘测，通过对勘察资料的分析研究，确定3~4个候选场址；再根据选址基本准则，对这些可供选择的场址进行比较和评价。场址的选择主要分预选、初选和定点确定三个步骤来完成。在评价一个用于长期处置固体废物的填埋场场址是否适宜时，必须考虑的因素主要有：

1. 填埋场所需面积

一般根据垃圾来源、种类、性质和数量确定填埋场规模，填埋场址要有足够可使用的面积，可满足10~20年的服务区内垃圾的填埋量；否则，用于建立填埋场投入的设施、管理和处置成本都会太高，难以获得较好的效益和回报率。

2. 垃圾运输距离

垃圾运输距离对废物管理系统和整体运行成本有着决定性的作用，并要求垃圾运输在各种气候条件下都能够顺利进行。因此，运输距离既不能太远，又不能对服务区和周围城镇居民区的环境造成影响，运输路线尽量远离城镇居民区。

3. 场地位置的选择

场地位置应避开地震区、断层区、溶岩洞及矿藏区，并在城市工农业发展规划区、风景规划区、自然保护区、供水水源保护区和供水远景规划区之外，同时具备较有利的交通条件。

4. 地质和水文地质条件

生活垃圾填埋场选址的标高应位于重现期不小于50年一遇的洪水位之上，并建设在长远规划中的水库等人工蓄水设施的淹没区和保护区之外。填埋场区地质和水文条件要符合填埋场要求，便于施工。场址应选在渗透性弱的松散岩层或坚硬岩层的基础上，天然地层的渗透性系数最好能达到小于1.0×10^{-7}cm/s（黏性土、黏土岩或致密火成岩为宜），并具有一定厚度；至少能够通过工程避免垃圾渗滤液对该地区地下水源的污染。最佳的填埋场场址位置是在封闭的流域区内，一般要求地下水位尽量低，其距填埋底层至少1.5 m。应避开强透水的地带（断裂带、褶皱带、岩溶发育带、废弃矿区及坍陷区）或河谷区等。

5. 土壤与地形条件

填埋场地形条件影响填埋方式。按填埋场地形特征，填埋方式可分为山间填埋、峡谷填埋、平地填埋、废矿坑填埋。场地地形地貌还决定了地表水（地表径流）的排泄方式，也往往决定了地下水的流向和流速。场址地形应有较强的泄水能力，便于施工操作及各项管理，同时应有利于填埋场施工和其他配套建筑设施的布置。应将场地施工土石方量减至最小。

底层土壤应有较好的抗渗透性，土质应易于压实，防渗能力强，以防垃圾渗滤液对地下水质的污染。覆盖所用的黏土最好能取自填埋场区，以降低覆土运输费用和增加填埋场库容。

6. 气象和地区环境条件

气候影响交通道路、填埋处置效果和对周围环境的影响。场址至少应位于居民区500 m

以外,运输或填埋场作业期间有害废物、飘尘、恶臭和噪声应在当地气象扩散条件下不影响居民区,避免选择在风口区域。研究表明,填埋场在建设和运行过程中易对居民的健康造成负面影响,故最好位于居民区的下风向。在高寒地区还应考虑冬季冰冻影响开挖土方。地区的气候干湿条件、降雨量、风力风向均属于填埋场选址应考虑和评价的因素。

7. 场址封场与最终开发利用

填埋场封场以后,还要以安全合理的方式对填埋场加以开发利用,如可作为林场或草地等绿化用地,耕地、菜园和果园;公园、高尔夫球场、游艺或运动场,库房和建筑用地等。

6.3 填埋场的生物降解过程

垃圾填埋后会发生生物降解作用,同时产生渗滤液和填埋气体。垃圾的微生物降解依次经历好氧分解、兼氧分解和完全厌氧分解几个阶段。

1. 第一阶段为好氧分解阶段

复杂有机物通过微生物胞外酶分解成简单有机物,后者再通过好氧分解转化成小分子物质或 CO_2 和水,并释放热量。在较短时间内完成(一般为十至几十天)。其特点是:渗滤液产量较少,有机质浓度较高,可生化性好;pH 呈弱酸或近中性,CO_2 开始产生;渗滤液含一定量的硫酸根、硝酸根和重金属;产生大量热,可使温度增加数度至 10 多度。

2. 第二阶段为过渡阶段(液化或兼氧分解阶段)

过渡阶段通常发生在好氧分解后的 10 多天,填埋场内水分渐达饱和,氧气被耗尽,厌氧环境开始形成。复杂有机物(多糖、蛋白质等)在微生物和化学作用下厌氧发酵,由不溶性物质变为可溶性物质,并生成挥发性脂肪酸(VFA)、CO_2 和少量 H_2。此阶段特点为:渗滤液的 pH 继续下降,化学需氧量(COD)升高;渗滤液含较高浓度的脂肪酸、钙、铁、重金属和氨;气体以 CO_2 为主,含少量 H_2 和 N_2,基本不含 CH_4。

3. 第三阶段为产酸阶段(发酵阶段)

微生物降解第二阶段积累的溶于水的产物转化为酸(大部分为乙酸)、醇及 CO_2 和 H_2,可作为甲烷细菌的底物而转换为 CH_4 和 CO_2。此阶段特征为:pH 很低,呈酸性,而 COD 和生化需氧量(biochemical oxygen demand,BOD_5)急剧升高;酸性使无机物尤其是重金属溶解,呈离子态;渗滤液含大量可产气有机物和营养物,可生化性好($BOD_5/COD>0.4$),氨态氮浓度逐渐升高;CO_2 仍是该阶段的主要气体,先升后趋缓,有少量 H_2。

4. 第四阶段为产甲烷阶段

前几阶段的产物(乙酸、H_2)在产甲烷菌的作用下,转化为 CH_4 和 CO_2,为能源利用的黄金期,一般持续数年到十几年。本阶段的特点是:脂肪酸浓度降低,渗滤液的 BOD_5、COD 逐渐下降,可生化性变差,氨态氮浓度高,pH 升高(6.8~8),重金属离子降低;甲烷产生率稳定,甲烷浓度保持在 50%~65%。

5. 第五阶段为稳定阶段

稳定阶段的主要特征是:填埋垃圾及渗滤液的性质趋于稳定;填埋场中的微生物量极度贫乏;几乎没有气体产生,即使有,也以 N_2、O_2、CO_2 为主;填埋场达到稳定。

上述 5 个阶段并非绝对孤立,它们相互作用、相互依托,有时会发生交叉。各阶段的持续时间因城市生活垃圾、填埋场条件不同而异。由于垃圾是在不同时期进行填埋的,在填埋场的不同部位,各个阶段的反应都可能在同时进行。

6.4 填埋场防渗技术

6.4.1 填埋场防渗技术类型

防渗工程是城市生活垃圾填埋场最重要的工程之一,其作用是将填埋场内外隔绝,防止渗滤液进入地下水;阻止场外地表水、地下水进入垃圾填埋体,以减少渗滤液产生量,同时也有利于填埋气体的收集和利用。

根据《生活垃圾卫生填埋技术规范》(CJJ 17-2004)及《生活垃圾填埋场污染控制标准》(GB 16889-2008)的要求,填埋场必须进行防渗处理,防止对地下水和地表水的污染,同时还应防止地下水进入填埋区。无论是天然的还是人工的,其水平、垂直两个方向的渗透系数均必须小于 1.0×10^{-7} cm/s。防渗方式有多种,一般分为天然防渗和人工防渗,人工防渗又分为垂直防渗和水平防渗。目前新建填埋场一般都用水平防渗,对旧填埋场改造主要采用垂直防渗。垂直防渗系统是在填埋场基础下方之上,且在地下水出流方向或围绕填埋场四周的密封层(帷幕)。人工水平防渗是指在填埋区底部及四周设置由低渗透性材料制作的衬层系统,一般铺设人工衬层进行防渗。

1. 天然防渗

所谓天然防渗,是指在填埋场填埋库区具有天然防渗层,其隔水性能完全达到填埋场防渗要求,不需要采用人工合成材料进行防渗。该类型的填埋场场地一般位于黏土和膨润土的土层中。天然黏土类衬里及改性黏土类衬里的渗透系数小于 1.0×10^{-7} cm/s,且场地及四壁衬里厚度不应小于 2 m。

许多土壤天然具有相对的不透水性。黏土状土壤就是天然不透水材料的很好例子。由于黏土矿物的微小颗粒和表面化学特性,环境里的黏土堆积物极大地限制了水分迁移的速率。天然的黏土堆积物有时被用作填埋场防渗层。然而,在大多数卫生填埋场,黏土衬层的建造是通过添加水分和机械压实以改变黏土结构来满足其最佳工程特性。

2. 人工防渗

当填埋场不具备黏土类衬里或改良土衬里防渗要求时,宜采取自然和人工结合的防渗技术措施。大多数填埋场的地理、地质条件都很难满足自然防渗的条件,现在的卫生填埋场一般都采用人工防渗。填埋场的人工防渗措施一般有垂直防渗、水平防渗和垂直与水平防渗相结合三类,具体采用何种防渗措施(或上述几种的结合),则主要取决于填埋场的工程地质和水文地质以及当地经济条件等。

水平防渗主要有压实黏土、人工合成材料衬垫等;垂直防渗主要有帷幕灌浆、防渗墙和高密度聚乙烯(HDPE)膜垂直帷幕防渗。表 6-1 为水平防渗与垂直防渗技术比较。根据《生活垃圾卫生填埋技术规范》(CJJ 17-2004)及《生活垃圾填埋场污染控制标准》(GB 16889-2008)的规定,填埋场必须防止对地下水的污染,不具备自然防渗条件的填埋场和因填埋垃圾可能引起污染地下水的填埋场,必须进行人工防渗,即场底及四壁用防渗材料作防渗处理。防渗层的渗透系数 K 小于 1.0×10^{-7} cm/s。这也是世界上绝大多数国家的最低标准。

表 6-1　水平防渗与垂直防渗技术比较

工程措施	渗透系数 $K<1.0\times10^{-7}$cm/s	深层地下水防渗效果	浅层地下水防渗效果	能否阻止地下水位过高引起的污染
垂直防渗	很难达到	无效	有效	不能阻止
水平防渗	能达到	有效	有效	能阻止

6.4.2　防渗层结构

由于填埋场渗滤液收集系统、防渗系统和保护层、过滤层的不同组合而成为不同的衬层系统结构,故其主要有单层衬层系统(防渗膜或黏土＋保护层＋排水层)、复合衬层系统(黏土层加防渗膜＋保护层＋排水层)、双层衬层系统(其间设排水层,上下两层防水膜＋保护层＋排水层)和多层衬层系统(综合复合衬层和双层衬层系统的优点)等几种。填埋场中目前应用最多的是复合衬层系统和双衬层系统。

1. 单层衬层系统

单层衬层系统有一个防渗层,其上是渗滤液收集系统和保护层。必要时其下有一个地下水收集系统和一个保护层。这种类型的衬层系统只能用在抗损性低的条件下。对于某些场址场地低于地下水水位的填埋场,只要地下水上升压力不致破坏衬层系统和地下水流入速率不致造成渗滤液量过多,单层衬层也可应用。单层防渗层造价低,施工方便;但安全系数低,仅用在填埋场垃圾的毒性小,地下水位低、土质防渗性好的地下水污染风险极低的填埋场。

2. 复合衬层系统

复合衬层系统是由两种防渗材料相贴而形成的防渗层。比较典型的复合结构是上层为柔性膜,其下为渗透性低的黏土矿物层。与单层衬层系统相似,复合防渗层的上方为渗滤液收集系统,下方为地下水收集系统。

铺设复合衬层系统的技术关键是铺设后的柔性膜要与黏土矿物层紧密地接合在一起,同时要保证柔性膜与黏土矿层之间不会发生移动。复合衬层系统综合利用了物理和水力特点不同的两种材料的优点,提高了综合防渗效率,因此具有很好的防渗效果。

3. 双层衬层系统

双层衬层系统包含两层防渗层,两层之间是排水层,以控制和收集防渗层之间的液体或气体。同样地,衬层上方为渗滤液收集系统,下方有地下水收集系统。双层衬层系统有其独特的优点,透过上部防渗层的渗滤液或者气体受到下部防渗层的阻挡而在中间的排水层中得到控制和收集,其防渗效果优于单层衬层系统和复合衬层系统;但从施工和衬层的坚固性等方面它一般不如复合衬层系统。

4. 多层衬层系统

多层衬层系统综合了复合衬层系统和双层衬层系统的优点,具有抗损坏能力强、坚固性好、防渗效果好等优点;但其造价高。其原理与双层衬层系统类似,在两个防渗层之间设排水层,用于控制和收集从填埋场中渗出的液体;不同点在于,其上部的防渗层采用的是复合防渗层。防渗层之上为渗滤液收集系统,下方为地下水收集系统。

6.4.3 填埋场防渗材料

人工衬层防渗材料主要有无机天然防渗材料（如黏土、亚黏土、膨润土等）、天然和有机复合防渗材料（如聚合物水泥混凝土、沥青水泥混凝土等）、人工合成有机材料（又称为柔性膜，包括塑料卷材、橡胶、沥青涂层等）。现广泛使用的是高密度聚乙烯（HDPE）防渗卷材，以柔性膜为防渗材料建设的衬层称为柔性膜衬层。

1. 天然黏土材料

天然黏土单独作为防渗材料必须符合一定的标准。黏土的选择主要根据现场条件下所能达到的压实渗透系数来确定。在最佳湿度条件下，当被压制到 90%～95% 的最大普式（proctor）干密度时，渗透性很低（通常为 1.0×10^{-7} cm/s 或者更小）的黏土可以作为填埋场衬层材料。

2. 人工改性防渗材料

人工改性防渗材料是在填埋场区及其附近没有合适的黏土资源或者黏土的性能无法达到防渗要求情况下，将亚黏土、亚砂土等通过有机或无机添加剂进行人工改性，使其达到防渗性能要求。有机添加剂包括一些有机单体的聚合物，无机添加剂包括石灰、水泥、粉煤灰和膨润土等。无机添加剂费用低、效果好，适合于在我国推广应用，目前应用最多的是改良膨润土改性技术，其效果优于其他无机添加剂。

改良膨润土改性技术意指在天然黏土中添加少量的膨润土矿物，以改善黏土的性质，使其达到防渗材料的要求，添加量视具体情况而定。膨润土具有吸水膨胀和巨大的阳离子交换容量，一般膨润土吸水后，其体积膨胀可达 10～30 倍，并可明显降低渗透性。因此，在黏土中添加膨润土，不仅可以减少黏土的孔隙，使其渗透性降低，而且可以提高衬层吸附污染物的能力，同时也使黏土衬层的力学强度大幅度提高。

聚合物水泥混凝土（PCC）是由水泥、聚合物胶结料与骨料结合而成的新型填埋场防渗材料。PCC 具有比较优良的抗渗和抗碳化性能、较高的耐磨性和耐久性，抗压强度达到 20 MPa，渗透系数由普通水泥砂浆的 10^{-6}～10^{-8} cm/s 降低到 10^{-9} m/s。根据我国的实际发展水平，PCC 也是经济实用且又能满足防渗要求的填埋场防渗材料。

3. 人工合成有机材料

由于黏土只能延缓渗滤液的渗漏，而不能根本制止渗滤液的渗漏。为了更有效地密封防渗，现代填埋场尤其是危险废物填埋场普遍使用人工合成有机材料（柔性膜）与黏土结合作为填埋场的防渗材料。柔性膜防渗材料通常具有极低的渗透性，其渗透系数均可达到 10^{-11} cm/s；高密度聚乙烯的渗透系数达到 10^{-12} cm/s，甚至更低。

柔性膜主要有高密度聚乙烯（HDPE）、低密度聚乙烯（LDPE）、聚氯乙烯（PVC）、氯化聚乙烯（CPE）、氯磺聚乙烯（CSPE）、塑化聚烯烃（ELPO）、乙烯-丙烯橡胶（EPDM）、氯丁橡胶（CBR）、乙烯橡胶（PBR）、热塑性合成橡胶、氯醇橡胶。其中 HDPE 因具有一系列优点，是目前应用最为广泛的填埋场防渗材料，在填埋场建设中的用途包括基础防渗、最终覆盖层防渗、各种水池及垃圾堆放场地的防渗、污水调节池覆盖和填埋场作业区临时覆盖，以及制成 HDPE 管材等。

6.4.4 填埋场防渗层铺装及质量控制

填埋场防渗层的铺设安装有着严格的质量要求,其中 HDPE 膜是人工水平防渗技术采用的关键性材料,在施工过程中,除需保证其焊接质量外,在与其相关层进行施工时,还需注意保护,避免对其造成损坏。其铺装程序和要求如下:

1. 施工前的检查

主要是确认场地干燥、平整、密实;确认 HDPE 膜完好无损;焊接设备(如双轨热熔焊机)的焊合性能良好。

2. 底层土工布的铺设

当 HDPE 膜采用上下两层无纺土工布($220 \sim 400 \text{ g/m}^2$)作保护层时,在铺设 HDPE 膜之前,先铺一层土工布,土工布的接头搭接量为 300 mm 左右。

3. 防渗膜的铺设

铺膜及焊接顺序是从填埋场高处往低处延伸,两膜的搭接量为 150 mm 左右(取决于焊接设备的类型);接头必须干净,不得有油污、尘土等污染物存在;天气应当良好,下雨、大风、雾天等不良气候不得进行焊接,以免影响焊接质量。两焊缝的交点采用手提热压焊机加强(或加层)焊补。

4. 防渗膜的锚固

HDPE 膜的锚固有沟槽锚固、射钉锚固和膨胀螺栓锚固三种方法。

采用沟槽锚固时应根据垫衬使用条件和受力情况计算锚固沟的尺寸,其宽度不得小于 $0.3 \sim 0.6$ m,深度不得小于 $0.5 \sim 0.8$ m,边坡边沿与锚固沟的距离不得小于 $0.5 \sim 1.0$ m。

采用射钉锚固时,压条宽度不得小于 20 mm,厚度不得小于 2 mm,橡皮垫条宽度应与压条一致,厚度不小于 1 mm,射钉间距应小于 0.4 m,压条和射钉应有防腐能力,一般情况下采用不锈钢材质。

采用膨胀螺栓锚固时,螺栓直径不得小于 4 mm,间距不应大于 0.5 m,膨胀螺栓材质为不锈钢。

5. 防渗膜的焊接

HDPE 膜的焊接方式主要有热压熔焊接(又分为挤压平焊和挤压角焊)和双轨热熔焊接(又称热楔焊)之分,如图 6-3 所示。其中挤压平焊应用最广,这种方法具有较大的剪切强度和拉伸强度,焊接速度较快,焊缝均匀,温度、速度和压力易调节,易操作,可实现大面积快速自动焊接等优点。为有效控制质量,一方面,宜选用焊接经验丰富的人员施工;另一方面,在每次焊接(相隔时间为 $2 \sim 4$ h)之前进行试焊。同时必须对焊缝作破坏性检测和非破坏性检验。

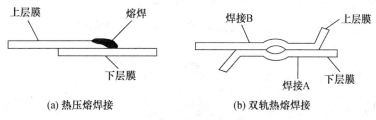

图 6-3 高密度聚乙烯的主要焊接方式

非破坏性检验是对已施工的每条焊缝进行气压试验和真空皂泡试验。在进行气压检验时,先将双轨热熔焊缝的两端孔封闭,用气压泵对焊接形成的空隙加压 207～276 kPa。若其气压在 5～10 min 内下降不超过 34 kPa,则焊缝合格。真空皂泡试验是在热压熔焊表面涂上皂液后用真空箱抽气,抽气压力在 16～32 kPa。若 5～10 min 内焊缝表面不产生气泡,则可认为焊缝合格;当检验发现焊缝不合格时,必须重焊,并重做检测试验。

破坏性检验是指对已施工的焊缝每 600 m 取一个样,送往专业检测单位进行剥离强度和剪切强度测试。若剥离强度低于 30 N/mm 或剪切强度低于 34 N/mm,则该试样对应的焊缝为不合格,需重新对其进行焊接,并重新取样测试。

6. 防渗膜焊接的质量检查

焊接结束后,应严格检查焊缝质量,如有漏焊、小洞或虚焊等现象,应坚决返工,不得马虎。根据国外 20 多年的实践经验,防渗层的泄漏或破坏现象,大多出现在接缝上。因此应用真空气泡测试薄膜之间的黏接性,用破坏性试验测试焊缝强度,每天每台机至少测试一次,以保证合格的施工质量。

为了保证高密度聚乙烯膜长用久安,保证不受填埋垃圾物的损伤,薄膜上面必须铺盖一层土工布,也可以铺 300～500 mm 的黏土,铺平拍实,作为防渗保护衬层;而在大斜坡面上,可铺设一层废旧轮胎或砂包。

6.5 填埋场的设计与污染控制

卫生填埋场的设计主要包括场址面积和容量的确定、防渗措施、垃圾渗滤液处理、逸出气体污染控制等。

6.5.1 填埋场面积和容量的确定

根据《城市生活垃圾卫生填埋处理工程项目建设标准》(2001 年),卫生填埋场的建设规模应根据垃圾产出量、场址自然条件、地形地貌特征、服务年限和技术、经济合理性等因素综合考虑确定。一般情况下,卫生填埋场规模按总容量分类和按日处理量分级,其分级情况见表6-2。卫生填埋场的合理使用年限,应在 10 年以上,特殊情况下不应低于 8 年;且宜根据卫生填埋场建设的条件考虑分期建设。

表 6-2 填埋场分级情况

分 级	Ⅰ类	Ⅱ类	Ⅲ类	Ⅳ类
总容量/(10^4 m³)	≥1200	500～1200	200～500	100～200
日处理量/(t·d^{-1})	≥1200	500～1200	200～500	100～200

卫生填埋场垃圾等废物的每年填埋体积和所需场址面积可按式(6-1)和式(6-2)进行计算。

$$V = 365 \frac{WP}{D} + C \tag{6-1}$$

式中,V—每年填埋的垃圾体积,m³;W—垃圾产率,kg/(人·d);P—城市人口数,人;D—垃圾压实密度,kg/m³;C—覆土体积,m³。

如果已知填埋高度 H,则每年所需场址面积为

$$A = \frac{V}{H} \tag{6-2}$$

例题：一个 20 万人口的城市，平均每人每天产生垃圾为 0.8 kg。如果用卫生填埋法处量，覆土与垃圾之比为 1∶3，填埋后，废物压实密度为 800 kg/m³，填埋场填埋的高度为 10.0 m，试求填埋场运营 20 年所需的填埋面积和填埋场总容量。

解：每年填埋的垃圾体积：

$$V = \frac{365 \times 0.8 \text{ kg} \times 200\,000}{800 \text{ kg/m}^3} + \frac{365 \times 0.8 \text{ kg} \times 200\,000}{800 \times 3 \text{ kg/m}^3} = 97\,333.3 \text{ m}^3$$

当填埋场填埋高度为 10.0 m 时，每年垃圾填埋所需占地面积：

$$A = 97\,333.3 \text{ m}^3 / 10.0 \text{ m} = 9733.3 \text{ m}^2$$

如果填埋场运营 20 年，则所需填埋面积：

$$A_{20} = 9733.3 \text{ m}^2 \times 20 = 194\,666 \text{ m}^2$$

运营 20 年后填埋场的总容量：

$$V_{20} = 97\,333.3 \text{ m}^2 \times 20 = 1\,946\,666 \text{ m}^3$$

答：填埋场运营 20 年所需的填埋面积和填埋场总容量分别为 $1.95 \times 10^5 \text{ m}^2$ 和 $1.95 \times 10^6 \text{ m}^3$。

6.5.2 垃圾渗滤液的产生

卫生填埋场垃圾渗滤液数量和性质与许多因素有关，其来源有三个方面：一是以各种途径进入垃圾填埋场的大气降水、地表径流和地下水；二是垃圾本身持有的水分；三是垃圾中的有机物经分解后产生的水分。与前者相比，后两者量较少，前者是决定渗滤液产生量的主要因素。

1. 大气降水

大气降水包括降雨和降雪，它是垃圾渗滤液产生的主要来源，降雨和阵雪特性直接影响垃圾渗滤液产生的数量。降雨特性包括降雨量、降雨强度、降雨频率、降雨持续时间等；降雪特性包括降雪量、升华量、融雪量等。一般降雪量的 1/10 相当于等量的降雨量。

2. 地表径流

地表径流是指来自场址表面上坡方向的径流水，对垃圾渗滤液的产生数量影响也较大。具体数量取决于填埋场址周围的地势、覆土材料的种类及渗透性能、场址的植被情况及有无排水设施等。

3. 地下水

如果填埋场址的底部在地下水位以下，地下水就可能渗入填埋场内，垃圾渗滤液的数量和性质与地下水同垃圾的接触量、接触时间及流动方向有关。

如果在设计施工中采取良好的防渗和导排措施，可避免地下水和地表径流的渗入。

4. 垃圾含水及分解水

除垃圾自身含水外，垃圾中的有机组分在填埋场内经厌氧分解会产生水分，其产生量与垃圾的组成、pH、温度和菌种等因素有关。

垃圾渗滤液的产生量可根据填埋场水平衡关系来确定，如图 6-4 所示。由图 6-4 可知，作为输入的流入水，有降水、地表径流流入水、地下涌出水、垃圾含水及分解水；作为输出的流出水有地表径流流出水、蒸发散失水、地下渗出水和垃圾渗滤液。

图 6-4 垃圾填埋场水平衡示意图

地表径流流出水为从场址流出的地表径流水,其数量取决于场址的地势、坡度、植被等封场条件。地下渗出水为从填埋场渗入到地下的水分,其中包括通过衬里渗入地下的水量。蒸发散失水为由填埋场土壤表面蒸发和植物蒸腾作用而散发逸出的水分,蒸发量受土壤的种类、植物的种类和植被率、季节、温度、日照量、相对湿度、风速、土壤等环境条件影响。

垃圾渗滤液的产生量确切估算是比较困难的,根据国内外填埋场的运营经验,垃圾渗滤液产生量主要取决于以各种途径进入垃圾填埋场的大气降水。垃圾填埋场渗滤液由大气降水产生量的确定方法有多种,一般采用经验公式计算,比较简便的计算公式为

$$Q = \frac{CIA}{1000} \tag{6-3}$$

式中,Q—日平均垃圾渗滤液量,m^3/d;C—渗出系数,%,一般取 0.2～0.8;I—日平均降雨量,mm/d;A—填埋场集水面积,m^2。

因此,填埋运行时产生的垃圾渗滤液量(m^3/d)可用下式计算:

$$Q = (C_1 A_1 + C_2 A_2) I/1000 \tag{6-4}$$

式中,A_1—正在进行填埋作业的单元面积,m^2;A_2—已做覆盖的填埋作业区的面积,m^2;C_1—正在填埋作业单元的渗出系数;C_2—已做覆盖的填埋作业区的渗出系数。

C 为填埋场降水量转换为渗滤液的比率,其大小与覆土性质、覆土坡度、填埋垃圾种类、填埋阶段、降水量和蒸发量等因素有关。

6.5.3 渗滤液收集系统

为了最大限度地减少渗滤液对地下水的影响,保证填埋区的渗滤液顺利导排,在场区内需设渗滤液垂直收集系统、水平收集系统和输送系统。填埋体内部的渗滤液大部分汇集于垂直收集系统,并下渗到水平收集系统,经水平收集系统收集管排至污水调节池进行处理。

1. 水平收集系统

水平收集系统主要是由导渗盲沟和导流层组成。收集管采用 HDPE 花管与 HDPE 圆管,铺设在导渗盲沟中,末端穿过垃圾坝进入污水调节池,导渗盲沟里铺设鹅卵石、砾石($CaCO_3$ 含量不大于10%)等。收集管坡度 $I \geqslant 0.02$,场底坡度 $I \geqslant 0.02$;场区坡度大于2%的区域按原坡度进行场底平整后,开挖盲沟、铺设集液管。为了防止砾石与黏土保护层互相混合,一般在两层中间铺一层有纺土工布。

2. 垂直收集系统

利用填埋气体收集系统中的导气石笼作为渗滤液垂直收集系统。当垃圾逐层增高后,上部渗滤液及填埋作业面降水将大部分汇集于导气石笼,沿导气石笼下渗到底部渗滤液水平收集系统。

6.5.4 垃圾渗滤液的性质

卫生填埋垃圾渗滤液的性质与垃圾的种类、性质及填埋方式等许多因素有关。据报道,在填埋初期,垃圾渗滤液中有机酸浓度较高,挥发性有机酸约占1%。随着时间的推移,挥发性有机酸的比例将增加,垃圾渗滤液中有机物浓度降低的速度,好氧填埋比厌氧填埋快。对于普遍采用的厌氧填埋,垃圾渗滤液一般具有下述特征:

(1) 色度较高

渗滤液外观多呈淡茶色、深褐色或黑色,色度在 2000~4000 之间,有极重的垃圾腐败臭味。

(2) 有机污染物浓度高

总有机碳(total organic carbon, TOC)浓度一般为 265~2800 mg/L。BOD_5/TOC 可反映垃圾渗滤液中有机碳氧化状态:填埋初期,BOD_5/TOC 值高;随着时间推移,填埋场趋于稳定化,垃圾渗滤液中的有机碳以氧化态存在,则 BOD_5/TOC 值降低。垃圾渗滤液中的有机物可分低分子量的脂肪酸类、腐殖质类高分子的碳水化合物和中等分子量的灰黄霉酸类物质 3 类。但悬浮固体(SS)一般多在 300 mg/L 以下。

(3) 氨态氮含量高,磷含量低

氨态氮浓度较高,一般为 0.4 mg/L 左右,有时高达 1 mg/L 左右,氨态氮占总氨态氮量的 85%~90%。渗滤液中的氨态氮含量过高,难以进行有效的反硝化,需要进行脱氨处理。同时,垃圾渗滤液中几乎不含磷,生物处理时必须添加与 BOD_5 相当的磷。

(4) 水质随填埋时间的变化较大

填埋初期,COD 和 BOD_5 均较高,BOD_5/COD 值较大,可生化性较好。一般 BOD_5 随着时间和微生物活动的增加逐渐增加,6 个月至 2.5 年时达到最高峰;随后 BOD_5 开始急速下降,到 6~15 年填埋场稳定化为止。而 COD 下降缓慢,从而 BOD_5/COD 值变小很快,垃圾渗滤液可生化性变得很差。对于垃圾渗滤液,当 BOD_5/COD=0.5 时,则认为垃圾渗滤液较易生物降解;当 BOD_5/COD<0.1 时,则认为垃圾渗滤液难以降解。

填埋时间在 5 年以下时,渗滤液 pH 较低,为 6~7,呈弱酸性;填埋时间 5 年以上时,渗滤液 pH 接近中性;随着时间的推移,pH 可提高到 7~8,呈弱碱性。

(5) 总溶解性固体含量较高

垃圾渗滤液中溶解固体总量随填埋时间推移而变化。填埋初期,溶解性盐浓度可达 10 000 mg/L,同时具有相当高的钙、氯化物、硫酸盐等无机溶解性盐和铁、镁等。在 0.5~2.5 年间达到峰值,此后随着填埋时间的增加,浓度逐渐下降,直至达到最终稳定。

(6) 金属离子含量

生活垃圾单独填埋时,重金属含量很低,不会超过环保标准。但与工业废物或污泥混合时,重金属含量会增加,可能超标。

6.5.5 垃圾渗滤液处理工艺

由于渗滤液水质变化大,且不呈周期性,对渗滤液的处理,不仅要考虑工艺方法对渗滤液的处理效果,而更要考虑工艺对水质、水量变化的适应性。根据《生活垃圾填埋场污染控制标准》(GB 16889-2008),生活垃圾填埋场应设置污水处理装置,生活垃圾渗滤液(含调节池废水)

等污水经处理并符合规定的污染物排放控制要求后,可直接排放。

根据《生活垃圾填埋场渗滤液处理工程技术规范(试行)》(HJ 564-2010),生活垃圾填埋场渗滤液处理工艺可分为预处理、生物处理和深度处理 3 种。应根据渗滤液的进水水质、水量及排放要求综合选取适宜的工艺组合方式,可选择"预处理+生物处理+深度处理"组合工艺、"预处理+深度处理"组合工艺或"生物处理+深度处理"组合工艺。预处理工艺可采用生物法、物理法和化学法,目的主要是去除氨态氮或无机杂质,或改善渗滤液的可生化性。生物处理工艺可采用厌氧生物处理法和好氧生物处理法,处理对象主要是渗滤液中的有机污染物和氮、磷等。深度处理工艺可采用纳滤、反渗透、吸附过滤等方法,处理对象主要是渗滤液中的悬浮物、溶解物和胶体等。深度处理宜以纳滤和反渗透为主,并根据处理要求合理选择。各处理工艺中处理方法的选择应综合考虑进水水质、水量、处理效率、排水标准、技术可靠性及经济合理性等因素后确定。

6.5.6 气体的产生及控制

(一) 气体的生成

由于卫生填埋场中微生物的生化降解作用,垃圾填埋后会产生气体,气体的产生量和产生速度与处置的垃圾种类和数量、所采用的地面处理方法、填埋深度、填埋温度和填埋场的实际使用年限等因素有关,与可降解有机物中的有机碳量成正比。垃圾的分解分为好氧和厌氧两个阶段。在填埋初期,有机垃圾物质首先发生好氧分解,时间约为数天,产生的气体主要是 CO_2、H_2O 和 NH_3;当填埋区内氧被耗尽时就进入厌氧阶段,有机物厌氧分解产生的气体中主要为 CH_4 和 CO_2,少量为 H_2S、NH_3 和 H_2O 等。其中,CH_4 占 30%～70%,CO_2 占 15%～30%。当有氧存在时,CH_4 的浓度达到 5%～15% 就可能发生爆炸。由于 CO_2 密度较大,约分别为空气和 CH_4 的 1.5 倍和 2.8 倍,所以会逐步聚集在填埋场下部,与地下水接触,会使水的 pH 降低、硬度及矿物质含量增加。因此,必须对填埋场产生的气体加以收集控制作为能源加以利用或排出燃烧掉。

气体的产生量可采用经验公式推算或通过现场实际测量得出。通常可用下式推算出气体产生量,即

$$G = 1.866 \times \frac{C_g}{C} \tag{6-5}$$

式中,G—气体产生量,L;C_g—可分解(气化)的有机碳量,g;C—有机物中的碳量,g。

(二) 气体导排控制

在工程设计上,常用的方法有可渗透性排气和不可渗透阻挡层排气两种。

可渗透性排气是控制填埋场产生气体水平方向运动的一个有效方法,典型的方法是在填埋场内利用比周围土壤容易透气的砾石为填料和 HDPE 导气管等建造的排气通道。排气通道的间隔与填筑单元的宽度有关,一般为 20 m 以上,砾石层的厚度为 30～40 cm,这样,即使发生沉降也能维持畅通排气。在填埋场中,目前可渗透性排气主要应用在气体垂直疏导方式上,垂直导气石笼由 HDPE 花管及外层 HDPE 土工格栅组成,两者之间内填充建筑垃圾中的碎石头等。导气石笼随垃圾上填同步接高,高出垃圾表面约 100 cm;封场后,应露出场地表面 100 cm。

阻挡层排气是在不透气的顶部覆盖层中安装排气管。排气管与设置在浅层砾石排气通道

或设置在填埋废物顶部的多孔集气支管相连接,还可用竖管燃烧甲烷气体。阻挡层排气目前主要应用在填埋场终场覆盖时排气层的气体收集上。

(三) 气体处理与利用

填埋场一般可持续产气 10~15 年,其气体一般经导气石笼收集后经移动式气体燃烧器燃烧后达标排放或进行回收利用,综合利用可分为:① 直接利用,销售给邻近的工业用户,或用以产生蒸气作为供热源;② 用来发电;③ 经净化提纯提高其热值后,并入城市燃气网或者液化成液化天然气使用;甲烷经脱水、预热、去除 CO_2 后可作为能源使用。

6.5.7 封场

一般封闭性垃圾填埋场在封场后 30~50 年才能完全稳定,达到无害化。规范的封场覆盖(表面密封)、场址修复以及严格的封场管理是保证填埋场安全运行的关键因素,因而已成为城市生活垃圾填埋场设计、建设和管理中的重要环节。终场覆盖层包括:

(1) 排气层。位于垃圾层之上,厚度为 30 cm,材料为碎石。

(2) 隔水层。由压实黏土和土工膜组成,位于排气层之上,防止地表水渗入填埋场。黏土厚度一般为 30 cm,HDPE 膜厚度一般为 1.0 mm。

(3) 排水层及保护层。隔水层之上再覆盖 0.6~0.8 m 厚的自然土,可排除雨水,保护土工膜不受植物根系和其他因素的伤害。

(4) 植被层。该层位于填埋场终场覆盖层的顶层,材料为种植土,厚度为 15 cm,有利于植物生长。最终覆盖平整后的坡度应介于 3%~20%,封场四周边和坡中间设置排水沟,收集的雨水经导流渠排入填埋场环库截洪沟中。

垃圾填埋场封场后,应进行生态恢复,可考虑开发为苗圃、花卉或经济性草皮培植基地。垃圾填埋场封场后,还需进行覆盖层维护、检漏、气体和渗滤液收集处理、地下水监测等维护工作,其工作延续封场后 30 年。

6.5.8 场地监测与环境保护

场地监测是确保安全土地填埋场正常运营及保护附近环境必不可少的手段,监测系统主要包括垃圾渗滤液监测、地下水监测、地表水监测及气体监测。

1. 垃圾渗滤液监测

垃圾渗滤液监测包括垃圾渗滤液液位、性质及处理后排放的监测。垃圾渗滤液位监测是指随时监测填埋场内垃圾渗滤液的液位,定期采样分析其性质,处理后垃圾渗滤液排放监测是分析垃圾渗滤液是否达到排放标准。

2. 地下水监测

对地下水进行经常监测是场地监测的重点,是检验防渗设施运转是否正常的有效措施,可对衬里的安全性和运行情况做出正确判断。

地下水监测主要包括充气区监视(未饱和区)和饱和区监测两个方面。充气区是指土地表层与地下水位之间的土壤层,该土壤层为空气和部分水所充满,垃圾渗滤液必须通过它才能进入地下水。充气区监测的目的是为了及时发现有害污染物质的浸入。充气区监测井紧贴填埋场四周设置,最佳位置是靠近衬垫结构的下部。充气区监测井一般用压力真空渗水器进行采样。为准确反映出垃圾渗滤液的迁移位置,可在同一监测井垂直设置几个饮水器。

饱和区指地下水位以下的地带，其土壤空隙基本为水充填，且具流动方向性。该区监测的目的是为了了解填埋场运营前后地下水水质的变化情况。监测井分别设置在填埋场的水力上坡区和水力下坡区，前者反映出填埋场运营操作前的地下水的特性，后者则反映出填埋场运营操作后的地下水的特性。

根据《生活垃圾填埋场污染控制标准》(GB 16889-2008)，应根据场地水文地质条件，以及时反映地下水水质变化为原则，布设地下水监测系统：

（1）本底井，一眼，设在填埋场地下水流向上游 30～50 m 处；
（2）排水井，一眼，设在填埋场地下水主管出口处；
（3）污染扩散井，两眼，分别设在垂直填埋场地下水走向的两侧各 30～50 m 处；
（4）污染监视井，两眼，分别设在填埋场地下水流向下游 30、50 m。大型填埋场可以在这些要求的基础上适当增加监测井的数量。

3. 地表水监测

地表水监测是对填埋场附近地表水（如河流、湖泊等）进行监测，以监控垃圾渗滤液对这些水体的污染情况。地表水监测方便简单，可在填埋场附近的水体取样。

4. 气体监测

气体监测包括对填埋场排出气的监测和填埋场附近的大气监测，目的是了解填埋废物释放出气体的特点和填埋场附近的大气质量。每 3 个月应对填埋区和填埋气体排放口的甲烷浓度进行一次监督性监测，每 3 个月应对场界恶臭污染物进行一次监督性监测。

6.6 填埋方法与操作

6.6.1 填埋方法

填埋操作方法的选择须根据具体自然条件、经济投入、环保要求来确定，实际应用的卫生填埋方法有 4 种：沟堑法、平面法、斜坡法和洼地法。

1. 沟堑法

沟堑法是将废物铺撒在预先挖掘的沟槽内，然后压实，把挖出的土作为覆盖材料铺撒在废物之上并压实，即构成基础的填筑单元。当地下水位较低，且有充分厚度的覆盖材料可取时，适宜选用该法，其优点为覆盖材料就地可取，每天剩余的挖掘材料可作为最终表面覆盖材料。沟槽大小可根据场地大小、日填埋量及水文地质条件决定，通常其长度为 30～120 m、深 1～2 m、宽 4.5～7.5 m。

2. 平面法

平面法是把废物直接铺撒在天然的土地表面上，按设计厚度分层压实并用薄层黏土覆盖，然后再整体压实。该法可在坡度平缓的土地上采用，但开始要建造一个人工土坝，倚着土坝将废物铺成薄层，然后压实。最好是选择峡谷、山沟、盆地、采石场或各种人工或天然的低洼区作填埋场，但要保证不渗漏。其优点是不需开挖沟槽或基坑，但要另寻覆盖材料。

3. 斜坡法

斜坡法是将废物直接铺撒在斜坡上，压实后用工作面前直接可取的土壤进行覆盖后再压实，如此反复填埋。该法主要是利用山坡带的地形，特点是以天然斜坡为系统的一个边，减少了工作量，且方便废物倾倒，具有占地少、填埋量大和挖掘量小等优点，丘陵地区常用这种结构方式。

4. 洼地法

洼地法是利用天然洼地的三个边构筑填埋场。其优点是利用了天然地形,减少了大量的挖掘工作,贮存量大。缺点是填埋场地的准备工作复杂,对地表水和地下水控制较难。采石场、露天矿坑、山谷都可用作洼地式填埋场。

6.6.2 填埋操作

为保证土地填埋操作的顺利进行,必须根据场地的布局制订一份完整的土地填埋操作计划,为操作人员指明操作规程、交通线路、记录和监测程序、定期操作进度表、意外事故的应急计划及安全措施等。

填埋时,通常把垃圾从卡车上直接卸到工作面上,沿自然坡面铺撒压实。

每单元垃圾层累积厚度约 2.5~3 m,过厚不容易压实,太薄又浪费动力。每天操作后以 0.3 m 厚的土壤进行覆盖、压实,以防止垃圾飞扬和造成火灾。

填埋时可根据场地的地形特点采取不同的作业方式。对于平坦地区,可由下向上进行垂直填埋,也可从一端向另一端进行水平填埋;对于斜坡或峡谷地区,土地填埋可采用从上到下的顺流填埋方法,也可采用从下到上的逆流填埋方法。为防止积蓄地表水和减少垃圾渗滤液,通常采用顺流填埋法。另外,进行卫生填埋时,还要选择合适的填埋设备,这也是保证填埋质量、低处理费用的关键。常用的填埋设备有推土机、铲运机、压实机等,有时也使用专门的压实设备(如滚子、夯实机或振动器等)以增加填埋物的密实性,提高场地利用率。

讨 论 题

1. 简述垃圾填埋的工艺流程。
2. 垃圾填埋场选址原则是什么?简述在考虑填埋场场址的适宜性时,必须加以考虑的因素。
3. 简述垃圾的生物降解过程以及这些过程的关系。
4. 防渗工程是有机固体废物填埋场最重要的工程之一,其作用和意义是什么?简要说明具体防渗技术有哪些?
5. 防渗层的结构有哪些?试述常见防渗层的结构特点。
6. 简述填埋场防渗层铺装程序和质量要求。
7. 以昆明市为例,试计算某一大型垃圾填埋场运营 20 年所需的填埋面积和填埋场总容量(城市人口 600 万人,平均每人每天产生垃圾为 0.8 kg,采用卫生填埋法处理,覆土与垃圾之比为 1:3,废物压实密度为 800 kg/m^3,填埋场填埋的高度为 20.0 m)。
8. 卫生填埋场垃圾渗滤液的产生源有哪些?如何确定垃圾渗滤液的产生量?
9. 简述垃圾渗滤液的性质以及处理工艺。
10. 为确保填埋场正常运营及保护附近环境,必须实施哪些监测措施?

第 7 章　有机废水生物处理技术

在自然界中,存在着大量以有机物为营养物质而生活的微生物。它们不但能够分解氧化一般的有机物并将其转化为稳定的化合物,而且还能转化某些有毒的有机物(如酚、醛、腈等)以及有毒的无机物(如氰化物、硫化物等)。

污水生物处理就是利用微生物分解氧化有机物的这一功能,并采取一定的人工强化措施,创造有利于微生物生长和繁殖的环境,获得大量具有高生物活性的微生物,以提高其降解有机物效率的一种污水处理方法。

污水生物处理分为好氧生物处理和厌氧生物处理两大类。好氧生物处理的进行需要有氧的供应,而厌氧生物处理则需保证无氧的环境。

常用的人工好氧生物处理法有活性污泥法和生物膜法两种。通常所说的活性污泥法和生物膜法均指好氧生物处理。

(1) 活性污泥法是对天然生物处理法中地表水体自净的人工强化,是使微生物群体在反应器(曝气池)内呈悬浮状,并与污水接触,通过微生物对水中有机污染物的降解,从而使废水得到净化的方法,所以活性污泥法又称为悬浮生长法。

(2) 生物膜法是对天然生物处理法中土壤自净的人工强化,是使微生物群体附着于载体表面上呈膜状,并与污水接触而使污水得到净化的方法,所以生物膜法又称为固定生长法。由于好氧生物处理效率高,使用比较广泛。

生物处理主要用来去除污水中溶解状态和胶体状态的有机物,悬浮状态的污染物则可以通过沉淀、过滤、气浮等方法加以去除。生物处理的基本流程如图 7-1 所示。

图 7-1　生物处理基本流程图

7.1　活性污泥法

7.1.1　活性污泥法的基本概念与工艺流程

1. 活性污泥法的基本概念

活性污泥法是以活性污泥为主体的污水生物处理技术。活性污泥主要是由大量繁殖的微生物群体所构成,它易于沉淀与水分离,并能使污水得到净化。

2. 活性污泥法的基本工艺流程

传统活性污泥法的基本工艺流程如图 7-2 所示。该流程是以活性污泥反应器——曝气池作为核心处理设备,并有二次沉淀池(简称二沉池)、曝气与空气扩散系统、污泥回流及剩余污泥排放。

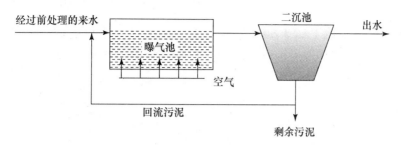

图 7-2 传统活性污泥法的基本工艺流程示意图

曝气一方面提供好氧微生物新陈代谢过程所需要的溶解氧,另一方面,曝气也起到混合搅拌作用,使微生物和污染物充分接触,强化生化反应的传质过程。曝气池内的泥水混合液流入二沉池,进行泥水分离,活性污泥絮体沉入池底,泥水分离后的水作为处理出水排出二沉池。二沉池沉降下来污泥一部分作为回流污泥返回曝气池,以维持曝气池内的微生物浓度相对平衡,另一部分作为剩余污泥排出。

7.1.2 活性污泥组成及其在污水处理中的作用

1. 活性污泥组成

活性污泥是活性污泥法的主体作用物质。活性污泥的絮状体形态与微生物组成、数量、污水中污染物的特性以及外部条件(如水温、运行操作条件等)相关,正常的处理城市污水的活性污泥的外观为黄褐色的絮绒颗粒状,粒径为 0.02～0.2 mm,表面积可达 2～10 m^2/L。活性污泥比重因含水率不同而有所不同,如曝气池中混合液含水率一般都在 99.2%～99.8%之间,比重介于 1.002～1.003;回流污泥和剩余污泥比重为 1.004～1.006;污泥干固体比重为 1.20 左右。活性污泥中有机物占 75%～85%,无机物占 15%～25%。

在活性污泥中栖息着具有强大生命力的微生物群体。这些微生物群体主要由细菌和原生动物组成,也有真菌和以轮虫为主的后生动物。

活性污泥的固体物质含量仅占总质量的 1%以下,主要由 4 部分组成:① 具有代谢功能的活性微生物群体;② 微生物内源呼吸、自身氧化的残留物;③ 被污泥絮体吸附的难降解有机物;④ 被污泥絮体吸附的无机物。

2. 活性污泥微生物及其在活性污泥反应中的作用

细菌是活性污泥净化功能最活跃的成分,污水中可溶性有机污染物直接为细菌所摄取,并被最终代谢分解为无机物(如 H_2O、CO_2 等)或合成为可分离的微生物(剩余污泥)。

活性污泥处理系统中的真菌是微小腐生或寄生的丝状菌,这种真菌具有分解碳水化合物、脂肪、蛋白质及其他含氮化合物的功能,但若大量异常地增殖会引发污泥膨胀现象。

在活性污泥中存活的原生动物有肉足虫、鞭毛虫、纤毛虫等 3 类。原生动物的主要摄食对象是细菌,因此,活性污泥中的原生动物能够不断地摄食水中的游离细菌,起到进一步净化水质的作用。原生动物个体较大,通过显微镜能够观察到,可作为指示生物。当活性污泥出现原生动物(如钟虫、等枝虫、独缩虫、聚缩虫、盖纤虫等)时,说明处理水水质良好。

后生动物(主要指轮虫)捕食原生动物,在活性污泥系统中是不经常出现的,仅在处理水质优异的完全氧化型的活性污泥系统(如延时曝气活性污泥系统)中才出现,因此,轮虫出现是水质非常稳定的标志。

在活性污泥处理系统中,净化污水的第一承担者也是主要承担者是细菌,而摄食水中的游离细菌、使污水进一步净化的原生动物则是污水净化的第二承担者。

原生动物摄取细菌,是活性污泥生态系统的首次捕食者。后生动物摄食原生动物,则是生态系统的第二次捕食者。

7.1.3 活性污泥增长曲线

在活性污泥法的曝气池或生物反应池中,伴随着有机污染物的不断降解,活性污泥微生物的量将增殖。活性污泥微生物的增殖规律,通常用增殖曲线描述。增殖曲线表达了在环境条件(温度、溶解氧等)满足微生物生长要求,并有一定量初始微生物接种时,营养物质一次充分投加后,微生物数量随时间的增殖和衰减规律。活性污泥法生物处理是由三部分组成,即微生物、有机物和溶解氧共同参与完成的,因此在微生物增殖的同时有机物的量和溶解氧的消耗都会发生变化。活性污泥中微生物的增殖、有机物的降解和溶解氧消耗曲线示意于图7-3中。根据微生物的生长情况,微生物的增殖可以分成四阶段:停滞期、对数增殖期、减速增殖期和内源呼吸期。

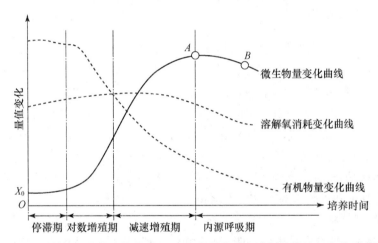

图7-3 活性污泥中微生物的增殖、有机物的降解和溶解氧的消耗曲线示意图

1. 停滞期

停滞期也称适应期、调整期或延迟期。这一阶段是微生物培养的初期,微生物刚进入新的培养环境中,细胞中的酶系统开始对环境进行适应。在本阶段微生物的细胞特点是分裂迟缓、代谢活跃、一般数量不增加但细胞体积增长较快,合成代谢活跃,易产生诱导酶。此阶段的时间长短与污水中有机物可生物降解性、微生物菌种的遗传性、微生物菌龄及移种前后所处的微生物环境条件等因素密切相关。停滞期对于后续微生物功能的发挥是非常重要的。在实际应用中,活性污泥法的启动初期会遇到这一阶段。

2. 对数增殖期

对数增殖期也称对数生长期,微生物经过一段时间的适应调整后,由于无约束限制因素,细胞以最快速度进行分裂。本阶段微生物的生长特点是代谢活性最强、组成微生物新细胞物质最快、细胞数以几何级数 $N=N_0 \times 2^n$(N、N_0分别为最终和起始细胞数,n为世代数)关系增加、细胞数的对数值和培养时间呈直线关系(如图 7-3 所示)。在此期间，由于微生物周围营养丰富，微生物的生长繁殖不受有机底物的限制，因此微生物的生长速度最大，同时有机物降解速度也非常快，溶解氧的需求量大。另外，与新增加的微生物量相比，死亡的微生物量相对较小，在实际应用中，可以忽略不计这部分死亡的微生物量。

3. 减速增殖期

微生物经过对数增殖期的大量繁殖后，培养液中的有机物已被大量消耗，代谢产物积累过多，使得细胞的增殖速度逐渐减慢。在此阶段，细胞繁殖速度与细胞的死亡速度相同，活的微生物总数趋近稳定，且达到最大量。减速增殖期的长短与菌种和外界环境条件有关。如果在此阶段，再添加有机物等营养物质，并排出代谢物，则微生物又可以恢复到对数增殖期。由于处在减速增殖期的活性污泥微生物的自聚性较好，容易沉淀分离，因此大多数活性污泥处理厂是将曝气池的运行工况控制在减速增殖期。

4. 内源呼吸期

在经过减速增殖期后，培养液中的有机物含量继续下降，并达到几乎耗尽的程度，微生物开始利用自身的贮藏物甚至菌体的组成成分作为养料，维持生命。细菌在这个阶段往往产生芽孢，原生质中出现液泡与空泡，有些菌细胞常呈畸形或多形态性。这阶段只有少数细胞继续分裂，大多数细胞出现自溶和死亡，致使培养液中总微生物活体数量下降，微生物的增殖曲线显著下降，同时溶解氧的需要量也下降。只有个别活性污泥法工艺的工况设置在这一阶段(如延时曝气法等)。

上述的微生物增殖或活性污泥增长四阶段的变化规律发生在营养物质一次充分投加后，处于有接种微生物和溶解氧的条件下，属于非连续工作过程，即在培养过程中不连续补充营养物质(污染物)，也不排出代谢物。

培养液中有机物量与微生物量的比值(简称"食微比"或 F/M，也表示为污泥负荷，F 代表营养物，M 代表微生物量)随着培养时间是不断变化的，从初期的高比值到后期的低比值。

5. 活性污泥增长曲线的应用

F/M 值的高低影响微生物的代谢，当 F/M 值高时，营养物量相对过剩，微生物繁殖快，活力很强，处理污水能力高，在对数增殖期就是这种状况。但由于微生物活性高，细胞之间存在的电斥力大于范德华力，导致微生物的絮凝、沉淀效果差，出水中所含的有机物含量高。因此，在污水生物处理中，为了取得比较稳定和高效的有机物处理效果，一般不选用处对数期的工况条件，而常采用处于减速增殖期或内源呼吸期的工况条件。在减速增殖期或内源呼吸期 F/M 值相对较低，虽然这时微生物多处于老龄阶段，活性有所降低，运动能力差，但此时范德华力占优，形成絮凝、沉降性能好的菌胶团，生物处理出水有机物含量低。因此，F/M 值高低影响微生物的增殖过程，影响微生物的絮凝、沉降性能，同时也影响溶解氧的消耗速度，是非常重要的活性污泥法工艺设计、运行指标。

7.1.4 活性污泥法性能指标

活性污泥法性能指标包括混合液悬浮固体(MLSS)、混合液挥发性悬浮固体(MLVSS)、污泥沉降比(SV)、污泥容积指数(SVI)、污泥龄、处理负荷等。

1. 混合液悬浮固体

MLSS 是指曝气池单位容积污泥污水混合液中所含活性污泥固体的总质量，单位为

mg/L、g/L、g/m³ 或 kg/m³。若无特别说明,常用符号 X 表示。该指标用来表示活性污泥量,指标中包含具有代谢功能的活性微生物群体(M_a);微生物内源呼吸、自身氧化的残留物(M_e);原污水含有的微生物难以降解有机物(M_i);原污水含有的无机物(M_{ii})4 部分。可表示为:MLSS=$M_a+M_e+M_i+M_{ii}$。

MLSS 不能够精确表示具有降解功能的"活"的微生物数量。在活性污泥法中,MLSS 通常在 2000~4000 mg/L 的范围,MLSS 只含 30%~50%活的微生物体。该指标更适合用于污泥管理和处理的污泥量计算、统计等。

2. 混合液挥发性悬浮固体

MLVSS 是指曝气池单位容积污泥污水混合液中,所含有机固体的总质量,单位为 mg/L、g/L、g/m³ 或 kg/m³。若无特别说明,常用符号 X_v 表示。该指标也用来表示活性污泥量,由于指标中包含具有代谢功能的活性微生物群体(M_a);微生物内源呼吸、自身氧化的残留物(M_e);原污水含有的微生物难以降解有机物三部分(M_i)。因此,MLVSS 表示"活"的微生物数量的精确程度要比 MLSS 有所提高,可表示为:MLVSS=$M_a+M_e+M_i$。但 MLVSS 仍然只能够表示"活"的微生物相对数量,活性污泥中活的异养型微生物只占 MLVSS 的 10%~20%。

通常,活性污泥法系统中,MLVSS 和 MLSS 的比值相对恒定,介于 0.65~0.85,在以处理生活污水为主的城市污水活性污泥法系统中,MLVSS 和 MLSS 的比值约 0.75。

MLVSS 和 MLSS 在实际应用中也常称为曝气池污泥浓度。

虽然 MLVSS 和 MLSS 在表达参与污水生物处理微生物的精确程度上有所不足,但是由于这两个指标的简便易得,目前还是被广泛地用于污水生物处理的研究、设计和管理中。

3. 污泥沉降比

SV 是指一定量的曝气池中的混合液(通常为 1 L)在量筒中静置 30 min 后,沉降的污泥体积与静置前混合液体积之比,一般以百分数表示。SV 反映了曝气池中正常运行的污泥量,通常用于工艺的管理,还用于剩余污泥量的排放,以及通过观察 SV,了解污泥膨胀等。

4. 污泥容积指数

SVI 是指曝气池中的混合液静置 30 min 后,每克干污泥形成的沉淀污泥所占的容积,其单位为 mL/g。

SVI 反映了污泥的凝聚和沉降性能,是工艺管理中的重要指标,比 SV 更能准确地评价污泥的凝聚性能和沉降性能。SVI 值过低,表明活性污泥泥粒小、密实、无机成分多;若 SVI 值过高,表明其污泥絮体松散、沉降性能不好,将要或已经发生膨胀现象。对于城市污水,SVI 介于 70~100 mL/g 之间。如果 SVI 大于 200 mL/g,通常表明发生了污泥膨胀;如果 SVI 小于 50 mL/g,说明污泥活性很差。

SV 和 SVI 两者都是用于评价污泥沉降性能的指标,日常管理中 SV 使用的更多一些。两者的关系见式(7-1),即

$$SVI = \frac{SV(\%) \times 10}{MLSS(g/L)} \tag{7-1}$$

5. 污泥泥龄

污泥泥龄(θ_c),也简称泥龄,是指曝气池中活性污泥的总量与每日排放的污泥量之比。由于是活性污泥在曝气池中的平均停留时间,因此有时也称为生物固体的平均停留时间(SRT),

单位为 d。污泥泥龄表达式为

$$\theta_c = \frac{XV}{\Delta X} \quad (7\text{-}2)$$

式中,θ_c—污泥泥龄,d;X—曝气池中的 MLSS,kg/m³;V—曝气池的体积,m³;ΔX—每日排出处理系统的活性污泥量,也即曝气池中每日增长的活性污泥量,kg/d。

ΔX 的计算可按式(7-3)计算,即

$$\Delta X = Q_w X_r + (Q - Q_w) X_e \quad (7\text{-}3)$$

式中,Q_w—剩余污泥的排放量,m³/d;Q—污水流量,m³/d;X_e—排放处理出水中悬浮物浓度,公式中单位应换算为 kg/m³(通常,由于 X_e 与 X、X_r 相比非常低,可忽略不计);X_r—剩余污泥或回流污泥的浓度,kg/m³,此值是从二沉池底部排出的污泥浓度,与污泥容积指数 SVI 有如式(7-4)所示的近似关系:

$$X_r \approx \frac{10^6}{\text{SVI}} \quad (7\text{-}4)$$

以上公式中的参数在活性污泥法中的意义如图 7-4 所示。

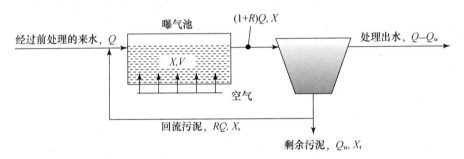

图 7-4　活性污泥法中部分参数的意义

通常按照设计污泥泥龄来划分生物处理负荷,高负荷时为 0.2～2.5 d,中负荷时为 5～15 d,低负荷时为 20～30 d。

6. 污泥负荷和曝气池容积负荷

在活性污泥法中,有机污染物的降解速度、活性污泥的增长速度和溶解氧的利用速度是工艺设计、运行最为关心的,而决定上述三者最重要的因素是有机物量与活性污泥量的比值,这一比值就是曝气池进水 BOD_5(或 COD)污泥负荷,BOD_5 以表征进水有机物浓度的污泥负荷的关系式见式(7-5),即

$$U_s = \frac{QS_0}{X_v V} \quad (7\text{-}5)$$

式中,U_s—曝气池进水 BOD_5 污泥负荷,kg(BOD_5)/kg(MLSS)·d;Q—曝气池的设计流量,m³/d;S_0—曝气池进水 BOD_5 浓度,mg(BOD_5)/L;X_v—曝气池内混合液悬浮固体平均浓度,mg(MLSS)/L;V—曝气池体积,m³。

U_s 也简称污泥负荷或食微比(即 F/M 值),它表征了曝气池中的单位质量活性污泥,在单位时间内接受的有机污染物量,U_s 以进水有机物为基础进行计算。

应注意 U_s 的选择,并非越大越好,取值时还应考虑进水负荷下 BOD_5(或 COD)的去除率,只有在同一有机物去除率的条件下比较 U_s 的大小才有实际意义。

有时为使用方便，常采用以有机物去除为基础的污泥负荷 U_{rs}。U_{rs} 可表示为式(7-6)，其表征了曝气池中的单位重量活性污泥在单位时间内降解的有机污染物量。

$$U_{rs} = \frac{Q(S_0 - S_e)}{XV} \quad (7-6)$$

式中，U_{rs}——以有机物去除为基础的污泥负荷，kg(BOD_5)/kg(MLSS)·d；S_e——曝气池出水 BOD_5 浓度，mg/L；其他符号同前。

式(7-5)和式(7-6)中 X 有时采用混合液挥发悬浮固体(MLVSS)平均浓度表示。

曝气池单位容积在单位时间内接受有机污染物的量，简称容积负荷或体积负荷，可表示为式(7-7)，即

$$U_v = \frac{QS_0}{V} \quad (7-7)$$

式中，U_v——曝气池进水 BOD_5 容积负荷，kg(BOD_5)/(m^3·d)；其他符号同前，U_v 的选择注意事项同 U_s 的选择。

U_v 是以有机物供给为基础进行计算的。同样，为使用方便，常采用以有机物去除为基础的容积负荷 U_{rv}，U_{rv} 可表示为式(7-8)。U_{rv} 表征了曝气池单位容积，在单位时间内能降解的有机污染物量，即

$$U_{rv} = \frac{Q(S_0 - S_e)}{V} \quad (7-8)$$

U_s 与 U_v、U_{rs} 与 U_{rv} 之间的关系可用式(7-9)、(7-10)分别表示，即

$$U_v = U_s X \quad (7-9)$$

$$U_{rv} = U_{rs} X \quad (7-10)$$

一般，如无说明，污泥负荷指曝气池的 BOD_5(或 COD)污泥负荷(U_s)；容积负荷指曝气池的 BOD_5(或 COD)容积负荷(U_v)。

7.1.5 活性污泥净化机理、过程及影响因素

(一)活性污泥净化机理与过程

活性污泥中的微生物在酶的催化作用下，利用污水中的有机物和氧，将有机物代谢分解为无机物(如 H_2O、CO_2 等)或合成为可分离的微生物(剩余污泥)，达到去除水中有机污染物的目的。

活性污泥对有机物的去除过程一般分为三个阶段：初期的吸附去除、活性污泥微生物的代谢和活性污泥絮体的分离沉淀。

1. 初期的吸附去除

在活性污泥处理系统中，在污水与活性污泥接触的最初的一段时间内，通常 30 min 内完成污水中的有机物被大量去除，出现高的有机物去除率。这种初期的高速去除主要是由于活性污泥的物理吸附和生物吸附作用的结果，但有机物仅仅是被活性污泥吸附，没有被代谢降解，随着时间的推移部分有机物又释放到污水中。有机物初期的吸附去除过程如图 7-5 所示。

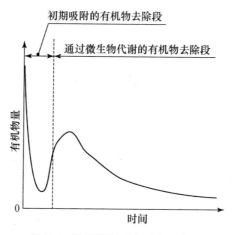

图 7-5　活性污泥净化过程示意图

活性污泥产生吸附的原因是由于污泥的比表面积巨大且表面上覆盖有多糖类的黏质层（胞外多聚物）。活性污泥法初期的吸附去除，其主要特点可以概括为：

(1) 初期的吸附去除完成时间短，去除量大。对城市污水来讲，30 min 内有机物去除率往往可达 70% 以上。

(2) 去除的有机物对象主要是胶体和悬浮性有机物。

(3) 活性污泥的性质与初期的吸附去除关系密切，一般处于内源呼吸期的活性污泥微生物吸附能力强，但氧化过度的活性污泥微生物初期吸附的效果不好。

(4) 初期吸附有机物的效果与生物反应池的混合及传质效果密切相关，混合及传质效果好，就增加了有机物与微生物的接触机会，提高了初期的吸附去除效率。

(5) 被吸附有机物没有从根本上被矿化，在吸附阶段以后，会有部分有机物释放到水中，使水中的有机物浓度出现升高的现象（如图 7-5 所示）。被吸附和未被吸附的有机物通常经过数小时的曝气后，在胞外酶的作用下，有机物分解成小分子有机物后才可被微生物代谢转化。

针对活性污泥对有机物初期的吸附去除特点，人们开发了利用这一特点的活性污泥法工艺，如吸附再生法、吸附降解法（AB 法）等。

2. 有机物通过微生物代谢的去除

污水中呈非溶解状态的大分子有机物被活性污泥吸附后，首先在微生物分泌的胞外酶作用下，分解成小分子的溶解性有机物，这些小分子的有机物与污水中的溶解性有机物一起，在各种物质输送机制作用下进入微生物细胞内。进入细胞体内的有机物，在各种胞内酶的参与下，通过各种代谢反应被降解和转化：一部分有机物质进行分解代谢，最终氧化为 H_2O 和 CO_2，同时获得合成新细胞所需的能量；另外一部分有机物质通过合成代谢，合成为新细胞。当污水中有机物量很少时，活性污泥中的微生物就会氧化体内积蓄的有机物和自身细胞物质，以获得维持生命活动所需的能量，这称为内源呼吸过程。有机物的分解代谢、微生物的合成代谢和内源呼吸计量关系式见式(7-11)、式(7-12)和式(7-13)。

$$C_xH_yO_z + \left(x+\frac{y}{4}\right)O_2 \xrightarrow{\text{酶}} xCO_2 + \frac{y}{2}H_2O + \text{能量} \tag{7-11}$$

$$nC_xH_yO_z + nNH_3 + n\left(x+\frac{y}{4}-\frac{z}{2}-5\right)O_2 + \text{能量}$$

$$\xrightarrow{酶} (C_5H_7NO_2)_n + n(x-5)CO_2 + \frac{n}{2}(y-4)H_2O + 能量 \qquad (7\text{-}12)$$

$$(C_5H_7NO_2)_n + 5nO_2 \xrightarrow{酶} 5nCO_2 + 2nH_2O + nNH_3 + 能量 \qquad (7\text{-}13)$$

图 7-6 表示了有机物的分解代谢、微生物的合成代谢和内源呼吸三项活动的数量关系。

以污水中常见的多糖类、脂肪类、蛋白质类和木质素类为例,典型有机污染物分解代谢的一般途径如图 7-7 所示。大分子的有机污染物首先在微生物产生的各类胞外酶的作用下分解为小分子有机物(如多糖类转化为单糖类,脂肪类分解为甘油和脂肪酸等)。这些小分子有机物被好氧微生物继续氧化分解,通过不同途径进入三羧酸循环(TCA 循环),最终被彻底分解为 CO_2、H_2O、硝酸盐和硫酸盐等简单的无机物。这样,有机污染就被消除,而简单的无机物再进入物质循环之中。

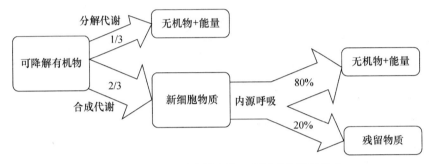

图 7-6 活性污泥法中微生物三项活动的数量关系

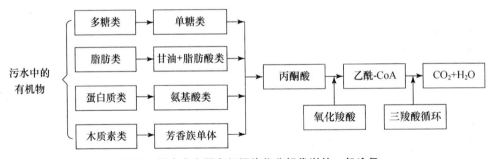

图 7-7 污水中主要有机污染物分解代谢的一般途径

由于污水中有机物种类常常很复杂,需要多种微生物对不同的污染物发生作用。多数人工合成的有机物也可以被经过自然或人工驯化的微生物分解,有的一种有机污染物需要有多种微生物的共同代谢和多次代谢作用才能够被降解。因此活性污泥是一个多底物多菌种的混合体,存在着错综复杂的代谢方式和途径,它们相互联系、相互影响,最终使污水中的有机物得到比较彻底的降解。

根据上述好氧活性污泥法分解和合成代谢的分析,活性污泥的增殖是微生物合成反应和内源呼吸两项生理活动的综合结果,活性污泥净增殖量应是微生物合成量与内源呼吸消耗量的差值,如式(7-14)所示。活性污泥净增殖量通常也称为剩余污泥量,指为维持正常运行每日需要排出系统的污泥量,即

$$\Delta X = aQ(S_0 - S_e) - bX_vV \qquad (7\text{-}14)$$

式中,ΔX—活性污泥量(剩余污泥量),kg(MLVSS)/d;Q—污水流量,m^3/d;S_0—曝气池进水 BOD_5 浓度,kg(BOD_5)/m^3;S_e—经处理后曝气池出水 BOD_5 浓度,kg(BOD_5)/m^3;V—曝气池体积,m^3;X_v—曝气池内混合液悬浮固体平均浓度,kg(MLVSS)/m^3;a—微生物合成代谢降解有机物的污泥转化率,kg(MLVSS)/kg(BOD_5);b—微生物内源呼吸的自身氧化率,kg(MLVSS)/[kg(MLVSS)·d],即 d^{-1}。

对于生活污水或水质与生活污水相近似的工业废水,$a=0.49\sim0.73$,$b=0.07\sim0.075\ d^{-1}$。

3. 活性污泥絮体的分离沉淀

为保证出水水质,需要对曝气池混合液进行沉淀,将活性污泥与水分离,得到澄清的出水。沉淀过程通常在沉淀池或专门设置的沉淀区域中进行。活性污泥比重略大于水,易形成絮状体,加速沉淀完成。通过控制 F/M 值在较低的水平,可以获得比较好的沉淀效果,因为此时微生物代谢不活跃,能量水平较低,表面电荷下降,容易形成大块的絮状体通过沉淀去除。

在生物处理系统中,二沉池与曝气池可分建或合建。分建式二沉池主要采用竖流式、平流式和辐流式三种类型。对于大中型城市污水处理厂的二沉池,较多采用带有旋转机械刮泥机的圆形辐流式沉淀池,沉淀污泥靠静水压力或刮吸泥机提升排出。

二沉池的具体作用体现在沉淀分离和浓缩两个方面:从曝气池混合液中分离出符合设计要求的澄清水;将回流污泥进行浓缩。因此,二沉池必须选择适当的池深和必要的池容,以储存处理厂持续高峰负荷期间产生的污泥,通常设计为可存 2 h 的污泥量,并且能够适应高峰期间的流量变化。

(二) 活性污泥法净化污水的影响因素

活性污泥法的主体——微生物的生长受周围环境条件影响非常大,如何消除不利影响,为微生物创造适宜的生活环境,保证活性污泥中微生物良好地生长、繁殖是活性污泥法正常运转的重要保证。

影响活性污泥法净化污水的因素较多,最主要的影响因素有溶解氧含量、营养物质平衡、pH、水温和有毒物质等。

1. 溶解氧含量

在污水好氧生物处理中,为维持好氧微生物的代谢要求,需向曝气池补充氧气,以保证曝气池混合液溶解氧浓度不小于 2 mg/L。如果水中溶解氧不足,好氧微生物的活性降低,正常的生长代谢将受到影响;同时对溶解氧浓度要求低的微生物大量出现,严重时导致环境缺氧,厌(兼)氧微生物大量繁殖,好氧微生物受到抑制而大量死亡,处理水发黑发臭,使污水中的有机物氧化不能彻底进行,对出水水质产生影响。

为保证好氧微生物的正常生长,通常曝气池中的溶解氧含量维持在 $2\sim4$ mg/L,曝气池出口处溶解氧的浓度控制为 2 mg/L。在这种工况下,活性污泥结构正常,沉降、絮凝性能好。过多的供氧不仅造成能量的浪费,有时也会使得污泥结构松散、易破碎,影响沉降性能。

2. 营养物质平衡

参与活性污泥处理的微生物,在其生命活动过程中,需要不断地从其周围环境的污水中吸取其所必需的营养物质,这里包括碳源、氮源、无机盐类及某些生长素等。碳是构成微生物细胞的重要物质,参与活性污泥处理的微生物对碳源的需求量较大,一般若以 BOD_5 计不应低于 100 mg/L;氮是组成微生物细胞内蛋白质和核酸的重要元素;微生物对无机盐类的需求量很少,但却是不可少的;磷是合成核蛋白、卵磷脂及其他磷化合物的重要元素,它在微生物的代谢和物质转化过程中起着重要的作用。待处理的污水中必须充分地含有这些物质。生活污水含有微生物所需要的各种元素,但某些工业废水却缺乏一些关键的元素——氮、磷等。对氮、磷的需要量原则上应满足一定的比例。由于细菌较易利用氨态氮,因此污水中氮源不足时,可适量地投加粪水、尿素、硫酸铵等。当磷不足时,会影响微生物许多重要酶的活性,此时可补充生活污水、磷酸钾、磷酸钠等。此外,诸如铁、镁等微量元素对微生物的代谢活性也有重要影响。在工业废水中经常会出现微量元素的缺失导致活性污泥活性不够或处理失败的案例。由于工业生产过程中大量使用酸和碱,导致废水中常出现盐浓度过高。无机盐浓度过高,会改变微生物生物膜的渗透压,导致微生物脱水死亡。

3. pH

曝气池中不利的pH可引起细胞膜电荷的变化,从而影响微生物对营养物质的吸收以及代谢过程中酶的活性,改变营养物质的供给性和有害物质的毒性。此外,不利的pH条件不仅影响微生物的生长,甚至影响微生物的形态。

微生物的细胞质是一种胶体溶液,有一定的等电点,当环境中pH变化改变了细胞质等电点时,微生物的呼吸作用和对营养物质的代谢作用就会发生障碍。

大部分细菌的生长的最佳pH范围为6.5～9。在偏高或偏低的pH环境中,微生物虽然可以生存,但生理活动微弱,易于死亡,增殖速率大为降低。强酸或强碱条件对微生物有致死作用。若pH过低,高浓度的氢离子致使菌体表面蛋白质和核酸水解而变性。

当污水中混入工业废水时,pH有可能超出微生物生长的最佳pH范围,这时必须通过调节装置对pH进行调整。

4. 水温

水温改变影响在生物体内所进行的许多生化反应,因而影响生物的代谢活动。此外,水中温度改变可引起其他环境因子变化,从而影响微生物的生命活动。水温对活性污泥法影响主要体现在以下几方面:

(1) 温度在一定范围内上升,可以加快酶的反应速度,促进微生物生长。对于好氧活性污泥法,微生物最大增殖速度出现在15～30℃,这一温度范围也是微生物最适宜的增殖温度范围;当温度上升至39℃后,微生物反应速度迅速降低。

(2) 温度上升会使蛋白质、核酸和其他对温度敏感的细胞成分产生不可逆的凝固和溶解,细胞衰减和内源呼吸的速率将上升,活性污泥絮体松散。

(3) 在一定范围内(4～30℃),活性污泥的沉降性能随水温的升高而改善,这主要由于温度升高,水的黏度减小的原因。

(4) 水温增高使溶解氧浓度下降,需要增加供氧量。

(5) 参与活性污泥生物处理过程的微生物多为嗜温性,适宜的温度范围为10～45℃,通常设计的活性污泥法设计温度范围为10～35℃。

在我国,对于水温一般在6～10℃,短时间为4～6℃的城市污水要按照寒冷地区活性污泥法设计规程设计,实施中还需采取有针对性抗低温措施。

5. 有毒物质

对生物处理有毒害作用的物质很多。毒物大致可分为重金属离子、H_2S等无机物质和氰、酚、表面活性剂等有机物质。这些毒物质对活性污泥微生物的影响表现在以下几方面:

(1) 重金属离子对微生物都产生毒性作用,它们可以和细胞中的蛋白质结合,使蛋白质变性或沉淀。汞、银等对微生物的亲和力大,能够与微生物酶蛋白的巯基(—SH 基)结合,抑制酶蛋白的正常代谢功能。

(2) 有些有毒有机物能够促使菌体蛋白凝固,又能够对某些酶系统进行抑制,破坏细胞正常代谢;此外,还有些有机物本身杀菌功能很强,如酚的许多衍生物等。

(3) 有毒物质毒害作用与水中的 pH、水温、溶解氧浓度、其他有毒物质含量、微生物数量以及是否经过驯化等密切相关。

(4) 表面活性剂会破坏微生物表面的结构组成,导致活性污泥絮体离散或微生物死亡。

因此,工业废水应该经过适当处理,待其真正达到国家有关排放标准后方可向与污水处理厂相接的下水道系统排放。

(三) 活性污泥法的基本工艺参数

活性污泥法的基本工艺参数主要包括负荷(污泥负荷、容积负荷)、水力停留时间、污泥龄、污泥回流比。负荷(污泥负荷、容积负荷)、污泥龄已在前面描述,以下主要介绍水力停留时间(HRT)和污泥回流比(R)。

1. 水力停留时间

水力停留时间是指待处理污水在反应器中的逗留时间,由反应器容积(V)除以待处理水流量(Q)求得,即 $HRT=V/Q$,通常 Q 不包含回流污泥流量(RQ),该 HRT 称为名义(或理论)水力停留时间;考虑了回流污泥量后的水力停留时间 $HRT'=V/[(1+R)Q]$,称为实际的水力停留时间。

2. 污泥回流比

污泥回流比是回流污泥量与待处理污水量之比,如图 7-4 所示。通过调节污泥回流比,可以调整污泥负荷,改变工艺的运行状态。对于正常运行的工艺,保证污泥回流比相对恒定非常重要。

7.1.6 曝气方法与原理

(一) 曝气方法

活性污泥的正常运行,除有性能良好的活性污泥外,还必须有充足的溶解氧。通常氧的供应是将空气中的氧强制溶解到混合液中去的曝气过程。曝气过程除供氧外,还起搅拌混合作用,使活性污泥在混合液中保持悬浮状态,与污水充分接触混合。常用的曝气方法有鼓风曝气、机械曝气和两者联合使用的鼓风机械曝气。鼓风曝气过程是将压缩空气通过管道系统送入池底的空气扩散装置,并以气泡的形式扩散到混合液,使气泡中的氧迅速转移到液相供微生物需要。机械曝气则是利用安装在曝气池水面的叶轮的转动,剧烈地搅动水面,使液体循环流动,不断更新液面并产生强烈水跃,从而使空气中的氧与水滴或水跃的界面充分接触而转移到液相中去。

(二) 曝气原理

1. 氧转移原理

空气中的氧向水中转移,通常以双膜理论为理论基础。双膜理论的基本点可以归纳如下:

(1) 在气、液两相接触的界面两侧存在着处于层流状态的气膜和液膜,在其外侧分别为气相主体和液相主体,两个主体均处于紊流状态。气体分子以分子扩散方式从气相主体通过气膜与液膜而进入液相主体。

(2) 由于气、液两相的主体均处于紊流状态,其中物质浓度基本上是均匀的,不存在浓度差,也不存在传质阻力,气体分子从气体主体传递到液相主体,阻力仅存在于气、液两层层流膜中。

(3) 在气膜中存在着氧的分压梯度,在液膜中存在着氧的浓度梯度,它们是氧转移的推动力。

(4) 氧难溶于水,因此,氧转移决定性的阻力又集中在液膜上,因此,氧分子通过液膜是氧转移过程的控制步骤,通过液膜的转移速度是氧转移过程的控制速度。

2. 氧转移的影响因素

(1) 污水水质

污水中含有各种杂质,它们对氧的转移产生一定的影响。例如,一些两亲分子聚集在气液界面上,形成一层分子膜,阻碍氧分子的扩散转移,使氧的转移系数下降。污水盐类的存在,使氧在水中的饱和度降低,进而阻碍氧分子的扩散转移。

(2) 水温

水温上升对氧的转移影响较大,水温上升,水的黏滞性降低,氧的转移系数增高,有利于氧的转移;但水温上升使氧在水中的饱和度降低,又不利于氧的转移。因此,水温对氧的转移有两种相反的影响,但并不能两相抵消。总的来说,水温降低有利于氧的转移。

(3) 氧分压

氧在水中的饱和度受氧分压或气压的影响。气压降低,氧在水中的饱和度也随之下降,不利于氧的转移。

3. 氧转移效率与供气量

曝气设备的任务是将空气中的氧有效地转移到混合液中去。不同的曝气设备,其充氧效能是不同的。衡量曝气设备效能的指标有动力效率(E_P)和氧转移效率(E_A)或充氧能力:动力效率是指 1 kW·h 电所能转移到液体中去的氧量,单位为 kg/(kW·h);氧转移效率也称氧利用率(E_A),是指鼓风曝气转移到液体中的氧占供给氧的百分率,即

$$E_A = \frac{R_0}{S} \times 100\% \tag{7-15}$$

式中,S—供氧量,kg/h;R_0—在标准条件下,转移到曝气池混合液的总氧量,kg/h。

对于鼓风曝气,各种扩散装置在标准状态下的 E_A 值是事先通过脱氧清水的曝气试验测定出的,一般为 5%~15%。

鼓风曝气系统的供气量按下式计算,即

$$G_S = \frac{R_0}{0.3E_A} \times 100 \tag{7-16}$$

式中,G_S—供气量,m³/h;R_0—在标准条件下,转移到曝气池混合液的总氧量,kg/h;E_A—氧利用率,%。

充氧能力是指叶轮或转刷在单位时间内转移到液体中的氧量,kg/h。

良好的曝气设备应当具有较高的动力效率和氧转移效率(充氧能力)。

(三) 曝气设备

曝气设备是活性污泥法污水处理工艺系统中的重要组成部分,通过曝气设备向曝气池供氧,同时曝气设备还有混合搅拌的功能,以增强污染物在水处理系统中的传质条件,提高处理效果。

在传统的活性污泥法污水处理工艺中,曝气设备的能耗常常占到全部工艺能耗的50%以上。

提高曝气设备供氧效率的主要途径有:提高空气(氧气)释放压力时的压力(如增加水深),增加曝气池供氧的浓度(如采用纯氧曝气系统),增加气泡的比表面积(如减少气泡的尺寸),改善曝气池水流流态,增强紊动性(如鼓风曝气结合机械搅拌等)。目前广泛用于活性污泥系统的曝气设备分为鼓风曝气和机械曝气两大类。

1. 鼓风曝气

鼓风曝气是传统的曝气方法,它由加压设备、扩散装置和管道系统3部分组成。加压设备一般采用回转式鼓风机,也有采用离心式鼓风机,为了净化空气,其进气管上常装设空气过滤器,在寒冷地区,还常在进气管前设空气预热器;扩散装置一般分为小气泡、中气泡、大气泡、水力剪切和机械剪切等类型。扩散板、扩散管或扩散盘属小气泡扩散装置,穿孔管属中气泡扩散装置,竖管曝气属大气泡扩散装置。

2. 机械曝气

机械曝气设备的式样较多,按传动轴的安装方向,机械曝气器可分为竖轴(纵轴)式机械曝气器和卧轴(横轴)式机械曝气器两类。

竖轴式机械曝气器又称竖轴叶轮曝气机或表面曝气叶轮,在我国应用比较广泛。表面曝气叶轮的充氧是通过下述3个部分实现的:① 表面曝气叶轮旋转时,产生提水和输水作用,使曝气池内液体不断循环流动,使气液接触面不断更新,同时得以不断地吸氧;② 叶轮旋转时在其周围形成水跃,使液体剧烈搅动而卷进空气;③ 叶轮叶片后侧在旋转时形成负压区吸入空气。竖轴叶轮曝气机常用的有泵形、K形、倒伞形和平板形4种。

现在应用的卧轴式机械曝气器主要是转刷曝气器。转刷曝气器主要用于氧化沟,它具有负荷调节方便、维护管理容易、动力效率高等优点。曝气转刷是一个附有不锈钢丝或板条的横轴,用电机带动。转刷贴近液面,部分浸在池液中。转动时,钢丝或板条把大量液体甩出水面,并使液面剧烈波动,促进氧的溶解;同时推动混合液在池内循环流动,促进溶解氧扩散转移。

7.1.7 活性污泥法的工艺流程和运行方式

活性污泥法自1914年在英国建成试验厂以来,特别是在近几十年,随着相关研究的深入和技术上的不断革新而得到很大的发展,出现了多种活性污泥法工艺流程和运行方式。

(一) 传统活性污泥法

传统活性污泥法工艺流程如图7-4所示,其中常见的推流式廊道曝气池布置如图7-8所示。

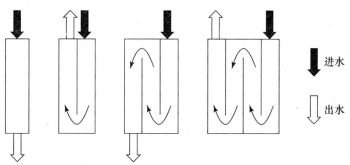

图7-8 推流式曝气池廊道布置形式

待处理的污水与来自二沉池回流污泥同时从曝气池池首进入池内,泥水混合液以推流形式流动到曝气池末端,然后进入二沉池进行泥水分离。曝气池泥水混合液流动的同时,在池中不断进行曝气供氧。二沉池内经过分离后的澄清水由出水堰排出系统,沉淀到二沉池底部的污泥一部分作为接种污泥再回流到曝气池,另一部分污泥作为剩余污泥排至污泥处理工艺。

传统活性污泥法曝气池为推流式,有单廊道和多廊道形式,如图 7-8 所示。一般进口设于液面下,由进水闸板控制。出水用溢流堰或淹没孔控制。廊道长一般在 50～70 m,最长可达 100 m;有效水深多为 4～6 m;宽深比 1～2;长宽比 5～10。

在正常运行的传统活性污泥法曝气池中,在曝气池的起端,回流的活性污泥与污水立即得到充分混合,活性污泥将大量吸附污水中的有机物。由于这时 F/M 值比较高,所以微生物生长一般处于对数增殖期或减速增殖期,需氧量旺盛。随着曝气池混合液中有机物沿池长不断被氧化及微生物细胞不断合成,水中的有机物浓度越来越低,F/M 值也越来越小,到了池子末端,微生物的生长已进入内源呼吸期,需氧量减小。传统活性污泥法曝气池需氧量变化示意见图 7-9 中实线。

传统活性污泥法所供应的氧气不能够充分利用,这是由于曝气池前段生化反应剧烈,需氧量大,后段生化反应较为平缓需氧量相对减少,而实际中空气的供应往往沿池长平均分布,见图 7-9 中虚线,这就造成前段需氧量不足,后段供氧量过剩。如果要维持前段有足够的溶解氧,后段氧量往往要大大超过需要,因而增加处理费用。

为了解决传统活性污泥法供氧与需氧之间的矛盾,人们提出渐减曝气的供氧方式,即沿曝气池池长的供氧按照需氧量的要求分几段提供,前段多供氧,后段少供氧,使供养和需氧基本一致。渐减曝气活性污泥法的需氧和供氧如图 7-10 所示。渐减曝气方式由于解决了供氧与需氧的矛盾,改善了曝气池中溶解氧的分布,提高了氧的利用率,从而节约运行费用,提高了处理效率。

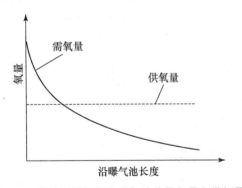 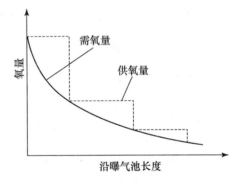

图 7-9 传统活性污泥法曝气池的需氧量和供氧量　　图 7-10 渐减曝气活性污泥法的需氧量和供氧量

曝气池内溶解氧、回流污泥量和剩余污泥排放量是活性污泥法系统运行中三个主要控制参数。

曝气池内溶解氧浓度过高和过低都不适宜。鼓风曝气系统通常通过改变供给空气量来调节,可以采用在线溶解氧仪与鼓风设备联动,实现有效的溶解氧浓度控制。表面曝气设备常通过调整曝气叶轮(转盘或转刷)的淹没深度和转速来改变供氧量,以取得合适溶解氧浓度。

回流污泥量的控制是为保证曝气池合适的污泥负荷,常用两种方法。第一种方法是保持污泥回流比相对恒定,只有日处理污水量(或处理有机物量)有较大变化时,污泥回流比才进行适当的调整。第二种方法是定期或根据仪器仪表反馈的数据随时调节污泥回流比和回流量。实际中采用第一种方法居多。

通过对曝气池建立物料平衡关系式可得式(7-17),即

$$\frac{R}{1+R} = \frac{X}{X_r} \tag{7-17}$$

式中,R——污泥回流比,回流污泥量 Q_r 即为 RQ;X——曝气池混合液的 MLSS;X_r——回流污泥的 MLSS。

因此,污泥回流比可按式(7-18)计算,即

$$R = \frac{X}{X_r - X} \tag{7-18}$$

剩余污泥量的排放用4种方法来确定。① 按照 SV 值确定剩余污泥排放量;② 按照曝气池中 MLSS 确定剩余污泥排放量,以保证曝气池中稳定的污泥浓度;③ 按照 F/M 值,即污泥负荷确定剩余污泥量,这种方法是通过排放污泥调整适当的污泥浓度,使工艺运行在允许的设计范围内;④ 是按照设计污龄(SRT)进行剩余污泥排放,这种方法最接近于生物代谢内在规律排泥运行控制方式。在实际运行时,常采用几种方法相结合,以确保活性污泥法正常的工作状态。

传统活性污泥法具有如下特点:① 工艺相对成熟、积累运行经验多、运行稳定;② 有机物去除效率高,BOD_5 的去除率通常为 $90\%\sim95\%$;③ 适用于处理进水水质比较稳定而处理程度要求高的大型城市污水处理厂;④ 曝气池耐冲击负荷能力比较低;⑤ 需氧与供氧矛盾大,池首端供氧不足,池末端供氧大于需氧,造成浪费;⑥ 传统活性污泥法曝气池停留时间较长,因此曝气池容积大、占地面积大、基建费用高、电耗大;⑦ 脱氮除磷效率低,通常只有 $10\%\sim30\%$。

(二) 阶段曝气活性污泥法

阶段曝气活性污泥法是传统活性污泥法的一种改进形式,由曝气池首的一点进水,改为沿曝气池池长的多点进水。工艺流程示意如图 7-11 所示。

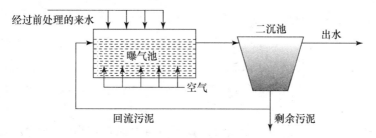

图 7-11 阶段曝气活性污泥法工艺流程图

阶段曝气活性污泥法的主要特点如下:① 有机污染物在池内分配的均匀性,缩小供氧和需氧量的矛盾;② 供气的利用效率高,节约能源;③ 系统耐冲击的能力高于传统活性污泥法;④ 曝气池混合液中污泥浓度沿池长逐步降低,流入二沉池的混合液中的污泥浓度较低,可提高二沉池固液分离效果;⑤ 部分有毒或难降解有机污染物由于进水口靠后,未经与微生物充分反应即可能进入二沉池。

(三) 吸附再生活性污泥法

吸附再生活性污泥法是将活性污泥对有机物的"吸附"和"代谢稳定"的两个阶段分在两个相对独立的构筑物中完成。具体机理见本章 7.1.5 节。

吸附再生活性污泥法的系统可以分成分建式和合建式系统,示意图如图 7-12 所示。其运行方式为:来水进入吸附池(段)和再生池出泥进行充分接触 30~60 min,污泥吸附进水中的有机物。吸附了有机物的活性污泥混合液进入二沉池进行泥水分离。处理水由二沉池上部排出,污泥从沉淀池底部排出。一部分作为剩余污泥排出系统,另一部分作为回流污泥进入再生池停留 3~6 h 进行"污泥再生",完成被吸附有机物的代谢和微生物合成。在再生池,通常活性污泥进入内源呼吸阶段,使活性污泥的吸附活性得到充分的恢复。当处理城市污水时,吸附区的容积,不应小于再生和吸附池总容积的 1/4,吸附池(段)的水力停留时间不应小于 30 min。

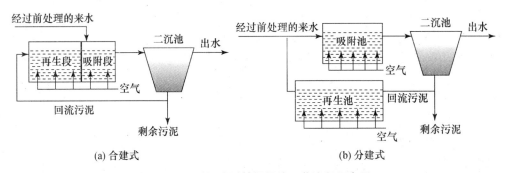

图 7-12 吸附再生活性污泥法工艺流程示意图

吸附再生活性污泥法的主要特点为:① 吸附和代谢分开进行,对冲击负荷的适应性较强;② 可设置活性污泥"吸附"和"代谢"有机物的最佳工作状态,构筑物体积小于传统活性污泥法;③ 出水水质较传统活性污泥法的差;④ 当有机物是以溶解性 BOD 为主时,不宜采用吸附再生活性污泥法。

(四) 完全混合式活性污泥法

有机污染物进入完全混合式曝气池后立即与混合液充分混合,池中的 F/M 值相同,溶解氧浓度一致。它的运行工况点位于活性污泥的增长曲线的某一点上。完全混合式活性污泥法系统有曝气池与沉淀池合建及分建两种,曝气系统(装置)可以采用鼓风曝气装置或机械表面曝气装置。

完全混合式活性污泥法的主要特点为:① 系统混合稀释作用强,对冲击负荷抵御能力较强;② 通过 F/M 值调整,易于实现最佳条件的控制;③ 混合液需氧量均衡,动力消耗低于传统活性污泥法;④ 比较适合工业废水的处理;⑤ 比较适合小型污水处理厂;⑥ 易于产生污泥膨胀。

传统活性污泥法和它的主要变形工艺设计参数见表 7-1。

表 7-1　几种活性污泥法的主要设计和运行参数

类别	U_s/kg(BOD_5)/[kg(MLSS)·d]	X g(MLSS)/L	U_v kg(BOD_5)/(m^3·d)	污泥回流比/(%)	总处理效率/(%)
传统活性污泥法	0.2~0.4	1.5~2.5	0.4~0.9	25~75	90~95
阶段曝气活性污泥法	0.2~0.4	1.5~3.0	0.4~1.2	25~75	85~95
吸附再生活性污泥法	0.2~0.4	2.5~6.0	0.9~1.8	50~100	80~90
合建式完全混合活性污泥法	0.25~0.5	2.0~4.0	0.5~1.8	100~400	80~90

到 20 世纪 60 年代,在实际生产中得到应用的活性污泥法工艺还有高负荷活性污泥法、延时曝气活性污泥法、深井曝气活性污泥法、浅层曝气活性污泥法、纯氧曝气活性污泥法等。

(五) 生物吸附-降解活性污泥法(AB 法)

AB 法由 A 段和 B 段组成,串联运行,工艺流程如图 7-13 所示。

AB 法主要应用于城市污水处理,其工艺设计理念是在 A 段高 F/M 的条件下,城市污水中含有的大量微生物处于对数增殖阶段,细胞以几何级数增加。

A 段由 A 段曝气池与中沉池组成;B 段由 B 段曝气池与终沉池构成,A、B 各自设立污泥回流系统。经过前处理的污水(通常不设初沉池)先进入高污泥负荷的 A 段,然后进入低污泥负荷的 B 段。

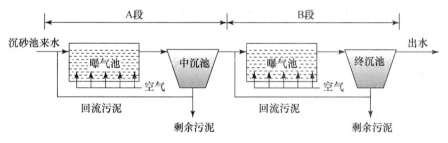

图 7-13　AB 法工艺流程图

A 段为生物吸附段,负荷大于 2 kg(BOD_5)/[kg(MLSS)·d],利用 A 段曝气中的微生物、絮凝能力将有机物吸附,污泥进入中沉池进行沉淀,吸附的大部分有机物以排放剩余污泥的形式去除。A 段微生物以世代周期短的细菌为主。水力停留时间 20~30 min,能够去除 50%~70% 的有机物(其中,65% 是通过生物絮凝和吸附去除,35% 由微生物增殖去除)和 60%~75% 的悬浮物。污泥浓度为 2000~3000 mg/L,容积指数 SVI 为 50 左右,污泥龄为 0.3~0.5 d,A 段曝气池溶解氧为 0.2~1.5 mg/L,回流比 50%~70%,能耗约为传统活性污泥法的 30%。

B 段生物为生物降解段,负荷为 0.15~0.3 kg(BOD_5)/[kg(MLSS)·d],氧化 A 段残留的有机物,曝气池的出水进入终沉池进行泥水分离。B 段产泥量少,污泥龄为 15~20 d,水力停留时间 2~3 h。曝气池溶解氧 2 mg/L,污泥浓度 3000~4000 mg/L,回流比 50%~100%。

A 段和 B 段总的有机物去除率为 90% 左右。

AB 法工艺特点如下：① 通常不设初沉池。② A 段、B 段运行既独立又联系，可以根据进出水水质特点和要求，灵活地调整运行参数。③ 具有一定的脱氮除磷功能，AB 法对氮和磷的去除率分别达 35%～40% 和 60%～70%。④ 耐冲击负荷；A 段对进水水质和环境条件的变化有强的适应，由于 A 段的作用，使得 B 段受影响的程度降低，保证最终处理效果的稳定。⑤ AB 法基建投资省、运行费用低、能耗小、处理效果好；据我国的统计，AB 法可以节省曝气池容积 30%～40%，曝气量可减少 20%～30%。⑥ AB 法易于实现分期建设，先建 A 段，通过 A 段去除大多数有机物，部分达到削减有机物的环境质量要求，资金到位后，再续建 B 段。⑦ AB 法污泥量大。

针对 AB 法的不足，出现了一些 AB 法的改进工艺。

(1) A-B(BAF)工艺。用具有高容积负荷的曝气生物滤池(BAF)代替 AB 法中的 B 段，形成生物吸附—曝气生物滤池串联工艺。

(2) A-B(A/O)工艺。将 AB 法中的 B 段改为 A/O 法，系统不仅有较高的去除含碳有机物能力同时也提高了工艺的脱氮能力。

(3) A-B(A/A/O)工艺。将 AB 法中的 B 段改为 A/A/O 法。这种工艺既具有 AB 法进水负荷高，耐冲击负荷优点，又具有 A/A/O 工艺对含碳有机物、氮、磷去除效果好的特点，而且运行灵活、稳定。

(4) A-B(SBR)工艺。将 B 段改为序批式活性污泥法(SBR)，使得 B 段可以达到去除有机物、氮、磷的目的。该工艺比较适合新建、改建或扩建污水处理厂的情况。

(5) A-B(氧化沟)工艺。将 AB 法中的 B 段改为氧化沟工艺，利用 A 段进水负荷高，耐冲击负荷和氧化沟处理效果稳定、出水水质好、污泥量少、管理方便的特点。

(六) 序批式活性污泥法

序批式活性污泥法(sequencing batch reactor，SBR)，又称间歇式活性污泥法，其污水处理机理与传统活性污泥法完全相同。随着自控技术的进步，特别是一些在线监测仪器仪表[如溶解氧仪、pH 计、电导率仪、氧化还原电位(ORP)仪等]的使用，SBR 法得到比较快的应用与发展。

SBR 法是将初沉池出水引入具有曝气功能的 SBR 反应池，按时间顺序进行进水、曝气反应、沉淀、出水、待机(排泥与闲置)等基本操作，从污水的流入开始到待机时间结束称为一个操作周期。这种操作周而复始进行，从而达到不断进行污水处理之目的，因此 SBR 法不需要设置专门的二沉池和污泥回流系统。与传统活性污泥法相比，SBR 法最大不同是：传统活性污泥法工艺中，各个操作过程(如曝气、沉淀等)分别在各自的构筑物内进行；而 SBR 法工艺中，各反应操作过程都在同一池中完成，只是依时间的变化，各个操作随之变化。

1. SBR 工艺流程、基本原理与工艺特点

(1) 典型的 SBR 工艺流程

用于城市污水处理的典型 SBR 工艺处理系统流程如图 7-14 所示。

工艺中除污水贮存池和 SBR 池以外，其他的构筑物，与前面介绍的污水处理工艺没有多少区别。污水贮存池的作用是对原污水进行部分的贮存。因为 SBR 工艺污水处理厂通常是由两个或两个以上的单池 SBR 构成一个完整的系统，几个池子顺序进水，进行处理。在安排的各池运行周期和进水时，有可能出现各池不处在进水阶段，这样进水就需先贮存起来，等待下一个SBR单池开始进水时,由污水贮存池向该SBR单池供水。污水贮存池的容积应根据运行周期的具体安排来定。SBR池可以是圆形、方形或长方形。

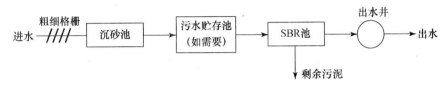

图 7-14　典型的 SBR 处理系统工艺流程图

当采用鼓风曝气时,池深多为4~6 m;若采用表面曝气,池深要比采用鼓风曝气的小。

SBR工艺中的关键及专用设备是滗水器,它是一种能随水位变化而调节的出水堰,排水口淹没在水面下一定深度,可防止浮渣进入。另外,由于SBR工艺系统中通常不设初沉池,为了消除浮渣,SBR反应池应有清除浮渣的装置。

(2) SBR工艺基本原理

典型的SBR工艺的运行由5个步骤所组成,分别依时间完成这五步的操作,从而完成一个周期的运行。这五步如图7-15所示。

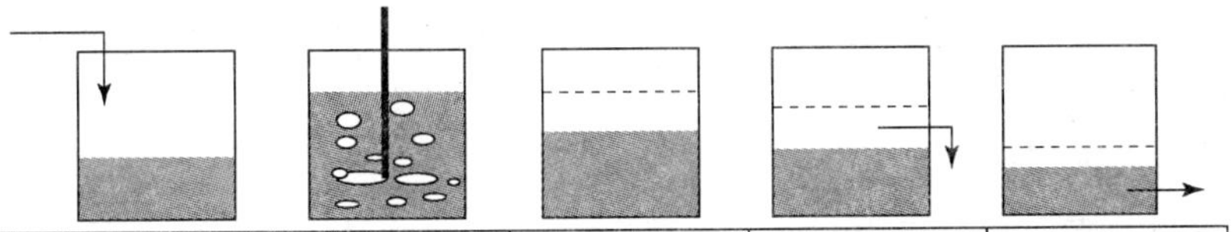

功能	① 进水	② 反应	③ 沉淀	④ 出水	⑤ 排泥与闲置
供氧	不供	供氧	不供	不供	不供
运行体积百分数	25%→100%	100%	100%	100%→35%	35%→25%
一个周期内运行百分数	25	35	20	15	5

图 7-15　典型的 SBR 工艺运行方式

① 污水流入(进水)工序

污水流入曝气池前,该池处于操作周期的待机(闲置)工序,此时沉淀后的清液已排放,曝气池内留有沉淀下来的活性污泥。污水流入的方式主要有三种,即进水、进水同时曝气、进水同时缓速搅拌。至于选用哪一种方式,则根据设计要求而选定。

● 进水。污水流入,当注满后再进行曝气操作,则曝气池能有效地调节污水的水质水量。

● 进水同时曝气。当污水流入的同时进行曝气,则可使曝气池内的污泥再生和恢复活性,并对污水起到预曝气的作用(这种方式也称非限制曝气)。

● 进水同时缓速搅拌。当污水流入的同时不进行曝气,而是进行缓速搅拌使之处于缺氧态,则可对污水进行脱氮与聚磷菌对磷的释放(这种方式也称限制曝气)。

除了上面的三种进水方式外,还有所谓的半限制曝气,这种方式是污水进入的中后期开始曝气。

污水流入时间短,对工艺效果有利,尤其对除磷有利。

② 反应工序

当污水注满后,即开始曝气(或仅进行混合)操作,它是最重要的一道工序,微生物在所控制的环境条件下降解消耗废水中的底物。若要求去除有机物、硝化和磷的吸收,则需要曝气;若反硝化,则应停止曝气而进行缓速搅拌。

③ 沉淀工序

使混合液处于静止状态,进行泥水分离,得到澄清后的上清液,该上清液将作为出水排放。沉淀时间一般为 0.5～1.5 h。

④ 出水工序

排除沉淀后的上清液,直至达到开始向反应池进水时的最低水位。留下活性污泥,作为下一个操作周期的菌种。排水时间宜为 1.0～1.5 h。排水器械有很多类型,其中最常见的就是滗水器。

⑤ 排泥与闲置工序(待机工序)

排泥是 SBR 运行中另一个影响性能的重要阶段。排泥并没有指定在循环过程中的哪个阶段进行,污泥排放的数量和频率由效能需要决定。在 SBR 运行过程中,一般是在反应阶段进行排泥,这样就可以达到均匀排泥(包括细微物质和大的絮凝体颗粒)的目的。由于曝气和沉淀过程都在同一个池中完成,在反应阶段并没有任何污泥损失,所以也不需要进行污泥回流以维持曝气池中的污泥浓度。

闲置工序不是一个必需的工序,可以省略。闲置时间的长短由进水流量和各工序的时间安排等因素决定。

(3) 典型的 SBR 工艺特点

① 工艺流程简洁

SBR 工艺的流程简单,在一个池内可以完成几个工艺过程,如曝气、硝化、反硝化、沉淀等。与传统的活性污泥法相比,该工艺可以省去一些构筑物和相关的设备,这为有效的自动化管理创造了条件。虽然该工艺中污水的总水力停留时间与其他工艺相差不大,但由于 SBR 工艺通常可以几座池共享池壁,土建的造价也相对较低,对于中小型规模的 SBR 工艺污水处理厂,其造价要比相同规模的传统活性污泥法污水处理厂省 22%,占地少 30%。

② 处理效果好

在 SBR 工艺非连续的操作过程中,池中的有机物浓度随时间是变化的,活性污泥处于一种交替的吸附、吸收和生物降解过程。有机物浓度从进水时的最高值,经过反应以后,逐渐降低到出水时的最低值,整个反应过程保持着最大的生化反应推动力,从而保证了比较好的处理效果。

③ 控制灵活,易于实现脱氮除磷

各工序可根据水质、水量进行调整,运行灵活。根据进出水水质的要求,通过改变工艺的工作方式(如搅拌混合、曝气等)可以任意地创造缺(厌)氧、好氧的状态,对工作时间、泥龄等的设置,可以按脱氮除磷的工艺要求实现营养物去除的目的,但难以同时达到脱氮除磷最好的效果。

④ 污泥的沉降性能好

SBR 工艺由于存在较高的有机物浓度梯度,并且缺氧和好氧状态交替出现,能够抑制丝状菌的过量繁殖,使得污泥的沉降性能比较好。

⑤ 适合中小型污水处理厂

⑥ 可以防止污泥膨胀

由于池中交替出现缺氧(厌氧)、好氧,以及有机物浓度的变化,可抑制污泥膨胀。

⑦ 抗冲击负荷强

SBR 反应器中好氧、兼氧共存,微生物世代周期较长,可对难降解有机物进行有效降解处理。通过减少排水量,可以对下一批次废水的进水进行稀释,减少废水中有毒物质对微生物的毒性抑制。

(4) SBR 工艺脱氮除磷的条件控制

生物脱氮除磷过程比较复杂,一般情况下只有在多池串联的工艺中较易完成,而要求 SBR 工艺的单一反应器在一个运行周期完成脱氮除磷的功能,就需针对水质特点和要求达到的标准,对运行状态或过程进行设计和调节。影响 SBR 工艺脱氮除磷主要因素为:

① 易生物降解的有机物浓度

在厌氧条件下,易生物降解的有机物由兼性异养菌转化成低分子脂肪酸(如甲、乙、丙酸)后,才能被聚磷菌所利用,而这种转化对聚磷菌的释磷起着诱导作用,这种转化速率越高,则聚磷菌的释磷速率就越大,导致聚磷菌在好氧状态下的摄磷量更多,从而有利于磷的去除。所以,污水中易生物降解有机物的浓度越大,则除磷越高,通常以 BOD_5/TP(总磷)的比值来作为评价指标,一般认为 $BOD_5/TP>17$,生物除磷的效果较好。

当 SBR 工艺进水过程为单纯加水缓慢搅拌时,在进水过程中曝气池内活性污泥混合液处于缺氧过渡到厌氧状态,反硝化细菌会利用水中有机物作碳源,完成反硝化反应。聚磷菌在厌氧条件下释放磷,好氧条件下摄磷,通过好氧阶段排放高含磷量的剩余污泥,达到除磷目的。

② NO_3^--N 浓度对除磷的影响

NO_3^--N 在厌氧条件下会发生反硝化反应,反硝化消耗易生物降解有机物,而反硝化速率比聚磷菌的磷释放速率快,所以反硝化细菌与聚磷菌争夺有机碳源,且优先消耗掉部分易生物降解的有机物。如果厌氧混合液中 NO_3^--N 浓度大于 1.5 mg/L 时,会使聚磷菌释放时间滞后,释磷速率减缓,释磷量减少,最终导致好氧状态下聚磷菌摄取磷能力下降,影响除磷效果。由于脱氮与除磷存在对有机碳源的竞争,若以除磷为主要目的,则应尽量降低曝气池内进水前留于池内的 NO_3^--N 浓度。

③ 运行时间和溶解氧的影响

运行时间和溶解氧是 SBR 取得良好脱氮除磷效果的两个重要参数。进水工序的厌氧状态,溶解氧浓度应控制在小于 0.3 mg/L,以满足释磷要求。当释磷速率为 9~10 mg/[g(MLSS)·h],水力停留时间大于 1 h,则聚磷菌体内的磷已充分释放。如果污水中 BOD_5/TP 偏低时,则应适当延长厌氧时间。

好氧曝气工序溶解氧浓度应控制在 2.0 mg/L 以上,以保证硝化以及聚磷菌摄磷过程的高氧环境。由于聚磷菌的好氧摄磷速率低于硝化速率,因此,以摄磷来考虑曝气时间较合适,一般曝气时间 2~4 h。但不宜过长,否则聚磷菌内源呼吸使自身衰减死亡和溶解,导致磷的释放。

沉淀、排水工序均为缺氧状态,溶解氧浓度不高于 0.5 mg/L,时间不宜超过 2 h。在此条件下,反硝化菌将好氧曝气工序时贮存体内的碳源释放,进行 SBR 所持有的的贮存性反硝化作用,使 NO_3^--N 进一步去除;但当时间过长,则会造成磷释放,导致出水中含磷量大大增加,影响除磷效果。

典型的 SBR 工艺污泥负荷,当以脱氮为主时宜采用 0.03~0.12 kg(BOD_5)/[kg (MLSS)·

d]；以除磷为主时，宜采用 0.08～0.4 kg(BOD$_5$)/[kg(MLSS)·d]；同时脱氮除磷时宜采用 0.08～0.12 kg(BOD$_5$)/[kg(MLSS)·d]。

2. 其他几种序批式活性污泥法工艺

(1) CAST 工艺

CAST 工艺(cyclic activated sludge technology，CAST)是一种循环式活性污泥法，其反应池用隔墙分为生物选择区和主反应区，进水、曝气、沉淀、排水、排泥都是间歇周期性运行。因此整个工艺为一间歇式反应器，在此反应器中工艺过程按曝气和非曝气阶段不断重复，将生物反应过程和泥水分离过程结合在一个池子中进行。与传统的 SBR 反应器不同，CAST 工艺在进水阶段中不设单纯的充水过程或缺氧进水混合过程；另外一个重要特性在于反应器的进水处设置一生物选择区，它是一容积较小的污水污泥接触区，进入反应器的污水和从主反应区内回流的活性污泥(回流量约为日平均流量的 20%)在此相互混合接触。生物选择器的设置严格遵循活性污泥种群组成动力学的有关规律，创造合适的微生物生长条件并选择出絮凝性细菌，可有效地抑制丝状性细菌的大量繁殖，克服污泥膨胀，提高系统的稳定性。

CAST 工艺的运行以周期循环方式进行，其工艺反应时间可以根据需要进行调整。标准的 CAST 工艺以 4 h 为一循环周期，其中 2 h 曝气，2 h 非曝气。当有冲击负荷时，可以通过延长曝气时间、增加循环周期的时间来适应负荷的冲击，保证处理效果。

CAST 工艺的每个周期的运行可分成 4 个阶段，如图 7-16 所示。

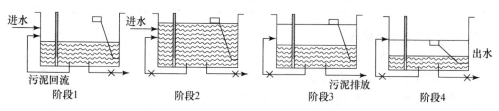

图 7-16 CAST 工艺的运行阶段示意图

阶段 1。污水进入生物选择区，同时污泥回流开始，污水和污泥在选择区内充分接触后进入主反应区。曝气可以同步进行，也可以在进水一定时间后开始，具体根据进水水质确定。

阶段 2。当反应池进水量达到设计值后，池中的水位最高，进水切换到其他反应池，该反应池停止进水，污泥回流也停止，曝气继续，延长的时间由需要达到的处理效果决定。

阶段 3。进行沉淀。

阶段 4。沉淀阶段后，系统的出水由自动控制的滗水装置排除，通过保持恒定的作用水头，以确保出水水质的均匀。实际操作中，滗水装置运行的时间小于等于设计时间，如有剩余的时间用作闲置时间。

(2) ICEAS 工艺

间歇循环延时曝气系统(intermittent cycle extended aeration system，ICEAS)工艺是一种连续进水的 SBR 工艺，为了在沉淀阶段也能够进水而不影响出水的水质，对反应池的长度有一定的要求。一般从停止曝气到开始出水，原污水最多流到反应池全长的 1/3 处；滗水结束，原污水最多到达反应池全长的 2/3 处。

ICEAS 工艺的反应池前端设置专门的缺氧选择器——预反应区，用以促进菌胶团的形成和抑制丝状菌的繁殖。反应池的后部为主反应区。在预反应区内，污水连续流入。在主反应区内,依次进行曝气、搅拌、滗水、排泥等过程,并且周期循环,主反应区和预反应区通过隔墙下部的孔洞相连,污水以较慢的速度由预反应区流入主反应区。ICEAS 工艺的反应池的构造示意如图 7-17 所示。

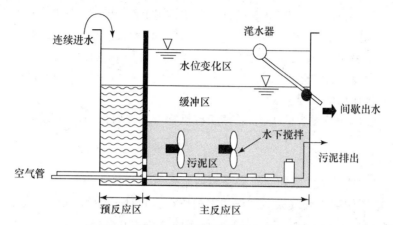

图 7-17　ICEAS 工艺的反应池的构造示意图

(七) 氧化沟活性污泥法

1. 氧化沟工艺流程、基本原理与工艺特点

(1) 氧化沟工艺流程与基本原理

氧化沟(oxidation ditch)是活性污泥法的一种,其构筑物呈封闭无终端渠形。一般采用机械充氧和推动水流。因为废水和活性污泥的混合液在环状的曝气渠道中不断循环流动,故也称其为"循环曝气池"、"无终端的曝气系统"。

氧化沟一般呈环状沟渠形,也可以是长方形、圆形等。早期的氧化沟池壁按土质挖成斜坡浇以 10 cm 厚的素混凝土,目前池壁常以钢筋混凝土现浇。氧化沟的断面有梯形、单侧梯形和矩形。氧化沟的水深与曝气和混合推动设备及相关的结构有关,一般在 3.5~5.0 m,最深的可达 8.0 m。

在氧化沟系统中,通过转刷(或转盘和其他机械曝气设备),使污水和混合液在环状的渠内循环流动,依靠转刷推动污水和混合液流动以及进行曝气。典型的氧化沟工艺流程如图 7-18 所示。

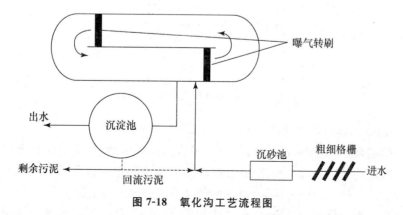

图 7-18　氧化沟工艺流程图

混合液通过转刷后，溶解氧浓度被提高，随后，在渠内流动过程中溶解氧又逐渐降低。氧化沟通常采用延时曝气的方式运行，水力停留时间为 10～24 h，污泥泥龄为 20～30 d。通过设置进水、出水位置，污泥回流位置，曝气设备位置可以使氧化沟完成碳化、硝化和反硝化功能。如果主要去除 BOD_5 或硝化，进水点通常设在转刷上游，出水点在进水点的上游处。

氧化沟的渠道内的水流速度为 0.25～0.35 m/s。沟的几何形状和具体尺寸，与曝气设备和混合设备密切相关，要根据所选择的设备最后确定。常用的氧化沟曝气和混合设备是转刷（盘）、立轴式表曝机和射流曝气机。目前也有将水下空气扩散装置与表曝机或水下扩散装置与水下推进器联合使用的工程实例。

由于氧化沟多用于长泥龄的工艺，悬浮状有机物可在沟内得到部分稳定，故氧化沟前可不设初次沉淀池。

(2) 氧化沟工艺特点

① 氧化沟工艺结合了推流和完全混合两种流态

污水进入氧化沟后，在曝气设备的作用下被快速、均匀地与沟中混合液进行混合。混合后的水在封闭的沟渠中循环流动。若水流在沟渠中的流速为 0.25～0.35 m/s，氧化沟的总长为 90～600 m，完成一个循环所需时间为 5～20 min。由于废水在氧化沟中的水力停留时间多为 10～24 h，因此可以推算，废水在逐个停留时间内要完成 30～200 次循环。氧化沟在一个循环中呈现推流式，而在多次循环中则呈现完全混合特征，两者的结合，可减小短流，使进水被数十倍甚至数百倍的循环水所稀释，从而提高了氧化沟系统的抗冲击负荷能力。

② 氧化沟具有明显的溶解氧浓度梯度

由于氧化沟的曝气装置一般是定位布置的，因此在装置下游混合液的溶解氧浓度较高，随着水流沿沟长的流动，溶解氧浓度逐步下降，在某些位置溶解氧的浓度甚至可降至零，出现明显的溶解氧浓度梯度。图 7-19 是 Carrousel 氧化沟出现的缺氧区位置示意图。利用溶解氧在沟中的浓度变化以及存在好氧区和缺氧区的特性，氧化沟工艺可以在同一构筑物中实现硝化和反硝化，这样不仅可以利用硝酸盐中的氧，节省了 10%～25% 的需氧量，而且通过反硝化恢复了硝化过程消耗的部分碱度，有利于节约能源和减少化学药剂的用量。

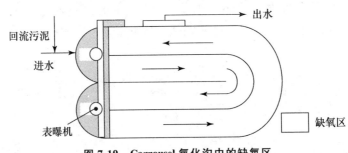

图 7-19 Carrousel 氧化沟中的缺氧区

③ 氧化沟的整体体积功率密度较低

氧化沟中的混合液一旦被推动即可使液体在沟内循环流动，一定的流速可以防止混合液中悬浮固体的沉淀，同时充入混合液中的溶解氧随水流流动也加强氧的传递。水流在循环中仅需要克服沟的沿程损失和局部损失，而这两部分的水头损失通常很小。另外，氧化沟中的曝气设备不是沿沟长均匀分布，而是集中布置在几处，所以，氧化沟可在比其他系统低得多的整体体积功率密度下保持液体流动、固体悬浮和充氧,能量的消耗自然降低。当污泥固体在非曝气区逐步下沉到沟底部时,随着水流输送到曝气区,在曝气区高功率密度的作用下,又可被重新搅拌悬浮起来,这样的过程对于污泥吸附进水中的非溶解性物质很有益处。当氧化沟被设计为具有脱氮功能时,节能的效果是很明显的。实践情况证明,氧化沟比传统活性污泥法能耗降低 20%~30%。

氧化沟曝气区的功率密度通常可达 $100\sim210\ kW\cdot h/m^3$,平均速度梯度 $G>100\ s^{-1}$。这样局部高强度的功率密度可加速液面的更新,促进氧的传递,同时提高混合液中泥水混合程度,有利于充分切割絮凝的污泥,也利于污泥的再絮凝。

④ 氧化沟工艺流程简单,运行灵活

氧化沟工艺处理城市污水时可不设初沉池,悬浮状的有机物可在氧化沟内得到部分稳定,这比设立单独的初沉池再进行单独的污泥稳定要经济。由于氧化沟采用的污泥平均停留时间较长,其剩余污泥量少于一般活性污泥法,而且氧化沟排放的剩余污泥已在沟内得到一定程度的稳定,因此一般可不设污泥厌氧发酵处理装置。为防止无机沉渣在沟中的积累,原污水应先经过粗细格栅及沉砂池的预处理。

工艺流程中的二沉池可与氧化沟分建,也可与氧化沟合建(视具体的沟型)。合建的氧化沟系统可省去单独的二沉池和污泥回流系统,使处理构筑物的布置更加紧凑。另外,氧化沟工艺也可参与不同的工艺单元操作过程。例如:氧化沟前增加厌氧池可增加和提高系统的除磷功能;也可将氧化沟作为 AB 法的 B 段,提高处理系统的整体负荷,改善和提高出水水质。由此可见,氧化沟污水处理工艺的流程简单,运行操作的灵活性比较强。

⑤ 氧化沟处理效果稳定,出水水质好

实际应用表明,氧化沟工艺在有机物和悬浮物去除方面,有比传统活性污泥法更好且更稳定的效果。

2. 氧化沟工艺类型

(1) Carrousel 型氧化沟

Carrousel 型氧化沟是一多沟串联系统,进水与回流污泥混合后,共同沿水流方向在沟内作不停地循环流动,沟内在池的一端安装立式表曝机,每组沟安装一个,如图 7-19 所示。

Carrousel 型氧化沟曝气机均安装在沟的一端,因此形成了靠近曝气机下游的富氧区和曝气机上游的缺氧区。设计有效深度一般为 4.0~4.5 m,沟中的流速 0.3 m/s,由于曝气机周围的局部区域的能量强度比传统活性污泥法曝气池中的强度高得多,因此氧的转移效率大大提高。

(2) Orbal 型氧化沟

Orbal 型氧化沟是由几条同心圆或椭圆形的沟渠组成,沟渠之间采用隔墙分开,形成多条环形渠道,每一条渠道相当于单独的反应器,如图 7-20 所示。

Orbal 型氧化沟设计深度一般为 4.0 m 以内,采用转盘曝气,转盘浸没深度控制在 230~530 mm。沟中水平流速为 0.3~0.6 m/s。

运行时,污水先进入氧化沟最外层的渠道,在其中不断循环的同时,依次进入下一个渠道,最后从中心渠道排出混合液,进入沉淀池。因此,Orbal 型氧化沟相当于一系列完全混合反应器的串联组合。

Othal 型氧化沟可根据需要分设两条沟渠、三条沟渠和四条沟渠。常用的为三条沟渠形式。

对设三条沟渠的系统,第一条沟的体积约为总体积的60%,第二条沟体积占总体积的20%～30%,第三条沟则占总体积的10%左右。运行中保持第一、第二、第三条沟的溶解氧浓度依次递增,通常为0、1.0、2.0 mg/L,以达到除碳、除氮、节省能量的作用。

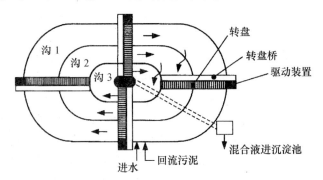

图 7-20　Orbal 型氧化沟组成示意图

Orbal 型氧化沟有三个相对独立的沟道,进水方式灵活。在暴雨期间,进水可以超越外沟道,直接进入中沟道或内沟道,由外沟道保留大部分活性污泥,利于系统的恢复。因此,对于合流制或部分合流制的污水系统,Orbal 型氧化沟均有很好的适用性。

(3) 一体化氧化沟

一体化氧化沟又称合建式氧化沟,它是集曝气、沉淀、泥水分离和污泥回流功能为一体,无须建造单独的二沉池。

固液分离器是一体化氧化沟的关键技术设备,目前已应用的固液分离方式多种。图 7-21 为船式一体化氧化沟及分离器的示意。

一体化氧化沟经济、节能、构形简单、处理效果高,尤其适合小水量污水的处理。

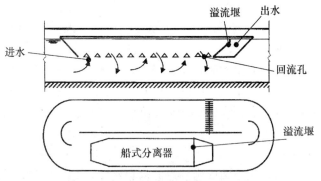

图 7-21　船式一体化氧化沟及分离器

(4) 交替式氧化沟

交替式氧化沟(phased isolation ditch)是 SBR 工艺与传统氧化沟工艺组合的结果。目前主要应用的两种交替式氧化沟是两沟(DE)型和三沟(T)型(如图 7-22 所示),交替式氧化沟可以采用具有脱氮或具有脱氮脱磷工艺等方式设计或运行。

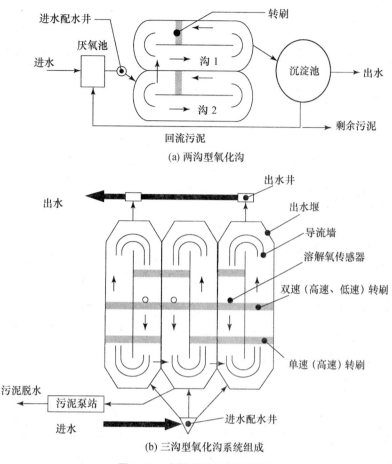

图 7-22 交替式氧化沟示意图

两沟(DE)型氧化沟整个系统由两条相互联系的氧化沟与单独设立的沉淀池组成。氧化沟仅进行生化反应,而固液分离过程在沉淀池中完成。这样提高了设备和构筑物的利用率。为提高除磷效果,在交替式氧化沟之前可设厌氧池[如图7-22(a)所示],并对污泥膨胀起到抑制作用。

三沟(T)型氧化沟是以三条相互联系的氧化沟作为一个整体,每条沟都装有用于曝气和推动循环的转刷。在三沟式氧化沟运行时,污水由进水配水井进行三条沟的进水配水切换,进水在氧化沟内,根据已设定的程序进行工艺反应。常采用的布置形式是三条沟并排布置[如图7-22(b)],利用沟壁上的连通孔相互连接。

在T型氧化沟系统中,三条沟交替变换工作方式,其中两条沟用于生化反应,另一条用作固液分离。

交替式氧化沟系统实际上是单个氧化沟的不同组合。运行中,根据使用情况还可以进行更多的组合,这是交替氧化沟系统的突出优点。

(5) 其他氧化沟系统

常见的其他氧化沟系统还包括导管式氧化沟系统和射流曝气氧化沟系统。

导管式氧化沟系统中以导管式曝气器替代转刷等表曝机,导管式氧化沟由4部分组成,氧化沟(内设阻流墙)、导管式曝气器设备、导流管、供氧系统。导管式氧化沟内流速由水力推进器维持,供氧由鼓风机提供,氧化沟内的混合和供氧分别由两套装置独立承担;水流从氧化沟底部推进,可避免底部污泥淤积。

采用射流曝气器的氧化沟称为射流曝气氧化沟。在氧化沟沟底设置射流曝气装置,将压缩空气与混合液在混合室充分混合,完成水、泥、气三相混合和传质,并以挟气、溶气的状态向水流流动方向射出,达到氧化沟要求的曝气充氧和搅拌推流的双重功能。射流曝气装置沿沟宽方向均匀布置。由于射流曝气装置在池底,沟可以较深。

7.2 生物膜法

7.2.1 生物膜法的基本原理

生物膜法是通过附着在载体或介质表面上的细菌等微生物生长繁殖,形成膜状活性生物污泥——生物膜,利用生物膜降解污水中的有机物的生物处理方法。生物膜中的微生物以污水中的有机污染物为营养物质,在新陈代谢过程中将有机物降解,同时微生物自身也得到增殖。

生物膜中常见的微生物群体包括好氧菌、厌氧菌和兼氧菌,还有真菌、藻类、原生动物以及蚊蝇的幼虫等生物,在生物滤池中兼氧菌常占优势。无色杆菌属、假单胞菌属、黄杆菌属以及产碱杆菌属等也是生物膜中常见的细菌。在生物膜滤池中原生动物和一些较高等的动物均以生物膜为食,它们起着控制细菌群体量的作用,能促使细菌群体以较高速率产生新细胞,有利于废水处理。

生物膜法适用于中小规模污水生物处理。生物膜法处理污水可独立建立,也可与其他污水处理工艺组合应用。污水进行生物膜法处理前,应经沉淀处理。当进水水质或水量波动大时,应设调节池。

生物膜法分成好氧和厌氧两类,本节主要介绍好氧生物膜法。

1. 生物膜结构及其降解有机物的机理

图 7-23 为载体上形成的生物膜结构与有机物降解示意图。

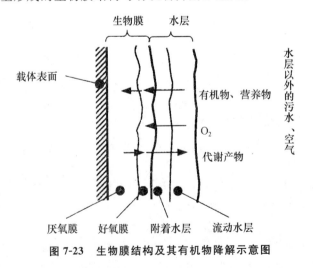

图 7-23 生物膜结构及其有机物降解示意图

生物膜法刚开始运行时,应进行挂膜。对于城市污水,在20℃条件下,需要15～30 d挂膜成熟。从图7-23可以看出,生物膜的表面上有很薄的附着水层,相对于外侧流动的水流,附着水层是静止的。由于流动水层比附着水层中的有机物浓度高,有机物的浓度梯度和水流的紊动扩散作用可使有机物、营养物和溶解氧进入附着水层,并进一步扩散到生物膜中,有机物被生物膜吸附、吸收和降解。微生物在分解有机物的过程中自身也进行合成,不断增殖,使生物膜的厚度增加。传递进入生物膜的溶解氧很快被生物膜表层的好氧微生物所消耗,使得生物膜内层形成以厌氧微生物为主的厌氧膜。由于扩散的过程及微生物的特点,有机物的分解主要在生物膜的好氧膜中完成。微生物的代谢产物(如 H_2O、CO_2、NH_3 以及其他无机盐等)沿着与有机物扩散相反的方向,从生物膜经过附着水层进入流动水层中,随后由流动的处理水从污水处理装置排出。当生物膜厚度不大时,好氧膜与厌氧膜之间可以维持平衡关系,厌氧膜产生的代谢产物(如有机酸、醇类等)通过好氧膜,可被进一步降解去除。但当厌氧膜的厚度加大,厌氧膜中的代谢产物增多,尤其是气态物质不断逸出,降低了生物膜的附着力,这种"老化"的生物膜,很容易从附着的载体上脱落。在脱落的生物膜的位置上,随后又长出新的生物膜,这种生物膜的更新与脱落过程不断循环进行。脱落的生物膜可通过沉淀池去除。

由于生物膜法中微生物以附着的状态存在,所以泥龄长,使得生物膜中既有世代时间短、比增长速率大的微生物,又有世代时间长、比增长速率小的微生物。这使得生物膜法中参与代谢的微生物种类多于活性污泥法。

2. 生物膜法的主要特点

(1) 生物膜中微生物种群丰富

由于微生物附着生长,泥龄长,有利于世代周期长的种群的生长。例如,硝化细菌生长缓慢,世代周期长,在停留时间为6～8 h的活性污泥法反应器中难以生存,而在生物膜法中,生长条件利于硝化细菌生长。此外,生物膜法有利于发挥多种细菌对有机物的降解作用。生物膜中除细菌和原生动物外,还出现活性污泥法中少见的真菌、藻类和后生动物等,同时还存在厌氧菌,生物膜法中微生物的食物链长。这样可提高污水的处理深度,剩余污泥量减少。通常,生物膜法所产生的污泥量仅为活性污泥法的3/4。生物膜法产生的污泥主要是由载体表面脱落的生物膜,这种污泥含水率比悬浮型活性污泥法产生的剩余污泥的含水率低,多呈块状或条形,具有良好的沉降和脱水性能。

(2) 生物膜法中优势菌种分层生长,传质条件好,可处理低浓度进水

生物膜法反应器各层中生长着与流经本层水质相适应的优势菌种,有利于有机物的降解。生物膜法可将 BOD_5 为几十 mg/L 的低浓度有机污水进一步处理到出水 BOD_5 仅为5～10 mg/L 的水平。在活性污泥法中,当进水 BOD_5 为50～60 mg/L 时,活性污泥絮体恶化,处理效率下降。

(3) 生物膜法工艺过程稳定,适应性强

由于生物膜法生物相丰富,停止进水期间也可以自然通风,不易发生活性污泥法进水和供氧停止时间长而发生的厌氧状况,因此生物膜法可以间歇运行。此外,水质、有机物负荷、水力负荷变化对生物膜影响小,所以生物膜法耐冲击负荷。当适应低温生长的菌种占优势时,生物膜法也适于低温条件下运行。

(4) 生物膜法动力消耗少,运行管理方便

生物膜法中的许多工艺采用自然通风供氧,无污泥回流系统,总体上动力消耗少。不会发

生活性污泥系统中经常出现的污泥膨胀现象,系统管理方便。

(5) 生物膜法的不足

生物膜法还存在一些不足。各种生物膜法工艺不足之处略有不同,在下面的工艺介绍中加以说明。

7.2.2 影响生物膜法的主要因素

凡是影响生物处理的因素也是影响生物膜法的因素,如水质、温度、pH、溶解氧、营养平衡、有毒有害物质浓度等。这些因素,在前面的活性污泥法内容中已有叙述,不再赘述。以下重点就生物膜法所特有的因素进行介绍。

1. 水力负荷

对于生物滤池,其水力负荷是指在保证所要处理的污水达到排放要求水质的前提下,每平方米滤池表面每天所能接受污水的量,通常单位为 $m^3/(m^2 \cdot d)$。

(1) 水力负荷对生物膜法处理效果的影响

微生物对有机物的降解需要一定的接触反应时间,在保证生物膜处于正常脱落更新的范围内,水力负荷越小,污水与生物膜接触的时间越长,处理效果越好;水力负荷越大,污水与生物膜接触的时间越短,处理效果就可能变差。另外,水力负荷与容积负荷有密切的联系,其间的关系为

$$q = \frac{U_v H}{S_0} \tag{7-19}$$

式中,q—水力负荷,$m^3/(m^2 \cdot d)$;U_v—进水 BOD_5 容积负荷率,$kg(BOD_5)/(m^2 \cdot d)$,该负荷是指在保证所要处理出水达到要求水质的前提下每立方米载体每天所能接受 BOD_5 的量;H—载体的填充高度,m;S_0—进水 BOD_5 浓度,$kg(BOD_5)/m^3$。

(2) 水力负荷对生物膜厚度和传质改善的影响

高的水力负荷对生物膜厚度的控制及传质改善有利,但水力负荷应控制在一定的限度内,以免过高的水力负荷产生过强的冲刷力,造成生物膜的流失,影响反应器的稳定运行。因此,应该根据所选择的生物膜法工艺,选择适宜的水力负荷。

2. 载体的表面结构和性质

载体是生物膜法的关键组成之一,它对污水处理效果的影响主要反映在载体的表面性质,包括载体的比表面积大小、载体的生物相容性、载体表面亲水性及表面电荷、表面粗糙度、载体的密度、孔隙率和材料强度等。载体的选择不仅决定了可供生物膜生长的面积大小和生物量的多少,而且还影响反应器中的水动力学状态。细菌属亲水性,且表面通常带有负电荷,载体表面呈正电位、具有亲水性,细菌则容易附着在载体上形成生物膜。高的载体表面粗糙度有利于细菌在其表面附着,粗糙的表面增加了微生物与载体之间的有效接触面积,载体中的孔、裂隙增加了比表面积,同时对附着在上面的微生物起到了保护屏障的作用,使微生物免受水力剪切作用影响。通常,理想的载体表面形成的孔径大小应为细菌大小的 4~5 倍。

3. 生物膜量及其活性

生物膜的厚度反映了生物量的大小,但是生物活性并非总是与生物量呈正相关性。生物膜由好氧膜和厌氧膜组成。好氧膜厚度通常为 1.5~2.0 mm,有机物的降解主要在好氧层内完成,在好氧膜厚度范围内,膜的生物降解活性与生物量呈正相关性。当厌氧膜厚度在一定范

围时,膜的生物降解活性就与生物膜的厚度无关,有时还会出现单位质量生物膜生物降解活性下降的现象。若厌氧膜厚度继续增加,就会发生生物膜的脱落。也就是说,过厚的生物膜并不能提高反应器的处理能力,反而会造成脱落的生物膜过多,堵塞载体空隙。因此,对于生物膜反应器,不应单纯追求增加反应器的生物量,而应保证反应器内生物膜正常脱落更新而不发生载体间隙被堵塞的现象。

7.2.3 生物膜法主要类型和工艺流程

生物膜法按照微生物附着的载体存在状态可以分成固定床生物膜法和流动床生物膜法。固定床生物膜法包括生物滤池和生物接触氧化法等,流动床生物膜法包括生物流化床和移动床等。

按照生物膜被污水浸没的程度,生物膜法又可以分为浸没式生物膜法、半浸没式生物膜法和非浸没式生物膜法3类。常见的浸没式生物膜法包括生物接触氧化池、曝气生物滤池等,流动床生物膜法也可以归为此类;常见的半浸没式生物膜法有生物转盘等;常见的非浸没式生物膜法有生物滤池等。其中浸没式生物膜具有占地面积小,有机容积负荷高,运行成本低,处理效率高等特点,近年来在污水二级生物中被较多采用。

通常,污水进入生物膜处理构筑物前,应进行沉淀处理,进水的悬浮物质应尽量少,有利于防止填料堵塞,保证处理构筑物的正常运行。当进水水质或水量波动大时,应设调节池,停留时间一般根据一天中水量、水质波动情况确定。

(一) 普通生物滤池

1. 基本工艺流程

普通生物滤池是历史最悠久的生物膜法,也称为滴滤池(trickling filter)。

基本工艺流程如图7-24所示。污水先进入初沉池,去除可沉悬浮物,接着进入生物滤池。在滤池内设有固定生物膜的载体(滤料),污水由上而下过滤时,不断与滤料相接触,微生物就在滤料表面逐渐形成具有降解有机物功能的生物膜。经过滤池处理的污水和滤池滤料上脱落的老化生物膜流入二沉池,经过固液分离后,排出净化水。普通生物滤池供氧,通常采用自然通风的方式进行。

图7-24 普通生物滤池基本工艺流程

2. 普通生物滤池的构造

普通生物滤池一般由滤池池体、布水装置、滤料和排水系统组成,如图7-25所示。

滤池池体一般用砖或混凝土构筑而成,目前工业上也常用钢或玻璃钢进行建设。滤池深度一般在1.8~3 m之间。池底有一定坡度,处理好的水能自动流入集水沟,再汇入总排水管,其水流速应小于0.6 m/s。

布水装置主要有固定布水器和旋转布水器。固定布水器是生物滤池中由固定的穿孔管或喷嘴等组成的布水设施。旋转布水器由若干条旋转的配水管组成的配水装置,利用从配水管孔口喷出的水流所产生的反作用力,推动配水管绕旋转轴旋转达到均匀布配水的目的。旋转布水装置一般由进水竖管和可旋转的布水横管组成,在布水管的下面一侧开有直径为10～15 mm的小孔。滤料一般要求有一定强度、密度小、表面积大、孔隙率大、成本低,常用的有碎石块、煤渣、矿渣、蜂窝型或波纹型的塑料管等。排水系统包括渗水装置、集水沟和排水泵,除有排水作用外,还有支撑填料和保证滤池通风的作用。沿滤池池底周边应设置自然通风孔,其总面积不应小于池表面积的1%。

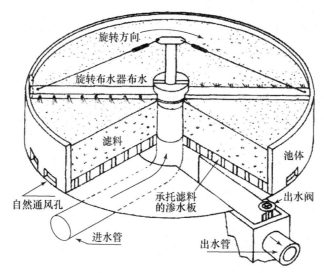

图7-25 普通生物滤池构造示意图

对普通生物滤池中滤料的要求和作用:① 能为微生物附着提供大量的表面积;② 使污水以液膜状态均匀流过生物膜;③ 有足够的孔隙率,保证通风(即保证氧的供给)和使脱落的生物膜能随水流出滤池;④ 不被微生物分解,也不抑制微生物生长,有较好的化学稳定性;⑤ 有一定机械强度;⑥ 价格低廉。

滤料粒径越小,滤床的可附着微生物面积增大,滤床的工作能力也越大。但粒径越小,孔隙就减小,滤床越易被生物膜堵塞,滤床通风性能变差。因此滤料的粒径应适中,一般在3～10 cm左右,孔隙率在45%～90%,比表面积在60～200 m^2/m^3 之间。

3. 普通生物滤池的工艺特点

(1) 污水处理效果好,BOD_5 的去除率可达90%以上,处理城市污水通常出水 BOD_5 在25 mg/L以下,硝酸盐含量为10 mg/L左右,且出水水质稳定。

(2) 采用自然通风进行供氧,动力消耗低。但自然通风效果受气候条件的影响,因为滤池的通风主要依靠池内外的温度差进行,其关系为

$$v = 0.075 \times \Delta T - 0.15 \tag{7-20}$$

式中,v—空气流速,m/min;ΔT—池内外温度差,℃;0.075和0.15为经验常数。

由于温度影响,通常滤池的供气方向在夏季是自上而下,在冬季是自下而上,冬天需注意防止冰冻。

(3) 进水的水力负荷较低。如处理城市污水时,正常气温下表面水力负荷为1～3 $m^3/(m^2 \cdot d)$,BOD_5 容积负荷为0.15～0.3 $kg/(m^3 \cdot d)$。因此占地面积比较大,所以普通生物滤池适合有

机废水处理量小的场合。

(4) 运行比较稳定,易于管理。

(5) 剩余污泥量小。

(6) 卫生条件较差。

普通生物滤池与传统活性污泥法的比较列于表 7-2 中。

表 7-2　普通生物滤池与传统活性污泥法的比较

比较项目	普通生物滤池	传统活性污泥法
出水	负荷低,可高度硝化,悬浮物较多	悬浮物少,通常出水难以达到高度硝化
污泥量	少	多
废水性质的影响	较适合小水量生活污水和浓度大、难处理的工业废水	对高浓度难处理的工业废水敏感
气候的影响	更易受温度的影响	易受温度的影响
技术控制	容易	较容易
卫生状况	滤池蝇多,味大	无滤池蝇,味小
合成洗涤剂的影响	泡沫少	泡沫较多
基建费	低	较低
运行费	低	较高

(二) 高负荷生物滤池

高负荷生物滤池是针对普通生物滤池所存在的问题而发展起来的。

主要改进为大幅度提高滤池的负荷。BOD_5 容积负荷通常为普通生物滤池 6 倍以上,水力负荷为普通生物滤池 10 倍。

高负荷生物滤池的高负荷率是通过限制进水 BOD_5 值和在运行上进行出水回流等技术实现的。通常进入滤池的 BOD_5 值必须低于 200 mg/L,否则要用处理水回流加以稀释。

高负荷生物滤池的构造与普通生物滤池没有本质的差别,下面介绍其工艺流程和特点。

1. 高负荷生物滤池工艺流程

高负荷生物滤池工艺系统有多种形式,其中图 7-26 为几种高负荷单池(级)生物滤池工艺流程。

图 7-26(a)是将生物滤池出水直接回流到滤池前,并由二沉池向初沉池回流污泥。这种流程有助于膜的接种,促进生物膜的更新。另外,由于二沉池的污泥回流进入初沉池,有助于提高初沉池的沉淀效果。该工艺使用比较广泛,也比较经济。

图 7-26(b)是将二沉池出水回流到滤池前,好的回流水质有助于稀释的效果、冲刷效果,同样二沉池的污泥回流进入初沉池,有助于提高初沉池的沉淀效果。

图 7-26(c)是将二沉池出水和底部污泥同步回流到初沉池,可以提高初沉池的沉淀效果,加大滤池的水力负荷,但加大了初沉池的负荷。

图 7-26(d)是不设置二沉池,含有生物膜的滤池出水直接回流到初沉池,这样可以提高初沉池的沉淀效果,同时替代二沉池的作用。

图 7-26(e)是将含有生物膜的滤池出水和二沉池污泥回流到初沉池,起到提高初沉池的沉淀效果和加大滤池的水力负荷的作用,但初沉池的负荷大。

实践表明,采用单池(级)高负荷生物滤池要使出水 BOD$_5$ 浓度稳定小于 30 mg/L 难度较大。因此当对于出水水质要求高时,可以采用将两座滤池串联组成二级高负荷生物滤池工艺流程,这样 BOD$_5$ 去除率可达 90% 以上。

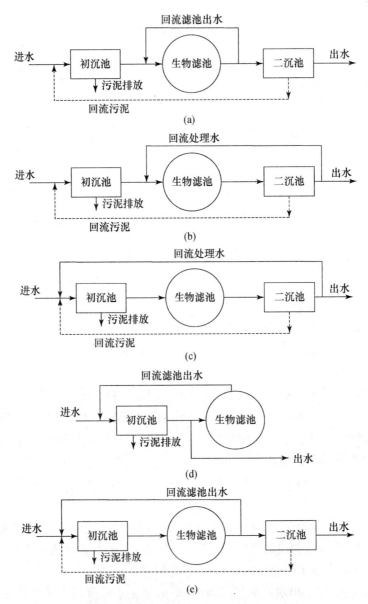

图 7-26　高负荷单池生物滤池典型工艺流程

图 7-27 为几种二级高负荷生物滤池工艺流程。在这些系统中均不设置中间沉淀池,目的是保持二级生物滤池的生物量。

图 7-27(a)中,一级滤池产生的生物膜和出水一部分进入第二级生物滤池,另一部分回流到初沉池前增加沉淀效果,提高一级滤池水力负荷。

图 7-27(b)中,一部分初沉池出水超越到二级生物滤池,提高了有机物负荷。一级滤池产生的生物膜和出水一部分进入二级生物滤池,另一部分回流到初沉池前增加沉淀效果、提高一

级滤池水力负荷。

图 7-27(c)中,采用二级生物滤池出水进行循环稀释进水和增加水力负荷。

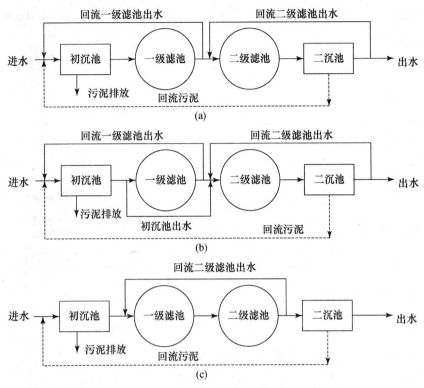

图 7-27　二级高负荷单池生物滤池典型工艺流程

二级高负荷生物滤池中,一级滤池的进水浓度高,生物膜量大;二级滤池的进水浓度较低,有时生物膜生长不好,滤池的容积得不到充分利用。为克服这个缺点,常将两个滤池串联的次序进行周期交替运行,定期改变串联中的前后位置,这样既提高了处理效率,也有效地防止了滤池堵塞的现象。

2. 高负荷生物滤池的特点

(1) 高负荷生物滤池克服了普通生物滤池的缺陷,两者的比较见表 7-3。

表 7-3　普通生物滤池与高负荷生物滤池的比较(处理城市污水时)

比较项目	普通生物滤池	高负荷生物滤池
表面水力负荷 $\mathrm{m^3/(m^2 \cdot d)}$	1～3	10～30
BOD 容积负荷 $\mathrm{kg(BOD_5)/(m^3 \cdot d)}$	0.15～0.3	0.8～1.2
深度/m	1.5～2.0	2.0
回流比/(%)	无	75～600(单级), 50～300(二级,各段)

续表

比较项目	普通生物滤池	高负荷生物滤池
滤料	碎石块、煤渣、矿渣、蜂窝型或波纹型的塑料管等	多为塑料滤料
比表面积/(m²/m³)	较大	较小
空隙率/(%)	较低	较高
动力消耗/(W/m³)	无	2～10
滤池蝇	多	很少
生物膜脱落情况	主要在春秋季	经常
运行要求	简单	比较简单
污水投配时间的间歇	不超过 5 min	不超过 15 s,连续投配
产生的污泥	黑色,高度氧化	棕色,未充分氧化(单级);氧化充分(二级)
处理出水水质	高度硝化	未充分硝化(单级);硝化充分(二级)
BOD_5 去除/(%)	90	75～85(单级);90(二级)

(2) 运行比较稳定,易于管理。

(3) 剩余污泥量小。

(4) 占地面积大。

(5) 工艺中需要较大的水头跌落,一般超过 3 m。

(6) 需二次提升。

(三) 塔式生物滤池

1. 塔式生物滤池的构造

塔式生物滤池属高负荷生物滤池,简称塔滤,塔身一般可高达 8～24 m,直径为 1～3.5 m,

图 7-28 塔式生物滤池示意图

径高比为 1∶6～1∶8。塔式生物滤池由塔体、滤料、布气系统及通风、排水系统组成,如图7-28所示。

塔滤的滤料分层设置,每层不超过 2.5 m。滤料通常采用塑料制成,装填高度一般为 8～12 m。

2. 塔式生物滤池的特点

(1) 塔式生物滤池延长了污水、生物膜和空气接触的时间,处理能力相对较高,有机负荷可达 1～5 kg(BOD_5)/(m³·d),表面水力负荷为 80～200 m³/(m²·d)。

(2) 塔式生物滤池的进水 BOD_5 宜控制在 500 mg/L 以下,否则较高的有机容积负荷会使生物膜生长迅速,高的水力负荷使生物膜受到强烈的冲刷而不断脱落与更新,极易造成滤料堵塞。

(3) 塔式生物滤池的通风大部分采用自然通风,高温季节时采用人工通风,总体能耗低。

(4) 滤料一般采用轻质的塑料或玻璃钢。为了使塔式生物滤池更好地发挥作用,有的采用分层进水、分层进风的措施来提高处理能力。此外,防止堵塞是塔式生物滤池设计和运行中需要注意的问题。

(5) 塔式生物滤池滤层存在明显的微生物种群的分层,各滤料层微生物种属各异,这种特点更有助于有机物的降解。

(6) 塔式生物滤池的优点为占地面积小,耐冲击负荷的能力强,适应处理小水量的城市污水和各种适合生物降解的有机工业废水;其缺点是塔身高,运行管理不方便,水力提升成本高。

(四) 生物接触氧化法

生物接触氧化法也称为接触曝气法。净化污水主要依靠载体上的生物膜作用,生物接触氧化池内存在一定浓度悬浮活性污泥,因此它兼有活性污泥法和生物膜法的特点。由于可在原有活性污泥法处理工艺中仅仅通过增加填料部分即可构建接触氧化处理工艺,故其改造成本低,处理效果好,因此被广泛应用于现有污水处理设施的改造中。

1. 生物接触氧化法工艺流程

生物接触氧化法根据进水水质和处理程度主要有一段(级)式或二段(级)式两种流程。

一段式生物接触氧化法工艺流程如图 7-29 所示。污水经过初沉池处理后进入接触氧化池,经接触氧化池处理后进入二沉池,从填料上脱落的生物膜在二沉池中形成的沉淀污泥,排出系统,澄清水由二沉池上部排出。

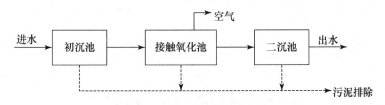

图 7-29 一段式生物接触氧化法工艺流程

接触氧化池的流态为完全混合式,微生物处于对数增殖期后期或减速增殖期前期,因此生物膜增长较快,有机物降解速率较高。

一段式生物接触氧化法流程简单,易于维护管理,投资较低,但接触氧化池有时因布水或曝气不均匀,在局部地方存在死角影响处理效果。

为提高处理效率,实际中也采用二段生物接触氧化法,如图 7-30 所示(在实际应用中可不设中沉池)。二段生物接触氧化法将一段生物接触氧化池分为两段:第一段微生物处于对数增长期,F/M 值高于 2.0,以低能耗、高负荷、快速的生物吸附和合成为主,能够去除污水中 70%~80% 的有机物;第二段利用微生物的氧化分解作用,对污水中残留的有机物进行氧化分解,以进一步改善出水水质。

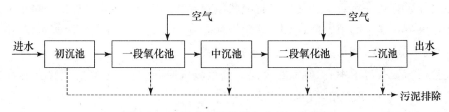

图 7-30 二段式生物接触氧化法工艺流程

分段可充分发挥同类微生物种群间的协同作用,以及不同微生物种群的优势,因此二段法更能适应水质的变化。另外,二段法虽然每座氧化池流态属于完全混合式,但串联结合在一起后,具有推流式的特点。因此,二段法比一段法处理效果稳定,处理效率提高。但二段法增加了处理装置和维护管理的要求,投资要高于一段法。

实际运用时也有三个或三个以上的接触氧化池串联的多段系统。此类系统更明显地存在高负荷、中负荷和低负荷生化反应区,可以提高总体的生物处理效果。多段法在工业废水处理中应用得较多。

2. 生物接触氧化池的构造

生物接触氧化池是生物接触氧化法中最重要的构筑物,基本构造如图 7-31 所示。接触氧化池的主要组成部分有池体、填料、布水布气及排泥放空等部分构成。

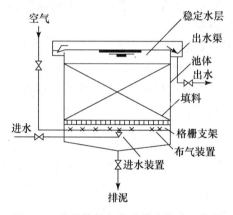

图 7-31　生物接触氧化池基本构造示意图

池体用于设置填料、布水布气装置和支撑填料的支架。池体可为钢结构或钢筋混凝土结构。由于池中水流速度低,从填料上脱落的残膜会有一部分沉积在池底,池底可做成多斗式或设置集泥设备,以便排泥。生物接触氧化池平面形状宜为矩形,有效水深宜为 3~5 m。构筑物不应少于两个池,每池可分为两室,并按同时运行考虑。

生物接触氧化法要求填料的比表面积大、孔隙率大、水力阻力小、强度大、化学和生物稳定性好、能经久耐用。目前国内常用的填料包括玻璃钢蜂窝、塑料波纹板、塑料多面球、纤维球、软性、半软性纤维束、弹性纤维束等多种。其中纤维状弹性填料适应比较广泛,纤维状填料是用尼龙、维纶、腊纶、涤纶等化学纤维编结成束状,成绳状连接,如图 7-32 所示。弹性填料可对曝气气泡进行二次切割,增氧效率明显,但是由于气泡对填料上微生物的剪切力较大,导致启动期微生物挂膜存在一定难度。使用时将绳状填料制作为框状,再放置进生物接触氧化中。

生物接触氧化池中的填料床设置可采用全池布置(底部进水、进气)、两侧布置(中心进气、底部进水)或单侧布置(侧部进气、上部进水)的形式。

布气管可布置在池子中心、侧面或全池。全池曝气时,在整个池底安装穿孔布气管,管子相互正交,形成 0.3 m 的方格,气水比宜为 8:1。

生物接触氧化池的 BOD_5 容积负荷宜根据试验确定。无试验条件时,碳氧化时宜为 2.0~5.0 $kg(BOD_5)/(m^3 \cdot d)$,碳氧化/硝化时宜为 0.2~2.0 $kg(BOD_5)/(m^3 \cdot d)$。

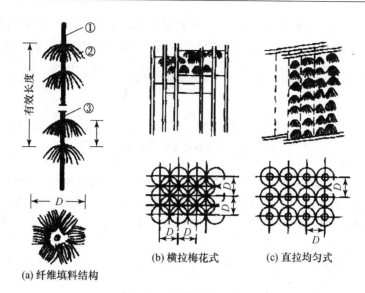

图 7-32 纤维填料的形状
(a)中：① 拴接绳，② 纤维束，③ 中心绳

3. 生物接触氧化法与传统活性污泥法的比较

以二段式生物接触氧化法为例，表 7-4 归纳了生物接触氧化法与传统活性污泥法的比较。

表 7-4 生物接触氧化法与传统活性污泥法的比较

比较项目	二段式生物接触氧化法	传统活性污泥法
污泥产率	低	高
污泥稳定性	稳定	较稳定
污泥回流	无	有
水力负荷	高	低
耐冲击负荷	好	不好
水力停留时间	短	长
设备数量	少	多
脱氮除磷效果	有去除氨态氮的能力	不好
出水水质	好	一般
运行情况	稳定	不稳定，易污泥膨胀
适用条件	中小处理水量，城市污水、有机工业废水处理均可	大中处理水量，以城市污水为主

（五）生物转盘

1. 生物转盘基本流程和工作原理

生物转盘基本流程如图 7-33 所示。生物转盘又称为半浸没生物膜法反应器，其核心处理装置是表面附有生物膜的盘片。盘片约有一半浸没在污水水面下，盘片在水平轴的带动下缓慢转动。圆盘浸没在污水中时，污水中的有机物被盘片上的生物膜吸附。当盘片离开污水时，盘片表面形成的水膜从空气中获得氧气，在微生物的作用下，被吸附的有机物发生降解和转化。此外，盘片在污水液面以上时，氧气进入盘片表面的液膜中并使液膜中的氧气含量饱和；

当盘片在转入污水中时,由于有氧的存在,生物膜继续进行生化反应和吸附。同时通过盘片的搅动,也可把空气中的氧带入反应槽中。按照这种方式,反复循环,使污水得到净化。

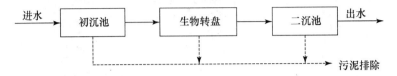

图 7-33 生物转盘基本流程示意图

在运行过程中,生物膜的厚度不断增加,盘片表面生长的生物膜厚度 1~4 mm,由于盘片转动可产生剪切力,而且由于生物膜老化附着力降低,生物膜会发生脱落,进而新的生物膜又开始生长。在降解有机物的同时生物膜不断进行新老交替,脱落下来的生物膜可利用沉淀池进行泥水分离。

生物转盘的工作原理示于图 7-34 中。

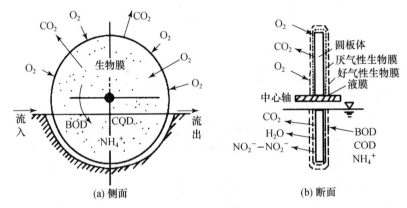

图 7-34 生物转盘的工作原理示意图

生物转盘也常采用多级处理方式运行。例如,盘片面积不变,将转盘串联运转,可以提高处理水质,增加污水中的溶解氧含量。

生物转盘可以分为单级单轴、单级多轴和多级多轴等形式,级数的多少主要根据污水的水质、水量和处理要求来定。当采用多级形式时,由于有机物的浓度逐级降低,盘片的数量也应随之逐级减少。

处理有机废水的生物转盘设计负荷应根据试验确定。无试验条件时,一般采用的盘片表面有机负荷为 $5\sim20$ g(BOD_5)/($m^2 \cdot d$),第一级转盘不宜超过 $30\sim40$ g(BOD_5)/($m^2 \cdot d$);盘片表面水力负荷宜为 $0.04\sim0.2$ g(BOD_5)/($m^2 \cdot d$)。

2. 生物转盘的构造

生物转盘的主要组成部分有盘片、废水处理槽、水平轴和驱动装置等。

生物转盘的主体是垂直固定在水平轴上的一组圆形盘片和一个同它配合的半圆形水槽;微生物生长并形成一层生物膜附着在盘片表面,约大于盘片直径 35% 的盘面应浸没在污水中,上半部敞露在大气中。

盘片的材料要求质轻、耐腐蚀、坚硬和不变形。目前多采用聚乙烯硬质塑料或玻璃钢制作盘片。转盘可以是平板或由平板与波纹板交替组成。盘片直径一般是 1~4 m,最大为 5 m,

水平轴长通常小于 8 m。盘片外缘与槽壁的净距不宜小于 150 mm,盘片净距:进水端宜为 25～35 mm,出水端宜为 10～20 mm;转轴中心高度应高出水位 150 mm 以上。

污水处理槽可以用钢筋混凝土或钢板制作,断面直径比转盘略大(一般为 20～40 mm),使转盘可以在槽内自由转动。

驱动装置通常采用附有减速装置的电动机。根据具体情况,也有采用水轮驱动或空气驱动的生物转盘。转盘的最佳转速为 0.8～3.0 r/min,线速度为 10～20 m/min。

图 7-35 是小型生物转盘装置组成示意图。

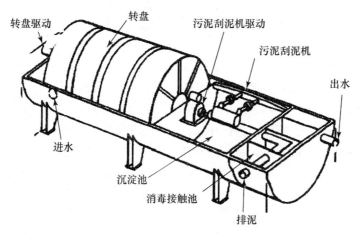

图 7-35　小型生物转盘组成组成示意图

3. 生物转盘的特点

(1) 生物转盘中微生物浓度高,如以盘片 5 mg/cm³ 生物膜量估算,折算成污水处理槽内的混合液污泥浓度可达 10～20 g/L。由于生物量大,F/M 值小,系统运行效率高,抗冲击负荷的能力强。

(2) 采用分级设置,使得生物相分级,对于微生物的生长繁殖和有机物的降解有利。

(3) 具有硝化功能。

(4) 适用范围广,对高达 10000 mg(BOD_5)/L 以上的高浓度污水和 100 mg(BOD_5)/L 以下的低浓度污水都具有良好的处理效果。

(5) 污泥量少,并且易于沉淀。

(6) 通常不需要曝气和污泥回流,动力消耗低。

(7) 不产生污泥膨胀,便于管理。

(8) 适合小水量处理。

(9) 受气温影响大,冬季可能结冰,需增加保温措施。

(六) 曝气生物滤池

曝气生物滤池(biological aerated filter,BAF)是一种由浸没式接触氧化与过滤相结合的生物处理工艺。作为一种新型高负荷淹没式三相反应器,它兼有活性污泥法和生物膜法两者优点,并将生化反应与吸附过滤两种处理过程合并在同一构筑物中完成。

1. 曝气生物滤池典型工艺流程和工作原理

曝气生物滤池应用于城市污水处理工程中,可省去二次沉淀池,其去除含碳有机物型工艺流程如图 7-36 所示。

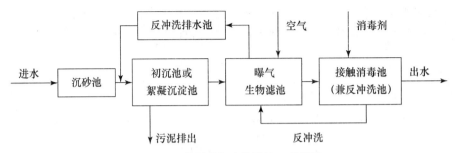

图 7-36　典型曝气生物滤池工艺流程

污水经过沉砂池初沉后进入曝气生物滤池,在溶解氧存在的条件下,利用滤池中的生物膜降解污水中的污染物质。滤池处理水进入消毒池,经过消毒后排放。

随着处理过程的进行,填料表面和内部新产生的生物量越来越多,截留的悬浮物不断增加,在开始阶段水头损失增加缓慢,当固体物质积累达到一定程度,堵塞滤层的上表面,并且阻止气泡的释放,将会导致水头损失很快达到极限,此时应立即进入反冲洗再生,以去除滤床内过量的生物膜及其他悬浮物,恢复处理能力。反冲洗通常采用气-水联合反冲,即先用气冲,再用气、水联合冲洗,最后再用水漂洗。反冲洗水为经处理后达标的水,反冲空气来自于底部单独的反冲气管。反冲洗时滤层有轻微的膨胀,在气-水对填料的流体冲刷和填料间相互摩擦下,老化的生物膜和被截留的其他悬浮物与填料分离,冲洗下来的生物膜及其他悬浮物在反冲洗中被冲出滤池,反冲洗污泥回流至初沉池。需要注意的是不同形式、不同滤料的曝气生物滤池,其反冲洗强度、历时、周期各不相同,用水量和用气量也存在较大差异。

沉淀池接纳来自原水和反冲洗水,沉淀下来污泥排出水系统,进行污泥处理。曝气生物滤池在处理含碳有机物阶段的污泥产量可按 0.75 kg/kg(BOD$_5$)去除估算。

由于滤池对脱落滤膜和其他悬浮物起到了截留作用,因此曝气生物滤池后不设二沉池。

根据进水的方向,曝气生物滤池分为升流式和降流式两种。

尽管曝气生物滤池工艺类型和操作方式有多种,且各有特点,但其基本原理是一致的,就是利用滤池内填料上所附生物膜中微生物氧化分解作用、填料及生物膜的吸附截留作用和沿水流方向形成的食物链分级捕食作用以及生物膜内部微环境进行工作。

曝气生物滤池根据处理程度不同可分为一段碳化(去除含碳有机物)曝气生物滤池、两段硝化曝气生物滤池和三段(反硝化、除磷)曝气生物滤池。一段曝气生物滤池以碳化为主;二段曝气生物滤池主要对污水中的氨态氮进行硝化;三段曝气生物滤池主要为反硝化除氮,同时可以在第二段滤池出水中投加碳源(污水中碳源不足时)和铁盐或铝盐进行反硝化脱氮除磷。

2. 曝气生物滤池的构造

曝气生物滤池主要由滤池池体、滤料、承托层、布水系统、布气系统、反冲洗系统等几部分组成,如图 7-37 所示。

(1) 滤池池体

滤池池体的作用是容纳被处理水和围挡滤料,并承托滤料和其他配套设施的重量。池体可以采用圆形、正方形和矩形。池体结构可采用钢制和钢筋混凝土结构。当处理水量小时,多用圆形池体;水量大时,宜采用钢筋混凝土结构正方形或矩形池型,土建经济。

曝气生物滤池的池体高度应由各系统高度决定。曝气生物滤池的池体高度应考虑配水区、承托层、滤料层、清水区和超高等，池体高度一般为 5～7 m。

（2）滤料

目前曝气生物滤池所采用的滤料主要有多孔陶粒、无烟煤、石英砂、膨胀页岩、轻质塑料（如聚乙烯、聚苯乙烯、合成纤维等）、膨胀硅铝酸盐、塑料模块等多种。工程运行经验表明，粒径为 3～10 mm 的均质陶粒滤料及球形塑料颗粒较好。

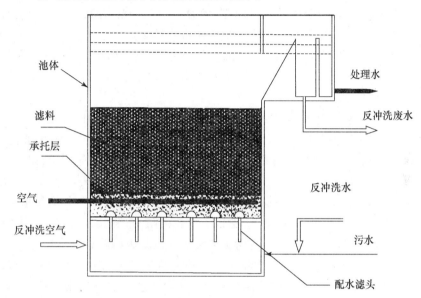

图 7-37 升流式曝气生物滤池的构造示意图

对滤料性能的要求如下：① 表面较粗糙，比表面积大，具有微生物栖息的理想表面；② 强度大，耐磨性好，耐久性好；③ 呈好的颗粒态；④ 生物附着性强，易于冲洗；⑤ 能使水、气均匀分布；⑥ 能够阻截、容纳水中悬浮物。

（3）承托层

承托层主要用来支撑滤料，防止滤料流失和滤头堵塞，保持反冲洗稳定进行。曝气生物滤池承托层所用材料的材质应有良好的机械强度和化学稳定性，常用卵石或磁铁矿，按一定级配布置。用卵石作承托层时，其级配自上而下为卵石直径 2～4 mm、4～8 mm、8～16 mm，卵石层高度 50 mm、100 mm、100 mm。

（4）布水系统

曝气生物滤池的布水系统包括滤池最下部的配水室和滤板上的配水滤头，或采用栅型承托板和穿孔布水管。对于升流式滤池，配水室的作用是使某一时段内进入滤池的污水能混合均匀，并通过配水滤头均匀流进滤料层，同时也作为滤池定期反冲洗用；对于降流式滤池，池底部的布水系统主要用于滤池的反冲洗和处理水的收集。

（5）布气系统

曝气生物滤池的布气系统包括充氧曝气所需的曝气系统和进行气-水联合反冲洗时的供气系统。宜将反冲洗供气系统和充氧曝气系统独立设置。曝气量与处理要求、进水条件、填料情况直接相关，由工艺计算得到。布气系统是保持曝气生物滤池中有足够的溶解氧含量和反冲洗气量的关键。

曝气装置可由穿孔管、单孔膜空气扩散器构成,也可用生物滤池专用的曝气器。工艺用曝气装置根据工艺特点和要求,可设于承托层中,也可设于滤料层底部。

反冲洗空气强度宜为 $10\sim15$ L/($m^2\cdot s$)。

(6) 反冲洗系统

曝气生物滤池反冲洗系统与给水处理中的 V 形滤池类似,曝气生物滤池反冲洗通过滤板和固定其上的长柄滤头来实现,由单独气冲洗、气-水联合反冲洗、单独水洗三个过程组成。

反冲洗周期一般为 24 h/周期,根据水质参数和滤料层阻力损失控制。反冲洗水量为进水水量的 8% 左右。反冲洗出水水质平均悬浮固体量为 600 mg/L。反冲洗水强度不应超过 8 L/($m^2\cdot s$)。

3. 曝气生物滤池主要技术特点

(1) 占地面积小。曝气生物滤池之后不设二沉池,可省去二沉池的占地。此外,由于系统中生物膜量大且活性高,使得工艺水力停留时间短,所需生物处理面积和体积都很小。

(2) 出水水质高。由于填料本身截留及表面生物膜的生物絮凝作用,使出水悬浮物浓度很低。

(3) 氧的传输效率高,供氧动力消耗低。由于滤料粒径小,加大了气液接触面积,提高了氧气的利用率;此外,气泡在上升过程中,受到了滤料的阻力,延长了气泡在滤料中的停留时间,有利于氧的传质。处理污水的运行费用比传统活性污泥法约低 20%。

(4) 抗冲击负荷能力强,受气候、水量和水质变化影响相对较小。这主要依赖于滤料高的比表面积,使得系统内截留了比较大的生物量,提高了系统的抗冲击负荷能力。另外,由于生物膜的特点,曝气生物滤池可暂时停止运行,一旦通水曝气,可在很短的时间内恢复正常。

(5) 生物曝气滤池可和其他传统工艺组合使用,适合对老污水处理厂进行技术改造。

(6) 曝气生物滤池采用模块化结构,便于后期改建、扩建。

(7) 进水一般要求进行预处理。当进水悬浮物较多时,运行周期短,反冲洗频繁。

(七) 生物流化床

生物流化床法是借助流体(液体、气体)使表面生长着微生物的固体颗粒(生物颗粒)呈流态化,实现去除有机物的一种生物膜法。

1. 流化床载体流态化的原理

当液体以很小的速度流经载体床层时,载体处于静止不动的状态,床层高度也基本维持不变,这时的床层称固定床。这一阶段,初期的水流通过床层的压力降低(以下简称压降)将随着流速的增大而增大,且压降与流速呈线性关系。当流速增大到某一数值时,此时压降的数值等于载体床层的浮重,流化床中的载体颗粒就由静止开始向上运动,床层也由固定状态开始膨胀。如果流速继续增大,则床层进一步膨胀,直到载体颗粒之间互不接触,悬浮在流体中,这一状态称为初始流态化。达到始流态化之后,如果再继续增大流速,载体颗粒床会进一步膨胀,但是压降却不再增加。初始流态化状态对应的流速称为临界流化速度。

临界流化速度是固定床向流化床转变的关键参数,它实际上是使载体颗粒流化的最小流速。在生物流化床的设计中,临界流化速度是一个重要的校核参数,必须保证设计的流体上升流速大于临界流化速度。由于载体颗粒的大小影响以及流化过程中气体的参与(如好氧的三相生物流化床反应器、厌氧流化床反应器等),会使流化状态的确定方法不同,因此临界流化速度要采用对应的计算或试验方法得到。

当达到初始流化态之后,载体床层开始流化,随着液体流速的增加,载体颗粒间的平均距离也增大;当空隙增大到一定程度后,载体颗粒会随着水流从流化床中流出,此时的流体速度常称为冲出速度。因此,在流化床的操作中应该控制流体的流速介于临界流化速度和冲出速度之间。载体床中的流体流速与载体间的孔隙率之间密切相关,二者之间的关系确定了膨胀的行为,这也是流化床工艺设计的关键。

2. 生物流化床的工艺类型

按照供氧方式、生物膜脱膜方式以及流化床床体结构,好氧生物流化床主要分为二相生物流化床工艺和三相生物流化床工艺。

(1) 二相生物流化床工艺

二相生物流化床工艺如图 7-38 所示,基本特点是生物流化床外设充氧设备和脱膜设备,在流化床中只有液、固二相。

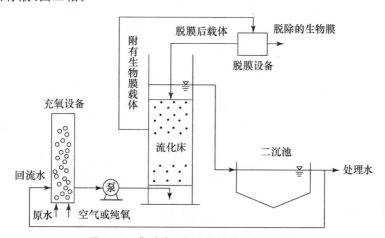

图 7-38 典型的二相生物流化床工艺流程

流程中,污水先经过外设的充氧设备,使污水中的溶解氧浓度达到饱和。以空气充氧时,污水中的溶解氧可达 8~9 mg/L;当以纯氧进行充氧时,污水中的溶解氧可达 30~40 mg/L。有时可以采用出水进行回流以补充溶解氧量,回流比可按式(7-21)确定,即

$$r = \frac{(S_0 - S_e) \cdot D}{O_{in} - O_{out}} - 1 \tag{7-21}$$

式中,r—回流比;S_0—进水 BOD_5 浓度,$mg(BOD_5)/L$;S_e—出水 BOD_5 浓度,$mg(BOD_5)/L$;D—去除每千克 BOD_5 所需的氧量,$kg(O_2)/kg(BOD_5)$,城市污水 D 介于 1.2~1.4;O_{in}—进水的溶解氧浓度,$mg(O_2)/L$;O_{out}—出水的溶解氧浓度,$mg(O_2)/L$。

(2) 三相生物流化床工艺

在三相生物流化床反应器中为气、固、液三相共存,在流化床内直接充氧,不设体外充氧设备。由于气体强烈搅动造成紊流,载体颗粒摩擦强度大,使得载体表层的生物膜脱落,因此也不设体外脱膜设备。三相生物流化床又有传统三相生物流化床和内循环式三相生物流化床。

传统三相生物流化床系统由曝气装置、流化床以及三相分离器组成,如图 7-39(a)所示。

空气和污水由反应器底部进入。污水、空气和载体在反应器中混合、搅拌的程度比二相生物流化床剧烈,生物膜利用污水中的有机物进行代谢及合成,载体之间的摩擦控制膜的厚度,完成新老生物膜的更换。在三相分离区,水、气、载体分离,载体返回反应器主体,流化床的出水进入后续沉淀单元,进行膜与处理水的分离。由于流化床中仅依靠进水通常难以达到比较好的流化和处理效果,实际中常将部分出水回流到流化床的进水入口。回流比常取100%～200%。

内循环式三相生物流化床是在传统三相生物流化床基础上发展起来的,目前应用日趋成熟。内循环式三相生物流化床通过在流化床中设置升流区和降流区,利用两个区域之间的密度差,推动流体带动载体的循环流动,如图7-39(b)所示。这种流化床系统混合、传质效果好,不易发生载体分层现象,对配水均匀性的要求低,易于做到流体的均匀流动,并且载体不易流失。

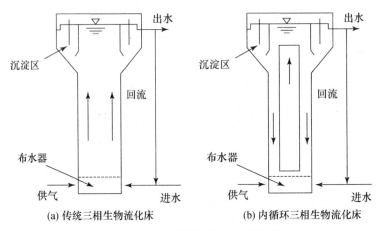

图 7-39 三相生物流化床工艺流程

3. 生物流化床的主要组成

(1) 池体

池体一般呈圆形或方形,材料可为钢制,也可为钢筋混凝土结构。高度与直径比一般采用 3∶1～4∶1。

(2) 布水器

布水器的作用是做到布水均匀,保证载体均匀膨胀,反应器暂停再运转后重新启动容易,使流体在床层各断面均匀分布,床内各流线和阻力损失尽量相等,运行中不出现堵塞现象等。

通常对于处理小水量的流化床,采用多孔板小阻力布水器;对于处理大水量的流化床,多采用管式大阻力布水器。

(3) 沉淀区及三相分离器

为了处理出水排出之前将载体颗粒与水分离,需要在流化床反应器顶部设置沉淀区。对于三相流化床,除了将载体与水分离外,还需要将气泡从水中分离,这种沉淀区就是三相分离器,如图7-39所示。

(4) 载体

流化床所用载体的比重略大于1。比重过大,则初始化流速高、能耗大;比重小,则较难控制适宜的水力操作条件,还易被水流带出系统。载体形状应尽量接近于球形。

常用的载体有砂粒、无烟煤、陶粒、微粒硅胶以及聚苯乙烯颗粒等,粒径为0.3～1.0 mm。

在选择载体时要考虑级配,因为粒径差别过大,难以获得保持良好混合条件的上升流速。因此在选择载体时,希望粒径越均匀越好,最大和最小粒径之比不宜大于2。对载体的其他要求,与对生物滤池滤料的要求相同。

(5) 其他

对于体外充氧的流化床,通常要设置充氧装置;对于二相流化床系统,还要设置专门的脱膜装置。

4. 生物流化床的工艺特点

(1) 生物流化床中小粒径的载体提供了微生物生长繁殖巨大的表面积,使反应器内部能够维持高达 40~50 g/L 的好氧微生物浓度,从而可使反应器的容积负荷高达 3~13 kg$(BOD_5)/(m^3 \cdot d)$以上。

(2) 流态化的操作方式提供了良好的传质条件(如氧的利用率可达 10%~30%),动力效率达 2~5 kg$(O_2)/(kW \cdot h)$。这样,增加了反应速度,提高了处理效率,降低了能耗。

(3) 由于生物流化床具有较高的容积负荷,这样可以大大减小反应器容积,减小占地面积。

(4) 与活性污泥法相比,生物流化床具有较高的抗冲击负荷能力,不存在污泥膨胀问题,污泥产量少。

(5) 管理较其他生物膜法复杂。

(八) 生物移动床

移动床生物膜反应器(moving-bed biofilm reactor,MBBR)是在生物滤池和流化床的工艺基础上发展起来的。它既具有生物膜法耐冲击负荷、泥龄长、剩余污泥量少的特点,又具有活性污泥法的高效性和运转灵活性。

反应器中微生物量为传统活性污泥法的 5~10 倍,总生物浓度可高达 30~40 g/L,气水比多为 3:1~15:1,载体的填充率 15%~70% 不等。该工艺适合应用于中、小型生活污水和工业有机废水处理。

1. 生物移动床的基本工艺流程

生物移动床的基本工艺流程如图 7-40 所示。污水经过初沉池处理后,进入生物移动床反应器,处理后的水,从反应器上方设有格栅网的溢流口流出,进入二沉池,进行泥水分离。当需要进行营养物(尤其是磷)的去除时,将药剂通过计量泵注入沉淀池进水管道内,并在管道内完成搅拌、混合。

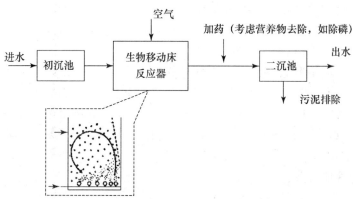

图 7-40 生物移动床基本工艺流程图

2. 生物移动床的组成

生物移动床反应器由反应器池体、载体、出水装置、曝气系统或搅拌系统等组成。

(1) 反应器池体

池体由钢制或钢筋混凝土制成，构形为圆柱形、长方形等。反应器设置导流板，底角为斜面有利于改善反应器的水力特性。反应器的长深比为 0.5 左右时，有利于载体的完全移动。在实际应用中，可利用现有活性污泥的池体或者其他废弃池体改建，因此该工艺比较适用于污水处理厂的改造。

(2) 载体

载体是生物移动床反应器的核心，多为有机合成材料制成的悬浮载体（如聚乙烯、聚丙烯塑料、聚氨酯、橡胶等）。载体密度多数是小于或接近水的密度，干密度在 0.96 g/cm^3 左右，未覆盖生物膜时浮于水面；当长满微生物膜后，比重略大于水，在正常的曝气和搅拌强度下极易达到全池流化翻动。比表面积大，介于 $200 \sim 1500 \text{ m}^2/\text{m}^3$。

(3) 出水装置

出水装置要求把载体拦截在反应器中，同时不易为出流的生物膜或活性污泥堵塞。出水装置的孔径取决于生物填料的外观尺寸。出水面积依照不同孔径的溢流负荷确定。要求出水装置没有可动部件，以延长使用寿命。

(4) 曝气或搅拌系统

采用曝气来达到供氧和流化的双重目的。由于生物载体在反应器内无规则运动，切割破碎气泡，因此采用中小孔曝气管即可，要求布气均匀，避免曝气死角。一般，满足载体流化要求的曝气量即可同时满足充氧需要。

3. 生物移动床的主要工艺特征

(1) 反应速率高。生物膜载体颗粒随水流运动，曝气管释放出的气泡受载体的剪切、阻隔和吸附，被分割成更小的气泡。由于载体与水流混合充分，增加了细小气泡的停留时间及气液接触面积，提高了传质效率；由于水流的剪切力及载体间的碰撞摩擦，载体外表面生物膜较薄，生物活性相对较高，因此生物反应速率高。

(2) 容积负荷高，紧凑省地。反应器中载体的比表面积大，微生物在载体上可以大量附着和繁殖，分层分布着好氧、缺氧和厌氧菌种。菌种的多元化利于提高污水的处理效果，缩短处理时间。

(3) 水头损失小，不易堵塞，无须反冲洗，一般不需回流。由于载体和水流可以在整个反应器内混合，避免了堵塞的可能，且使得池容充分利用，反应器内混合效果良好，抗冲击负荷能力较强。对预处理要求不高，不存在堵塞问题。

(4) 污水处理厂改造升级方便。由于生物移动床反应器的池型、构造与普通接触氧化池一样，现有或废弃的水池较易改造成 MBBR；其次，反应器内载体的填充率可灵活设计，为日后升级提供便利；再则，对原有活性污泥法处理厂而言，由于生物移动床反应器无须固定支架，直接投加载体即可，因此，可以方便地与原有工艺结合，形成串联工艺或者复合工艺。

(5) 系统控制管理较方便。

7.3 有机废水厌氧生物处理

7.3.1 厌氧生物处理原理与优缺点

(一) 厌氧生物处理原理

有机废水厌氧生物处理的基本原理与有机固体废物厌氧生物处理的相同,详见"2.1.3 厌氧生物转换过程"。

(二) 厌氧生物处理的主要优点

(1) 对于高等或中等浓度污水(COD 大于 1500 mg/L),厌氧处理可以大大降低运转费用,还可以产生能量。通常厌氧处理系统整体能耗仅为好氧处理工艺的 10%~15%。这是由于厌氧处理本身不需提供空气,相反可以产出含量约 53%~56% 甲烷的沼气,沼气的热值为 21 000~25 000 kJ/m^3。去除 1 kg COD,好氧处理约需要消耗 0.5~1.0 kW·h 的电能;而厌氧处理能够产生 0.35~0.40 m^3 的甲烷气。

(2) 目前应用的高效厌氧生物反应器负荷为 3.2~32 kg(COD)/(m^3·d),而好氧生物反应器通常的负荷为 0.5~3.2 kg(COD)/(m^3·d),因此厌氧生物处理反应器容积和系统占地面积都较小。

(3) 每去除 1 kg COD,好氧处理产生的剩余污泥为 0.4~0.6 kg(MLVSS);厌氧处理产生的剩余污泥为 0.02~0.18 kg(MLVSS)。

(4) 厌氧微生物可以对好氧微生物不能降解的一些有机物进行降解或部分降解。这是由于参与厌氧生物处理的微生物种群多,功能各异,处理过程远比好氧复杂,有些微生物可以对难降解有机物进行断链处理,将复杂的大分子转化为结构简单的小分子,提高污水的可生化性,从而使厌氧生物处理过程得以进行。

(5) 厌氧处理对营养物的要求低于好氧处理,通常为 BOD$_5$:N:P=200:5:1~400:5:1。

(6) 厌氧处理应用范围广和应用规模大。可以用于高浓度有机污水,也可用于中低浓度污水;可以日处理几百吨水量的规模,也可以日处理污水上万吨。

(三) 厌氧生物处理的不足之处

(1) 由于厌氧微生物生长缓慢,且易受环境条件影响,因此厌氧处理系统启动时间长。

(2) 由于厌氧过程电子受体就是有机物,因此对于有些污水,厌氧处理出水的水质达不到排放标准,此时往往采用厌氧处理单元和好氧生物处理单元组合工艺。

(3) 易产生臭味和腐蚀性气体,如 H_2S、硫醇、NH_3 等。

(4) 系统管理比较复杂。

7.3.2 影响厌氧生物处理的主要因素

1. pH 和碱度

厌氧处理中产甲烷菌对 pH 的变化很敏感,其最适 pH 的范围为 6.8~7.2。对于厌氧反应器,一般控制 pH 在 6.6~7.6 的范围内,超过这一范围会影响产甲烷菌的活性。在厌氧工艺中,为防止 pH 较大波动,通常保持系统碱度 2000 mg/L(以 $CaCO_3$ 计)以上,以确保系统有一定的缓冲能力。另外,进水时 pH 的突然变化对厌氧过程产生的影响要大于 pH 的缓慢变化。当进水或处理系统 pH 有较大变化时,需要人为加入化学药剂调整 pH 和碱度。

2. 温度

厌氧微生物有两个较佳的工作温度段——中温段（30～38℃）和高温段（50～55℃）；在中温段和高温段之间，厌氧微生物的反应速度反而有所下降。高温厌氧处理效率高，对负荷和有毒物敏感。厌氧过程中污水温度的突然上升或下降都会对污水处理效果产生大的影响。因此对于中温段和高温段厌氧处理，污水温度的变化不宜超过±1.5～2.0℃。

3. 营养物质

同其他的微生物生长相同，厌氧微生物的生长过程中也需要各种营养物质，这些营养物质可分为常规营养物质（如 N、P、S、K、Na、Ga、Mg 等）和微量营养物质（如 Fe、Cu、Zn、Co、As 等）。一般这些营养物质都存在于污水中，但对于一些工业废水就需要添加不足的营养物质，以确保厌氧微生物的正常代谢。

4. 氧化还原电位

厌氧条件是厌氧反应器正常运行的环境条件，一般用氧化还原电位来衡量厌氧反应器中的厌氧程度，产甲烷菌最适的氧化还原电位为 $-150 \sim -400$ mV。在培养产甲烷菌初期，氧化还原电位不能高于 -300 mV。

5. 有毒物质

厌氧微生物（尤其是产甲烷菌）对有毒物质比较敏感。抑制厌氧微生物活性的有毒物质包括各种离子和有机毒物。高浓度的 K、Na、Ga、Mg 等离子将改变细胞的渗透压，进而影响微生物的活性。高浓度的 NH_3 和 H_2S 直接对微生物产生毒性。有时，经过驯化的厌氧微生物可以忍受较高浓度的有毒物物质。

7.3.3 厌氧生物处理反应器

从 20 世纪 60 年代开始，随着能源危机的加剧，人们加强了利用厌氧发酵过程处理有机废水的研究，相继出现了一批现代高速厌氧发酵反应器，即所称的"第二代厌氧生物反应器"，如厌氧接触法、厌氧滤池（AF）、上流式厌氧污泥床（UASB）反应器、厌氧流化床（AFB）、厌氧附着膜膨胀床（AAFEB）反应器等。20 世纪 90 年代后，又出现了膨胀颗粒污泥床（EGSB）反应器和厌氧内循环（IC）反应器等新型厌氧生物处理装置，即所谓的"第三代厌氧生物反应器"。目前，厌氧生物处理工艺已大规模地被应用于城市污水、工业废水和有机污泥的处理。

1. 厌氧接触法

厌氧接触法工艺流程如图 7-41 所示。在机械、水力或压缩沼气搅拌下，厌氧发酵池内呈

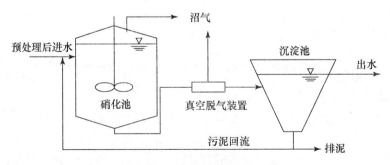

图 7-41 厌氧接触法工艺流程

完全混合态。真空脱气装置的功能是脱除进液和附着在污泥表面的沼气,以免气体干扰沉淀池内的固液分离过程。厌氧接触法工艺实现了生物固体停留时间(SRT)和水力停留时间(HRT)的分离。相对于第一代厌氧反应器,这是一大进步。

厌氧接触法的主要特征为:

① 厌氧发酵池中污泥浓度高,一般为 5~10 g(MLVSS)/L,抗冲击负荷能力强。

② 厌氧发酵池有机容积负荷高,当进水 COD 为 40 000~50 000 mg/L 时,中温 COD 负荷可达 8~9 kg(COD)/m^3·d,COD 去除率 80%~90%。

③ 出水水质好于传统厌氧发酵工艺。

④ 适合于处理悬浮物和有机物浓度均很高的废水,悬浮物浓度达 50 000 mg/L 也不影响其正常运行。

⑤ 由于有沉淀池、污泥回流系统、真空脱气设备等,流程较复杂。

⑥ 沉淀池固液分离效果较差,污泥中脱气不彻底;另外,厌氧过程在沉淀池内仍存在厌氧生化反应,产气,这些均影响污泥沉降。

2. 两相厌氧发酵工艺

厌氧发酵水解发酵阶段和产甲烷阶段中起作用的微生物种群生理生化特性上有很大的差异。两相厌氧发酵工艺就是人为地将水解发酵细菌和产甲烷菌分别设置在两个不同的反应器中串联运行,确保发挥两大类微生物各自优势所需条件,使产酸相反应器和产甲烷相反应器均处于最优工况。典型两相厌氧发酵工艺流程如图 7-42 所示。

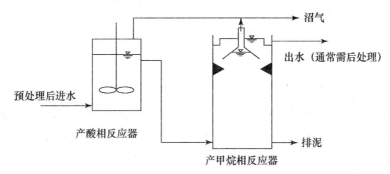

图 7-42 典型两相厌氧发酵工艺流程

两相厌氧发酵工艺的反应器种类可以根据水质特征选取。产酸相反应器可以采用完全混合的厌氧接触发酵池、升流式污泥床反应器、厌氧滤池等,产甲烷相反应器常采用上流式厌氧污泥床反应器、厌氧滤池等。

两相厌氧发酵工艺的主要特征为:

① 产酸相反应器可以在高的负荷下运行,产甲烷相反应器也在最佳的工作状态下运行,两相厌氧工艺总体负荷比单相工艺有明显提高。对于以溶解性有机物为主的高浓度有机废水,产酸相反应器与产甲烷相反应器体积比为 1/3~1/5;对以悬浮性有机物为主的废水时,产酸相反应器与产甲烷相反应器体积比为采用 1/2~2/5。

② 两相厌氧发酵工艺运行相对稳定,承受冲击负荷的能力强。

③ 当污水中含有大量硫酸盐等抑制物时,可以通过在两相反应器中间增设 H_2S 等有害物质脱除装置,降低产甲烷菌受抑制的程度。

④ 工艺系统相对复杂。

3. 厌氧滤池

厌氧生物滤池的构造与浸没式好氧生物滤池相似,但池顶密封。滤池中厌氧微生物量较高,生物固体平均停留时间可长达 150 d 左右。图 7-43 为厌氧生物滤池的三种主要形式。

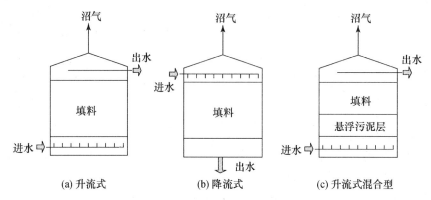

图 7-43　常用的厌氧生物滤池形式

厌氧生物滤池的运行效果受温度影响大,表 7-5 为不同运行温度条件下厌氧生物滤池的容积负荷。

表 7-5　不同运行温度条件下的厌氧生物滤池容积负荷

温度/℃	容积负荷/[kg(COD)/(m³·d)]
高温(50~60)	5~15
中温(30~35)	3~10
常温(15~25)	1~3

填料是厌氧生物滤池的主要部分,填料的选择对滤池的运行有着重要的影响。影响厌氧滤池填料的因素包括材质、粒度、表面性质、比表面积和空隙率等。填料粒径的选择范围由 0.2~60 mm,粒径较小的填料易于堵塞,特别是对于高浓度废水。实践中,多选用粒径 20 mm 以上的填料。实际应用时发现,滤池中填料堆积高度为 0.8 m 时,污水中的有机物绝大部分已被去除;堆积高度提高到 1 m 以上时,有机物的去除率几乎不再增加。工程中,设计的填料堆积高度一般控制在 2.0 m 左右。

当处理污水的 COD 浓度高于 8000~12 000 mg/L 时,厌氧生物滤池可以采用出水回流的方式,以减小进水的 COD 浓度,改善进水分布,提高滤池生物的均匀分布程度。

大多数厌氧生物滤池在中温(30~35℃)条件下运行。为节约加温所需要的能耗,也可以在常温下运行。降低运行温度将使处理效率下降。

厌氧生物滤池适宜处理溶解性有机废水。如果采用升流式厌氧生物滤池,应当使进水悬浮物浓度不超过 200 mg/L,防止滤料的堵塞;而采用降流式厌氧生物滤池,即使进水悬浮物浓度为 3000 mg/L 时,通常也不易发生滤料的堵塞现象。

厌氧生物滤池的主要优缺点为:

① 生物膜量大,有机污泥负荷高,耐冲击负荷能力强。

② 泥龄长,水力停留时间短,反应器体积小。

③ 启动时间短,短时间停止运行后再启动较容易。
④ 不需要回流污泥,运行管理方便。

4. 升流式厌氧污泥床反应器

升流式厌氧污泥床(upflow anaerobic sludge blanket,UASB)反应器是在升流式厌氧生物滤池基础上发展起来的一种高效厌氧生物反应器,其构造如图7-44所示。

在一定条件下,可以在 UASB 反应器内培养出沉淀性能好、生物活性高的颗粒污泥。颗粒污泥的相对密度比人工载体小,粒径为 0.1~0.5 cm,湿比重为 1.04~1.08。

UASB 反应器主要由进水配水系统、反应区、气固液三相分离器、出水系统和排泥系统等组成。

配水系统将进水均匀地分配到 UASB 反应器底部。进水中的有机物与污泥床内高浓度的颗粒污泥充分接触,反应产生的沼气和上升的污水一起搅动污泥层,部分颗粒污泥随气流和水流向上运动而形成悬浮污泥区,剩余的有机物在此获得进一步降解。

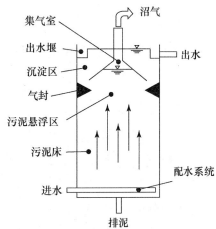

图 7-44 升流式厌氧污泥床(UASB)反应器构造示意图

气固液三相分离器简称三相分离器,由沉淀区、集气室和气封组成,其功能是把沼气、微生物和处理后的污水进行分离。沼气被分离后进入集气室,排出系统。微生物和污水的混合液在沉淀区进行固液分离,下沉的污泥依靠重力返回反应区。三相分离器分离效果的好坏,直接影响处理效果。

出水系统主要作用是把沉淀区液面的澄清水均匀收集,排出 UASB 反应器外。

排泥系统一般设置在 UASB 反应器底部,定期排放剩余的厌氧污泥。

对于处理可生化性比较好的污水,UASB 反应器不同温度条件下的进水容积负荷见表 7-6,COD 的去除率一般可达 80%~90%。但如果反应器内不能形成颗粒污泥,而主要是絮状污泥,这时 UASB 反应器的容积负荷不可能太高,因为过高的容积负荷将会使沉淀性能不好絮状污泥大量流失,通常进水容积负荷一般不超过 5 kg(COD)/(m^3·d)。

UASB 反应器主要特征为:

① 厌氧颗粒污泥沉速大可使反应器内维持较高的污泥浓度,小试 UASB 反应器内的平均浓度可达 50 g(MLVSS)/L 以上。

② 容积负荷高,水力停留时间相应较短,使得反应器容积小。

③ 水力停留时间与污泥泥龄分离,UASB 反应器泥龄一般可达30 d 以上。

④ UASB 反应器特别适合于处理高、中浓度的有机工业废水。

⑤ UASB 反应器集生物反应和三相分离于一体,结构紧凑,构造简单,操作运行方便。

⑥ 进水悬浮物浓度应小于 5000 mg/L。

表 7-6　不同温度条件下的 UASB 容积负荷

温度/℃	容积负荷/[kg(COD)/(m³·d)]
高温(50～55)	20～30
中温(30～35)	10～20
常温(20～25)	5～10
低温(10～15)	2～5

5. 厌氧膨胀颗粒污泥床反应器

厌氧膨胀颗粒污泥床(expanded granular sludge bed, EGSB)是对 UASB 反应器的改进，运行中维持高的上升流速(5～10 m/h)，大于 UASB 反应器所采用的 0.5～2.0 m/h 的上升流速，因此 EGSB 反应器中的颗粒污泥处于膨胀悬浮状态，从而保证了进水与污泥颗粒的充分接触，运行效果比 UASB 要好。EGSB 常采用较大的高径比和回流比，其中高径比可达 20 以上。EGSB 类似于厌氧流化床，但内部不设置填料，上升速度也小于流化床反应器。厌氧反应器在低温条件下采用低负荷时，沼气产率低，气体产生的混合强度会很低，UASB 的应用就会受到限制，因而 EGSB 较适于低温和浓度相对低的污水。EGSB 反应器结构如图 7-45 所示。

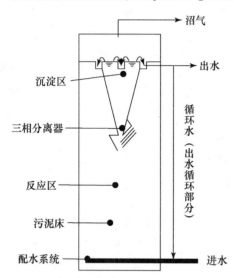

图 7-45　厌氧膨胀颗粒污泥床反应器结构示意图

EGSB 反应器的进水分配系统、气液固三相分离器的功能和 UASB 反应器的相同，在结构上 EGSB 反应器与 UASB 反应器相异之处在于其高径比和出水循环。出水循环是为了提高反应器内的液体表面上升流速，使颗粒污泥与污水充分接触，避免反应器内死角和短流的产生。

EGSB 的主要特征为：

① EGSB 反应器具有出水回流系统，对于超高浓度或含有难降解或有毒有机物的有机废水，出水回流可以稀释进水有机物浓度，降低难降解有机物或有毒有机物对微生物的抑制。

② EGSB 反应器能够在高负荷条件下取得好的处理效果，尤其适合低温情况和低浓度的有机废水处理。

③ 反应器内颗粒污泥粒径大，抗冲击负荷能力强。

④ 混合程度高，可有效解决短流和反应死区的问题，传质效果好。

⑤ 反应器采用塔形设计，具有高的高径比，能够有效地减少占地面积。

⑥ 控制要求高。

6. 厌氧内循环反应器

厌氧内循环(internal circulation, IC)反应器的构造特点是具有很大的高径比，一般可达 4～8，反应器的高度高达 16～25 m，从外观上看，反应器像是一个反应塔，如图 7-46 所示。

7.3 有机废水厌氧生物处理   141

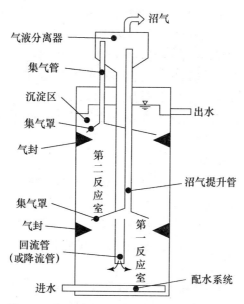

图 7-46　厌氧内循环(IC)反应器构造示意图

IC 反应器由第一反应室和第二反应室叠加而成,每个反应室的顶部各设一个由集气罩和水封组成的三相分离器;如同两个 UASB 反应器的上下重叠串联。在第一反应室的集气罩顶部设提升管(或称升流管)直通气液分离器,气液分离器的底部设回流管(或称降流管)直通至反应器的底部。

进水由反应器底部进入第一反应室,与厌氧颗粒污泥均匀混合。大部分有机物在这里被转化成沼气,所产生的沼气被第一反应室的集气罩收集,进入升流管,使升流管内液体持气率增加,密度降低,在管内外液体形成的密度差作用下;第一反应室的混合液升至反应器顶的气液分离器,被分离出的沼气从气液分离器顶部的导管排走,分离出的泥水混合液同样在液体密度差作用下,沿着回流管返回到第一反应室的底部,并与底部的颗粒污泥和进水充分混合,实现了混合液的内部循环。内循环使第一反应室不仅有很高的生物量,很长的污泥龄,并具有很大的升流速度,使该室内的颗粒污泥完全达到流化状态,有很高的传质速率,使生化反应速率提高,从而大大提高第一反应室去除有机物的能力。经过第一反应室处理过的废水会自动地进入第二反应室,废水中的剩余有机物可被第二反应室内的厌氧颗粒污泥进一步降解,使废水得到更好的净化;产生的沼气由第二反应室的集气罩收集,通过集气管进入气液分离器;第二厌氧反应室的泥水混合液在沉淀区进行固液分离,处理过的上清液由出水管排走,沉淀的颗粒污泥可自动返回第二反应室。这样,废水就完成了处理的全过程。

IC 反应器的主要工艺特征为:

① 反应器具有很高的容积负荷率。厌氧内循环反应器由于存在着内循环,传质效果好,生物量大,污泥龄长,其进水有机负荷率可为普通 UASB 反应器的 3 倍左右。

② 节省基建投资和占地面积。由于 IC 反应器比普通 UASB 反应器有高出 3 倍左右的容积负荷率,因此 IC 反应器的体积为普通 UASB 反应器的 1/4~1/3,所以,可降低反应器的基建投资。IC 反应器不仅体积小,而且有很大的高径比,所以占地面积省,非常适用于占地面积紧张的场合采用。

③ 抗冲击负荷能力强。由于反应器实现了内循环,循环流量可达进水流量的 10～20 倍。循环流量与进水在第一反应室充分混合,使原废水中的有害物质得到充分稀释,大大降低了有害程度,从而提高了反应器的耐冲击负荷能力。

④ 出水的稳定性好。反应器相当于上下两个 UASB 反应器的串联运行:下面一个 UASB 反应器具有很高的有机负荷率,起预处理作用;上面一个 UASB 反应器的负荷较低,起进一步处理作用。反应器相当于两级 UASB 工艺处理,因此处理的稳定性好,出水水质效果好。

7. 厌氧膨胀床和厌氧流化床

厌氧膨胀床和厌氧流化床都是填有比表面积很大的惰性载体颗粒的厌氧生物处理反应器。有机废水从反应器底部进入,向上流动,床内载体附着生长的微生物与进水混合进行生化反应,处理后的水由上部排出。为了保证填料的流化状态,厌氧膨胀床和厌氧流化床的一部分出水回流,以提高床内水流的上升速度,使载体颗粒在整个反应器内均匀分布,增强传质效果,但应保证载体颗粒不流失。

厌氧膨胀床和厌氧流化床常用的载体有石英砂、无烟煤、活性炭、陶粒、沸石等,粒径一般为 0.2～3.0 mm。

厌氧膨胀床床体内载体在运行中略有松动,载体间孔隙增加但仍保持互相接触。当床体内上升流速增大到可以使得载体在床内自由运动时,即为流化床。为了定量描述厌氧膨胀床和厌氧流化床,常用膨胀率 N_v 来定义。当 N_v 在 110%～120% 之间时称为膨胀床;当 N_v 在 120%～170% 之间时称为流化床。N_v 的计算公式为:

$$N_v = \frac{h_f}{h_0} = \frac{1-\varepsilon_0}{1-\varepsilon_f} \times 100\% \tag{7-22}$$

式中,h_f——膨胀后的载体厚度,m;h_0——未膨胀时的载体厚度,m;ε_0——载体未膨胀固定时的孔隙率;ε_f——载体膨胀时的孔隙率。

表 7-7 为厌氧膨胀床和厌氧流化床的典型工艺参数。

表 7-7　厌氧膨胀床和厌氧流化床的典型工艺参数

项　目	参数值
水力停留时间/h	6～16
COD 去除率/(%)	80～90
生物膜厚度/μm	厌氧膨胀床 20～170,厌氧流化床 50～200
生物膜浓度 kg(MLVSS)/m³	20～30
污泥产率 kg(MLVSS)/kg(COD)	0.12～0.15
污泥负荷 kg(COD)/[kg(MLVSS)·d]	0.26～4.3

厌氧膨胀床和厌氧流化床的主要特点为:

① 载体为微生物生长提供了大的比表面积,使得反应器中具有很高的微生物浓度,一般可大于 30 g/L,因此可以承受大的有机负荷,水力停留时间短;加之有回流,所以耐冲击负荷,运行稳定。

② 颗粒载体处于流化状态,有利于消除反应死角以及固定床中常产生的沟流、堵塞等问题。

③ 不需要回流污泥,泥龄长,剩余污泥量少。

④ 适用的处理对象广,既可以是高浓度的有机废水,也可以是中低浓度的有机废水。

⑤ 通常需要外部提供流化的能量,因此系统能耗较高。

⑥ 系统设计、运行管理要求高。

讨 论 题

1. 简述活性污泥法基本概念和基本流程,以及其在污水处理中的作用。
2. 根据所学的知识,论述活性污泥中微生物、有机物和溶解氧的变化规律。
3. 简述活性污泥法性能的相关指标。
4. 活性污泥净化过程有哪些?各阶段的性质特点是什么?
5. 影响活性污泥法净化污水的主要因素有哪些?
6. 活性污泥的正常运行需有充足的溶解氧,试论述曝气的原理及过程。
7. 简述活性污泥法工艺流程和运行方式。
8. 简述生物膜法的基本原理和影响因素。
9. 生物膜法分为哪几类?试简述各种类型的基本工艺流程及特点。
10. 简述有机废水厌氧生物处理的机理和主要影响因素。
11. 厌氧生物处理反应器有哪些?试述各厌氧生物处理反应器的基本工艺流程及特点。

第8章 沼气发酵系统与生态农业建设

人工制取和利用沼气已有百年历史。目前农村户用沼气池在我国已累计推广3000多万口,沼气在我国农村的推广利用已经获得了显著的社会、生态、经济和能源效益。自20世纪80年代以来,沼气及发酵残留物的综合利用发展十分迅速,以沼气为纽带的生态农业建设正好体现了可持续发展的理念。沼气的制取不但能够获得高效清洁能源,而且有效地治理环境污染问题并保持自然生态平衡。沼气及发酵残留物的综合利用与农业生产有机结合,涉及利用沼气加工农副产品、保鲜水果和贮藏粮食,效果好,无污染;利用沼液浸种、喂猪、养鱼,能提高产量,节约饲料;利用沼肥替代化肥,可减少农产品污染,改良农田土质;利用沼液喷施不但可以作为叶面增施有机肥,同时还可有效杀灭和防治病虫害,有利于发展绿色无公害农产品;利用沼气发酵残留物还可栽种食用菌,沼液可用做无土栽培营养液,利用沼液可进一步开发为商品液肥、病虫害防治剂等。

在发展中国家,尤其在我国,农业是基础,只有解决好农民问题、农村问题、农业问题这"三农"问题,才能解决好中国建设发展的根本问题。而今,在环境与发展的双重压力下,农业必须走可持续农业发展的道路,而可持续农业的实质就是生态农业。西方发达国家的现代农业(或石油农业)的发展模式,已不适合发展中国家由传统农业向现代化农业过渡和发展的实际。因此,生态农业是我国乃至发展中国家发展现代化农业的必由之路。

8.1 沼气发酵系统

沼气事业发展至今,其功能不断被开发,综合利用日趋广泛,涉及领域逐步拓宽,单纯的"沼气"或"沼气池"等词汇已不能包罗相关内容。其后,出现了"沼气技术"一词,而"技术"是指从事生产活动或其他活动的专长或手段,"沼气技术"虽能包罗沼气中各种综合利用的具体方式,但并不能概括沼气领域中所涉及的诸多功能和作用。为了能够较为全面地反映沼气领域的各种功能和多种综合利用形式,云南师范大学、云南省农村能源工程重点实验室张无敌等人提出了"沼气发酵系统"(biogas fermentation system)或沼气系统(biogas system)。

8.1.1 什么是沼气发酵系统

所谓系统是指同类事物按一定的关系联合起来,成为一个有机组织的整体。沼气发酵系统具有两层含义:

(1) 沼气系统的内容,即指沼气发酵过程和其产物,产物应包括沼气和发酵残留物;

(2) 沼气发酵过程及其产物的综合利用,这些利用使整个"大农业"体系有机地结合成一个整体。

沼气发酵系统的输入功能表现对有机废物的利用,其系统的输出为沼气和残留物;综合利用则是体现一个有组织整体的内部运行机制,使沼气领域涉及农林牧副渔工的整个大农业体系。因此,沼气发酵系统的优化运行与农业有机结合,不仅拓宽了沼气系统的外延,而且使该系统更具稳定性和生命力(如图8-1所示)。

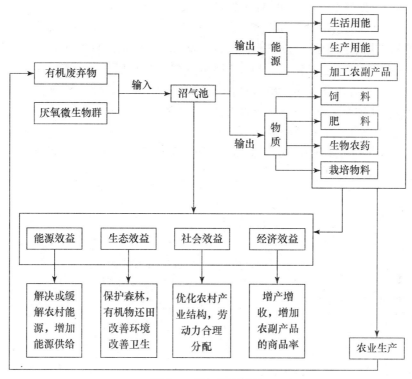

图 8-1 沼气发酵系统

8.1.2 沼气发酵系统的输入物质

进入到沼气发酵系统的物质为有机废物和厌氧微生物菌群。

沼气发酵过程和工艺是整个沼气系统的中心,沼气综合利用及其功能均是建立在这一基础之上的。沼气发酵微生物菌群对基质的消化代谢具有相当的广泛性,能够实现对各种有机物的消化降解,这一结果体现了沼气发酵对原料需求的多样化功能,从而使该系统的外延可扩展至各种工业有机废水、生活污水、城市生活垃圾和粪便等领域的处理。伴随沼气发酵这一过程,多种微生物菌群的共生代谢作用,使发酵残留物中含有多种生物活性成分(如多种氨基酸、植物激素、水解酶类、B族维生素类、腐殖酸等)以及丰富的矿物质和微量元素等。以上这些情况,为沼气系统的外延扩展提供了必要的物质基础。

8.1.3 沼气及发酵残留物的综合利用

沼气及发酵残留物的综合利用范围越来越广,充分体现了沼气发酵系统的功能和作用。其具体表现形式有:

(1) 发酵残留物做优质有机肥、土壤改良剂等。

(2) 发酵残留物做饲料养猪、养鱼、养鳝、养蚯蚓等。

(3) 发酵残留物做食用菌栽培料、制作营养土等。

(4) 发酵液做浸种液、无土栽培营养液和防治农作物病虫害。

(5) 沼气做生活燃料和用于发电。

(6) 沼气贮粮、保鲜蔬菜和水果、孵化雏鸡等。

(7) 沼气加工农副产品、燃烧沼气增加大棚温度和二氧化碳浓度促进蔬菜增产。

(8) 点燃沼气灯增温养蚕,光照育雏、提高蛋鸡产蛋率以及诱蛾养鱼等。

这些具体的利用方式已经和整个"大农业"的发展有机地联系在一起,并且促进了沼气发酵系统与生态农业系统的联系和发展(如图 8-2 所示)。沼气及发酵残留物的综合利用开发不过十多年的时间,正方兴未艾,现有成果的普及和利用的深度、广度都还远远不够,可开发利用的潜力还很大。沼气及发酵残留物的不少"特异功能"的机理仍有待于进一步探索,其有效成分的研究、加工及商品化虽有很长的路要走,但沼气发酵系统的开发是十分诱人的,未来沼气发酵系统的前景将更加引人注目。

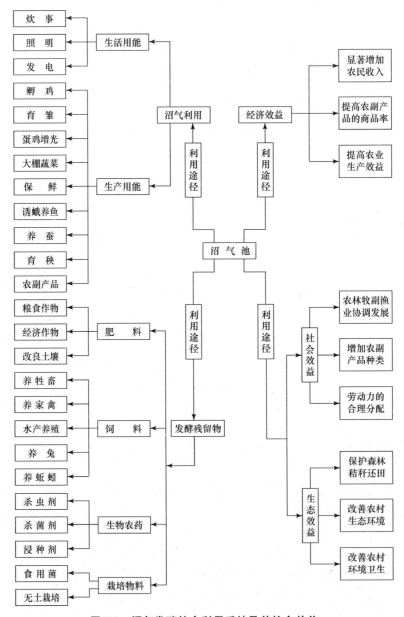

图 8-2 沼气发酵综合利用系统及其综合效益

8.1.4 沼气发酵系统的功能

沼气发酵系统具有如下几方面的功能：

(1) 沼气发酵系统的能源效益。能够有效地解决农村能源紧张的问题，沼气本身属高品位的气体燃料，具有方便、卫生、热效率高等优点；同时能够用于加工农副产品，为乡镇企业提供能源。

(2) 沼气发酵系统的生态效益。沼气事业的发展有利于保护森林、改善农村生态环境，为农业的发展提供必需的生态条件；秸秆还田，减少化肥农药的使用，对建立高产稳产农田，减少环境污染，都将起到十分重要的作用；秸秆、粪便等农村有机废物的利用，生活燃料的解决，对改善农户庭院卫生将有积极的意义。

(3) 沼气发酵系统的社会效益。沼气发酵系统与生态农业的紧密结合，能有效地引导发展因地制宜的农业生产，优化农村产业结构，合理布局农业生产；解放用于筹集生活燃料的大量劳动力，增加农业生产的劳动力投入；改善厨房卫生条件，保障农村妇女身心健康。

(4) 沼气发酵系统的经济效益。沼气本身的经济效益虽然有限，但沼气及发酵残留物综合利用的经济效益则相当显著。全国许多地区的实践表明，把沼气及发酵残留物的综合利用贯穿整个农业生产，可取得十分可观的经济效益，有利于农业的持续稳定发展。

沼气发酵系统不仅能够解决农村能源短缺的问题，而且是综合利用生物质资源，促进农、林、牧、副、渔业共同协调发展，提高农业经济效益，保护生态环境，实现农业生态良性循环和农业持续稳定发展，改善农村卫生条件的重要措施。从全国目前沼气的发展状况来看，沼气发酵系统与农业体系相结合将是中国农村实现现代化以及农民奔小康的重要途径。同时，这种发展模式完全适合于发展中国家的农业向现代化农业的转变。

8.2 生态农业的基本概念

8.2.1 什么是生态农业

所谓生态农业，就是按照生态学原理来规划、组织和进行农业生产。生态农业系统就其实质来说，是人们利用生物措施和工程措施不断提高太阳能的固定率、转化率和利用率以及生物能的转化率，以获取一系列社会必需的生活与生产资料的人工生态系统。生态农业必须合乎这样一些最基本的生态学要求：① 生产结构的确定、产品布局的安排等，都必须切实做到因地制宜，和当地的环境条件相匹配；② 对自然资源的利用不能超过资源的可更新能力；③ 在能量和物质的利用上，要做到有取有补，维护生态平衡；④ 在利用可更新自然资源的同时，要注意抚育和增殖自然资源，使整个生产的发展走向良性循环。

生态农业是全面规划、相互协调的整体农业。生态农业的出发点和落脚点，都是着眼于系统的整体功能。而衡量整体功能的标准，最重要的有：

(1) 经济效益，即生产要发展，农民要富裕。
(2) 社会效益，要满足人民对农副产品日益增长的各种社会需求。
(3) 生态效益，即保持良好的生态环境。

生态农业要考虑系统之内全部资源的合理利用，对人力资源、土地资源、生物资源和其他的自然资源等，进行全面规划，统筹兼顾，因地制宜，合理布局，并不断优化其结构，使其相互协调,协同发展,从而提高系统的整体功能。

生态农业是广义农业的具体体现。它和狭义农业(或称小农业)的区别在于:从生产内容上讲,它不局限于种植业,而是农、林、牧、副、渔多种经营和全面发展;从生产地域上讲,它不局限于耕地,一方面立足耕地,努力提高单产,另一方面把全部土地都当做自己的生产场所;从食物的概念上看,它主要依靠粮食,但又不局限于粮食,而是建立在营养科学的基础上,根据人体营养需要的热能(糖类和脂肪等)、蛋白质、多种维生素和各种矿物质的数量和比例,科学地安排和计划农业生产。

从某种意义上说,生态农业是传统的有机农业和现代的无机农业相结合的综合体,是能量合理流动和物质循环不断扩大的良性循环农业。有机农业和无机农业各有其利弊,前者利于增肥地力,后者功在附加了能量和物质,加大了物质流和能量流的循环。而两者的最佳结合,各扬其长,各避其短,取其利而舍其弊,这就是生态农业。因此,还可看到伴随商品流出系统之外的能量和物质不断通过从系统之外的补充而得到补偿和增加,保持养分平衡,保持良好的农业生态环境,并不断提高土地的生产力。

8.2.2 生态农业的基本特征

生态农业是一个高效的人工生态系统,是结构与功能协调的高效农业。它不同于自然生态系统,加进了人的劳动和干预,因而不只是单纯的自然再生产过程,同时也是一个经济再生产过程,二者交织在一起。它通过人的劳动和干预,不断调整和优化其结构和功能,从而能够以比较少的投入得到较大的产出,取得较好的经济效益、社会效益和环境效益。

生态农业作为一个人工生态系统,是一个统一的有机整体。就其性质来说,具有下列基本特征:

(1) 生物产量高。要想使单位面积上的生物产量高,必须使物种和品种因地制宜,而且本身的转化效率要高,彼此之间结构合理,相互协调。

(2) 光合作用产物利用合理。这就要求生产的发展按照生态规律的"食物链"及其量比关系做到能流物复,同时安排复种间作提高绿色植物光合产物的利用率,从而得到更多的产出。

(3) 经济效益高。物质除沿着"食物链"进行多次利用外,还要沿着"加工链"(农副产品多次加工的顺序)进行深度加工,多次增值。因为加工的次数越多,产值越大,流回系统的财流也就越大,生态效益和经济效益也就越好。

(4) 动态平衡最佳。生态农业所保持的平衡,是螺旋形向前发展的最佳动态平衡。

8.3 沼气发酵系统在生态农业中的地位和作用

8.3.1 生态农业建设的原则

生态农业系统最基本的特点之一是因地制宜,因此生态农业系统的建设不可能存在普遍通用的模式,而应根据当地的自然地理条件和社会经济条件,建设不同类型、各具特色的生态农业系统。但尽管如此,下述这些基本原则则是在任何一个地区或任何一种生态农业系统建设过程中都应该遵循的。

(1) 生态农业系统必须具有较高的自给能力,其中也包括所需能源的自给。

(2) 系统必须是多种经营的。生态农业本身就是一种包括农、林、牧、副、渔各业生产及其产品加工的综合大农业,这决定了生态农业系统必须是多种经营的。

(3) 生态农业必须具有高的净产出。生态农业很重视现代科学技术的应用,其中特别是土壤改良知识、农作物的科学育种和栽培、饲料的发展等,具有明显的作用。

(4) 生态农业系统的规模大小必须适当。

(5) 生态农业系统应具有自己的加工业,能够加工大部分产品。

(6) 生态农业系统必须具有较强的生态活力,较高的生态效率。

(7) 生态农业的建设不仅要做到生产发展,经济繁荣,而且要以全面提高农民生活质量为目标。

从以上原则可以看出,沼气发酵系统与农业的结合正好能完全与其相适应。

8.3.2 沼气发酵系统的效益

沼气发酵系统在可再生资源优化处理、农业生态经济系统及农村经济发展方面均起着重要作用。它不仅是生态农业的组成环节,同时又能增强生态农业的稳定性,从而使生态农业的发展融能源、经济、社会和生态效益为一体,实现农、林、牧、副、渔的结合与统一。沼气发酵系统在实现农、林、牧、副、渔相结合时,能够做到因地制宜,针对不同地区、不同条件,可以对整个系统进行合理的调整和取舍,在生态农业中具有多元性的特点。沼气发酵系统能使种植业、养殖业以及副业相结合,并促进这三业的发展。农村户用沼气池科学高效的利用可再生资源与能源,有力地促进了农村能源和庭院经济的发展,既保护了农村生态环境,又使农业生产得以持续、稳定发展。从经济上看,综合利用的效益远比沼气的能源效益大得多。

8.3.3 沼气发酵系统在生态农业中的作用

农村有机废物(人畜粪便和农作物秸秆等)的充分利用完全可以参与农业和畜牧业的循环。通过沼气发酵,这些有机废物中的能量以沼气的形式得以利用和再生,这些农村能源资源的沼气利用,具有重要的经济价值。同时,可用做沼气发酵的农村有机废物过去在农村通常被直接焚烧,其能源的利用效率不但相当低,而且潜在的许多综合利用效益得不到应用。这种农村用能方式意味着有机废物仅被用作低品位的燃料,有机废物的燃料、肥料、饲料价值得不到充分利用。这种状况最终导致农业的发展只能依赖于化肥。然而,农村有机废物的再生和循环、秸秆还田、减少化肥的使用以至于建立稳定的农业生产体系等问题,已成为发展中国家农业发展出路的首要问题。沼气系统的建立和发展将有助于这一问题的解决和农业的协调发展。总之,沼气及发酵残留物的综合利用不仅能带来环境效益,而且还会因此产生显著的社会、生态和经济效益。

一个非常重要的全球性问题——事实上,这也可能是当前我们所要面临的重大世界性问题中最严重的一个——即人口迅速增长施加给土地的压力。生态农业的建立是当今世界农业发展的必由之路,尤其在发展中国家,生态农业的建立和发展对未来农业的发展起着至关重要的作用。

8.3.4 沼气生态系统模式

农村能源的严重短缺加剧了环境的污染和森林植被的破坏,最终导致农村生态系统失去平衡。依赖生物质合理解决农村能源问题是发展中国家建立生态农业体系的农业发展出路。农业新技术是未来农业发展的动力，由于沼气发酵系统的开发利用能有效地促进农业生态与经济的发展，因而生物质的沼气利用系统和其他的生物质能源转换技术互补开发，不但能解决发展中国家的农村能源问题，而且也是农业发展的重要途径。沼气发酵系统是生态农业系统能量和物质转化运行中起着一定枢纽作用的重要环节（如图 8-3 所示），它能够有效地回收农业有机废物中的能量和物质。发展沼气及发酵残留物的综合利用，能够促进农村生态环境的良性循环，改善农村环境卫生条件。

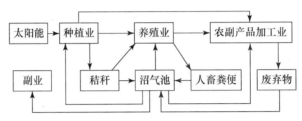

图 8-3　生态农业系统中沼气枢纽模式

8.4　以沼气为纽带的生态农业模式与典型案例

沼气发酵系统在实现农、林、牧、副、渔的相结合时，能够做到因地制宜，针对不同地区、不同条件，可以对整个系统进行合理的调整和取舍，在生态农业中具有多元性的特点。沼气系统能使种植业、养殖业、副业以及加工业有机地结合起来，并促进其发展。在农村庭院中，沼气池既可以把厕所、禽畜舍和沼气池连接起来，也可把种植业、养殖业、副业和农副产品加工业结合起来。

种植业沼气工程应与养殖业相结合，按"养殖业—沼气工程—种植业"的模式，构建有机农业，生产绿色无公害食品。种植业沼气工程可将种植场内产生的大量的有机废物（粪便、秸秆等）转化成人们生活所必需的能源以及农业生产所必需的原料。图 8-4 是以沼气为纽带的有机农业生态模式，它将原来松散的结构变成了完整相连的一体，并实现了资源的合理循环利用。

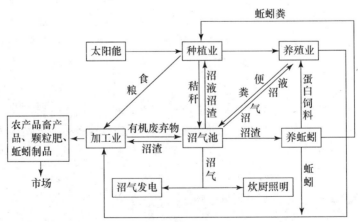

图 8-4　以沼气为纽带的有机农业模式图

在此生态系统中，种植业中的秸秆可转化为牲畜粪便或直接入池发酵，产生的沼气可用于农户炊厨照明或发电，也可用于农产品加工业，从而减少了外界能源的输入。沼渣可作为农业生产的底肥，也可以与N、P、K一起加工成颗粒肥，还能作为培养基用来生产食用菌和养殖蚯蚓；沼液和沼渣中含有多种氨基酸、生长素、抗生素和多种微量元素，沼液直接用于叶面施肥，既能增加作物产量又可以提高作物品质，增强植物的抗逆性；沼肥具有缓速兼备的作用，能改良土壤，增加土壤的团粒结构，增强土壤的保水、保肥、保温和通透性，同时改善土壤的微生态环境，对提高土地的持续生产力具有重要的作用；由于减少了化肥和农药的施用量，使农产品成为无公害的绿色食品和有机食品，增强了食品的安全性和在国际市场上的竞争力。因此沼气的多功能生态效益为农业增效和农民增收，为农业的可持续发展奠定了坚实的基础。

8.4.1 北方"四位一体"沼气综合利用生态模式

北方"四位一体"沼气综合利用生态模式是近几年在北方地区，有日光温室和蔬菜大棚的地方，把种植业、养殖业和能源连在一起的生态模式。是农民致富的新途径，又称农民工程。

1. "四位一体"沼气综合利用生态模式的概念

"四位一体"沼气综合利用生态模式（以下简称模式），是以生态学、经济学、系统工程学为原理，以土地资源为基础、太阳能为动力、沼气为纽带、种植业和养殖业相结合，通过物质能量转换技术，在全封闭的状态下，将沼气池、猪禽舍、厕所和日光温室等组合在一起，形成的一个封闭状态下的能源生态系统（如图8-5所示）。该模式是在日光温室内把沼气技术、养殖技术、种植技术有机结合起来，发展高产、高效、优质农业的一种模式，简称"四位一体"。"四位一体"模式集多业结合、集约经营，通过种植、养殖、微生物的合理结合，加强了物质循环利用，形成无污染和无废料农业，构成了完整的生产循环体系。这种循环体系以其采用的先进生产技术，达到高度利用有限的土地、劳力、时间、饲料、资金，将过去的粗放型农业转化为集约化经营的农业。

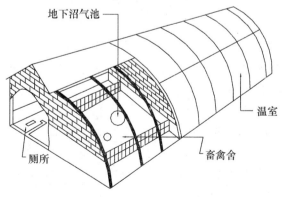

图8-5　北方"四位一体"沼气模式

2. "四位一体"沼气综合利用生态模式的布局

在日光温室的一端建设猪舍，占地12 m²左右，中间以墙隔开，墙的中间有一通气孔，蔬菜种植面积一般为528~660 m²。在猪舍下建沼气池，猪圈和厕所的人畜粪便通过管道自动进入沼气池,作为沼气池的发酵原料,沼气池的出料口设在蔬菜温室中,作为蔬菜的优质肥料,可替代化肥。蔬菜温室具有很好的增温保温效果。据测算,在最冷的1月份,环境温度为零下11℃时,温室内仍可达15℃左右,基本保证了沼气池的发酵温度,使沼气池冬季可以正常产气,基本满足一农户的生活用能。适宜的温度有利于猪和蔬菜的正常生长,同时猪和蔬菜所呼出的二氧化碳和氧气进行互补。因此,农村能源生态模式可在有限的土地上,以太阳能促进物流和能流,形成良性循环,达到地上、地下、空间、气候和资源的科学利用,如图8-6所示。

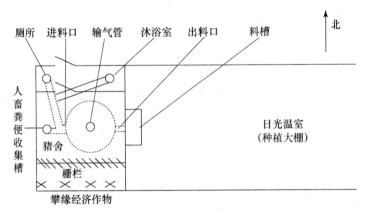

图 8-6　农村能源生态模式布局平面示意图

3. "四位一体"沼气综合利用生态模式经济效益显著

(1) 蔬菜高产优质

原来日光温室的蔬菜生长,主要依靠化肥和农药,不但加大了投入,而且污染严重,使土壤板结,地力下降。而现在推广此生态模式后,用沼气肥(沼渣和沼液)浇灌,不但代替化肥的使用,降低了成本,而且土壤有机质增加,有利沃土工程,因为沼气肥中含有多种元素(如氨态氮的含量是一般农家肥的2.6倍),有利于蔬菜的生长,使蔬菜色正、苗大、根系发达,产量高,质量好。因此,提高了农民的经济收入,是一项富民的好技术。以北京地区为例,以 500 m^2 的日光温室种植黄瓜,收获三茬,没有推广模式前,总产量为 3000 kg;推广模式后总产量为 4700 kg,增产 1700 kg。

(2) 有利于养猪事业发展

推广模式后,养猪条件有明显改善,大棚内温度适宜猪的生长。所谓适宜条件,包括:① 每天猪粪尿随时进入沼气池,猪舍保持干净。② 由于太阳能辐射猪舍,猪在大棚内封闭式生长,每天都可保证其生长所需的最佳温度 10~28℃;这和常规养猪截然不同,过去冬天在室外养猪,御寒不育肥,现在由御寒转变成有效生长。③ 气候适合模式里的各种蔬菜进行光合作用,大量新鲜氧气供给猪,猪排出的二氧化碳再供给蔬菜,增加二氧化碳施肥,这样猪和菜互相促进生长,缺一不可。④ 棚内密封,减少各类菌类感染,使猪少得病或不得病,整个生育期在优良环境中度过。

由于模式具备以上最佳条件,促进了猪生长快。以北京地区为例,一般农户养猪按 11 头计算,5 头作为成品猪(每头平均按 90 kg 计算),6 头作为半成品猪(每头平均按 50 kg 计算),推广模式比一般养猪的销售收入可提高 15%。

(3) 节省能源

模式在农村大量推广,沼气池在大棚内保证了沼气发酵温度,使之正常产生沼气,可解决农户冬季的生活用能。由于常年产气,既省工省时,又方便。

以北京地区为例,沼气池由于冬季寒冷,一般不能使用。而推广模式后,一年四季(365天)都可进行使用,1座8 m^3沼气池全年可产气360~450 m^3,可节省标准煤约400 kg;建日光温室发展塑料大棚,充分利用太阳能资源,可节省能源折合标准煤1742 kg,折合生活用煤2484.9 kg,节省能源比较显著。

4. "四位一体"沼气综合利用生态模式的特点

"四位一体"模式的试点、推广,已经明显看出,它是农村经济发展的菜篮子工程、家庭收入的重要组成部分,是农民致富的好途径,这种地位和作用是其自身的特点和优势决定的。

(1) 物质循环,可持续发展

模式充分利用太阳能,使太阳能转化为热能,又转化为生物能,使沼气和沼肥达到合理利用,是农业可持续发展的必由之路。一方面,通过沼气发酵,获得的沼气可解决农户的生活用能,产生的沼气肥是一种优质的无污染的肥料,施用于蔬菜地,不但可以代替化肥和减少农药的使用量,而且由于增加了有机质,提高了土壤肥力,促进了沃土工程发展。另一方面,猪呼吸排出CO_2通过模式内山墙的通气孔流进日光温室,使温室内CO_2含量从万分之一增加到万分之十二,有利于蔬菜生长;而日光温室蔬菜光合作用呼出的氧气,通过气孔流进猪舍,有利于猪的生长。

(2) 多业结合,集约经营

模式的推广,把种植业、养殖业、能源、农业环保联系在一起,构成了生物质良性循环,造就了无污染和无废料的新型生态农业。养殖业和种植业以沼气为纽带的紧密联系,组成一个完整的循环体系,使之达到多业结合,集约经营。这种循环体系采用先进的生产技术,高效利用有限的土地、劳力、时间、资金等,以获得高效益的增加。

(3) 合理利用资源,改善环境条件

模式的推广,对于可利用的资源,根据当地的自然条件,达到科学地合理的利用。土地、时间、资金等有限的资源通过太阳能转换实现了高效率的利用,可促进农业生产向大农业转化,有利于"两高一优"农业的发展,达到少投入、多产出的目的,同时对土地和环境做到有效保护。

(4) 保护环境,改善卫生条件

过去养猪的猪粪污染环境,粪便中含有的大量病原体通过多种途径污染水体、大气、土壤和植物,直接或间接地影响人体健康。推广模式后,猪粪便直接流进沼气池。一是防止粪便污染环境;二是猪粪便经过沼气发酵后,沼气肥达到无害化效果,钩虫卵、蛔虫卵30 d被杀灭,沙门氏菌6 d被杀灭,痢疾杆菌40 d被杀灭。同时减少了对土壤的污染,消灭了蚊蝇孳生场所,切断病原体的传播途径。因此,沼气发酵处理粪便,净化了环境,减少了疾病,大大改善了农村的卫生面貌,提高了农民的健康水平。几年来的调查表明,普及沼气的村,农民的肠道传染病发病率减少50%~90%。

(5) 有利于智力开发,提高农民素质

模式是技术性很强的农业综合型生产方式,是改革传统农业生产模式、实现农业由单一粮食生产向综合多种经营方面转化的有效途径,因此,模式的推广极大地增强了农民的科技意识和技术水平,形成了一个学习新科技、应用新科技的热潮,提高了农民的素质。

(6) 提高农民的生活质量,有利于社会稳定

模式中的日光温室种蔬菜,可繁荣城乡市场和丰富菜篮子。每年向市场提供的大量生猪和无污染蔬菜,保证了城乡居民(农民)生活质量的改善。同时推广模式时间正值当年11月至来年3月,这一冬一春的半年闲成了高层次利用模式的有效期。人们为求得高产高效,变冬闲为冬忙,使剩余劳动力得到充分利用,闲散的人没有了,因此,社会治安明显好转,促进了农村精神文明建设。

(7) 模式养猪投资少,见效快

与规模化养猪场比较,模式养猪投资少,见效快。以生产1000头商品猪为例:建规模化养猪场需50万元左右投资;而建60个模式养猪,其中需建沼气池、猪舍部分,投资20万元,同样达到一个规模的猪场养猪量,两者相比较可减少至少30万元。采用模式养猪,猪粪尿得到了及时处理,粪便在沼气池中发酵获得的沼气和沼肥,可综合利用,系统运行费用也相应降低;而规模化养猪场运行费用高,粪尿污染环境,没有得到及时处理和合理利用。因此,农村能源生态模式分散养猪,综合效益的作用发挥得比较充分,是发展养猪的好方法,是农民致富的新路子。

8.4.2 南方"猪—沼—果"沼气综合利用模式

赣州地区位于江西省南部,辖三市十五县,总面积 3.96×10^4 km^2,人口755.6万,年平均气温18.8℃,是一个"八山半水一分田,半分道路和庄园"的丘陵山区。赣州地区曾经是经济落后、交通闭塞、水土流失严重的地区,而今该区已改变了穷山恶水的贫穷落后状况,在实现了"十五绿化赣南"目标后,又提出了"在山上再造一个高效益赣南"的总目标。按照人口、资源、环境同步协调发展的原则和生态经济理论,创造出一种适合赣南实际的可持续发展路子,这就是以沼气建设为中心的"猪—沼—果"生态农业发展模式,称为"赣南模式"(如图8-7所示)。

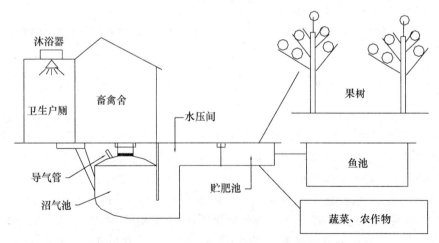

图8-7 南方"猪—沼—果"("养殖业—沼气—种植业")能源生态模式

(一)"猪—沼—果"工程的特色

"猪—沼—果"工程的特色,就是以养殖业为龙头,以沼气建设为中心,联动粮食、甘蔗、烟叶、果业、渔业等产业,在吸取传统农业精华和现代化基础上,广泛开展沼气综合利用。"猪—

沼—果"工程模式是一种综合性现代农业生产方式,也就是利用猪粪和农村秸秆等废物入池发酵,产生的沼气供农户烧饭点灯,解决农村生活用能,利用沼肥浸种、施肥、喂猪、喂鱼。这种循环的生产,实现了大农业内部物质和能量的多层次和良性循环,实现了增长方式的转变,达到了高产、优质、高效的目的。

"猪—沼—果"沼气生态农业工程的具体内容是户建一口沼气池,人均出栏两头猪,人均种好 666.7 m^2 果,简称"121"工程。到 1998 年三季度止,全区建成沼气池 29.34 万余个,并以每年 10 万个的速度递增,果园面积已达 15870 km^2,年生猪出栏 400 万头,建成 20.83 万户生态农业户,并开展了 956 个沼气生态村和 107 个沼气生态乡(镇)的建设。"京九"铁路,105、323、208、319 国道沿线五条沼气走廊初具规模。在经济、社会、生态三个方面,显示了巨大的优越性。

(二)"猪—沼—果"工程的效益

1. 经济效益

(1) 促进生猪养殖

沼液作饲料添加剂,可减少支出,增加收入。通过发展沼气,农民认识到沼气既干净卫生,使用又方便,砍柴买煤不如多养猪,只有多养猪,沼气池才能多产气。同时,沼肥是一种优质饲料添加剂,用来喂猪,猪长膘快,提前 15～30 d 出栏,一头猪可节约饲料 50 kg 以上,料、肉比下降到 1∶3～1∶3.25。

(2) 提供大量的优质沼肥,推动了果业和其他农业的发展

沼肥中含有丰富的 N、P、K 和有机质以及微量元素,不仅可以促进农作物生长和改良土壤,而且可以增强农作物和果树的抗旱、抗冻和抗病能力,用在脐橙、甜柚上,比施化肥增产 25% 以上,每公顷减少投入 3000 元。用沼肥进行裘旱育秧单产比常规育秧高出 17.5%～24.3%。

2. 社会效益

(1) 彻底改善了农村环境条件,促进农村精神文明的建设

农民用上了沼气,结束了烟熏火燎的历史。人畜禽粪便进沼气池发酵,蚊蝇孳生无场所,一些寄生虫和病菌在池内被杀灭,减少了冷热病传染,提高了农民健康水平,村容村貌大为改观。由于不砍柴了,乱砍滥伐森林和山林纠纷了少多了,社会治安稳定,人际关系和谐。

(2) 进一步解放了妇女,提高了农民的精神面貌

赣州地区推广的是自己研制的一种强回流式沼气池,采用粪草两相分离连续发酵工艺,可以常年产气用气,一年可节约砍柴劳力 120 个以上,把妇女从砍柴割草的繁重劳动中解放出来。此外,开展"猪—沼—果"工程建设,是按照生态原理和系统工程方法设计的,通过技术培训和实践,大大提高了农民科技素质,既懂得了生猪、沼气、果业生产知识,又学会了采用先进技术,讲究系统经营,规模经营,增强了持续发展意识。

3. 生态效益

(1) 兴办沼气,可解决广大农民生活用能,减少对森林资源的消耗

1 座 6 m^3 沼气池,一年可节约柴草 2.5 t,相当于 3500 m^2 林木生长量。通过 10 年来的植树造林、兴办沼气、大办果业的"猪—沼—果"工程,赣州地区森林覆盖率由 43.6% 提升至 85.3%,实现了"十年绿化赣南"的目标。

(2) 沼肥对改良土壤理化性状及耕作性能有着十分积极的作用

据调查分析,施用沼肥的水稻田,三年后,土壤有机质含量提高 16%,N、P、K 含量达到丰

富级,团粒结构形成,保水抗旱性能显著提高,微生物十分活跃。农民施用化肥、农药量大为减少,不仅减少了农业投入,而且提高了农产品的品质,使之成为无公害、无污染的绿色食品。

综上所述,开展沼气生态农业建设,是一条投入少、见效快、强县富民的好路子,是农业生产实现两个根本转变的重要手段,是贯彻我国提出的实施可持续发展战略的好模式。

(三) 实施"猪—沼—果"工程的经验

1. 加强领导,制定法规,实施规范化管理

沼气生态农业是一项复杂的系统工程,能否健康持续发展,关键在于领导认识的高度和工作的力度。因此,为适应工作发展需要,地委、行署采取了一系列措施,并制定了加强领导的一系列法规和有关政策,使沼气生态农业逐步走上了法制轨道,保证了它的健康发展。

2. 依靠科技进步

(1) 改进沼气池型

针对长期以来赣州地区沼气池出料难、产气少、寿命短的问题,当地组织了科技人员进行沼气技术攻关,成功地研制出了强回流沼气池,加强了技术队伍建设和质量管理,使建池成功率达100%。

(2) 对沼气炊具进行改革

利用北京四型炉燃烧器负荷稳定、热效率高的优点,采用脉冲式电子点火器和不锈钢外壳配套进行组装,生产和推广"正旺牌"沼气灶,深受农民欢迎。

(3) 推广沼气综合利用新技术

沼气综合利用技术是一项生态农业建设新技术。在大力推进"猪—沼—果"工程模式的同时,还开展了"猪—沼—果、蔗、烟、桑、猪、鱼、菜"等模式的推广工作。

(4) 大力培养农民科技示范户

在抓科技进步的同时,通过在农村办夜校、办培训班等形式,加强了农民的文化培训,提高其科学文化素质。由于广大农民掌握了实用的科学技术,一大批养猪、园艺和沼气技术技工能手承包果园、建沼气池,发展沼气生态农业,极大地推动了生态农业的发展,走上了共同富裕道路。信丰县大塘埠长岗村残疾农民肖承忠参加了双月刊培训,了解了种脐橙、养猪、养鸡技术,承包10000 m^2 果园,建成年养肉鸡300羽的养鸡场5间,实施"猪—沼—果"工程。

3. 资金投入

多年来,采取地、县(市)、乡(镇)财政拨款、银行贷款,农户个人筹款,争取上级支持等办法切实加大沼气生态农业的投入。

(1) 地区财政从今年起在原来的30万元生态农业专项资金的基础上,增加到50万元,列入年初财政预算,各县(市)、乡(镇)财政投入分别在20万元、2万元以上,并在木材销售中征收5~10元/m^3,煤炭征收1元/t,电征收0.005元/(kW·h),作为扶持沼气生态农业发展,按200~300元/池的标准,全部用于补助农户三结合沼气池。地直、县(市)想方设法筹措资金帮助所挂小康点、村建点、扶贫点和"猪—沼—果"工程示范点发展沼气生态农业。

(2) 积极向上争取扶贫和项目,以工代赈、赣中南、红壤二期等项目中尽量安排沼气生态农业的内容。想方设法向金融部门争取贷款,增加信贷投入。

(3) 用好用活群众的劳动积累工,特别是发展沼气生态农业积极性高的地区,劳动积累工主要用于沼气生态农业建设。同时,广泛动员群众自筹资金,以满足沼气生态农业建设对资金的需要。

4. 抓好典型示范

运用典型推动工作是发展沼气生态农业的有效方法。从举办沼气、开展"三沼"(沼气、沼液、沼渣)综合利用到发展沼气生态农业,赣州地区始终坚持采用典型引路、效益吸引的方法,充分发挥典型的导向力、辐射力、说服力和推动力。

(1) 结合各县(市)农业产业特色,先后建成了一批高标准、高效益的生态农业典型。如会昌县、瑞金县的百里沼气生态走廊,大余县的"猪—沼—果"模式,石城县的"猪—沼—莲(烟)"模式,意向州市的"猪—沼—菜"模式,信丰县的观光旅游生态农业等。

(2) 开展了多途径、多形式的宣传教育工作。向领导、社会和群众宣传发展沼气,建设"猪—沼—果"工程的重要性、必要性、优越性和沼气生态农业的典型,从而在全区形成了领导高度重视、社会大力支持、群众积极参与沼气生态农业建设的大好局面。

讨 论 题

1. 什么是沼气发酵系统?简述沼气与农林牧渔的关系。
2. 请简要介绍沼气发酵综合利用系统及其综合效益。
3. 沼气发酵系统具有哪些功能?
4. 什么是生态农业?请简要介绍生态农业的基本特征。
5. 生态农业建设的原则是什么?试论述沼气发酵系统的效益及其在生态农业中的作用。
6. 沼气发酵系统与农、林、牧、副、渔有着密切的关系,简要介绍以沼气为纽带的生态农业模式。
7. 请简要介绍北方"四位一体"沼气综合利用生态模式概念、布局,以及其生态模式的特点和经济效益。
8. 请简要介绍南方"猪-沼-果"沼气综合利用模式的特点和效益。

第 9 章 有机废水自然净化技术

污水自然净化工程于 20 世纪 70 年代逐渐趋向成熟并在实际中普遍应用。它基于生态工程学的原理,通过人工构筑湿地、稳定塘、水生植物塘、水生动物塘、土地处理系统以及上述处理工艺的综合组合,借助于菌、藻、微生物、浮游动物、底栖动物、水生植物(凤眼莲、浮萍、宽叶香蒲等)以及各种植物的多层次、多功能的代谢过程,发生物理、化学、物理化学和生物的反应,使进入工程系统的污水中的有机污染物、营养素以及其他污染物进行多级转换、利用和净化,从而使污水实现无害化、资源化和再生利用。

9.1 人工构筑湿地系统污水处理技术

利用湿地和沼泽地处理污水的方法称为湿地处理系统。湿地处理系统是通过土壤的渗滤作用及其中培植的水生植物和水生动物的综合生态效应,达到净化废水与改善生态环境的目的。湿地处理系统净化污水的作用机理异常复杂,主要有物理的沉降作用、植物根系的阻截作用、某些物质的化学沉淀作用、土壤及植物表面的吸附与吸收作用、微生物的代谢作用等。湿地处理系统能够有效地去除污水中的 SS、BOD_5、N、P 等污染物质。

湿地分为天然湿地系统和人工构筑湿地系统。天然湿地系统利用天然洼地、苇塘,并经人工修整而成。因其承担污水的负荷能力有限,因此,只有在湿地面积足够大时才采用。

人工构筑湿地系统(constructed wetland system),又称人工湿地系统(artifical wetland system)是 20 世纪 70~80 年代发展起来的人工建造的、可控制和可工程化的一种污水生态处理技术,其设计和建造是通过对湿地自然生态系统中的物理、化学和生物作用的优化组合来进行废水处理的。为保证污水在其中有良好的水力流态和较大体积的利用率,人工湿地的设计应采用适宜的形状和尺寸,适宜的进水、出水和布水系统,以及在其中种植抗污染和去污染能力强的沼生植物。它有以下特点:

① 严格的控制体系,既可建立起野生生物的栖息地和良好环境,又可加以人工调控,进行污水净化,改善出水水质。

② 建有铺砌防止污水渗出。

③ 既能净化污水,又能创造出有价值的湿地生态系统,并适用于各种气候条件。

9.1.1 人工构筑湿地的优缺点

人工构筑湿地法(在欧洲称为根区法)具有明显的优点,使它特别受到一些生态学家和环境保护专家的青睐,发展日益迅速。其优点如下:

① 能保持全年较高的水力负荷。

② 若设计合理、运行管理严格、认真,其处理废水效果稳定、有效、可靠,出水水质明显优于生物处理出水,可与三级处理媲美,其脱磷能力也很强,而且脱磷寿命很长,同时具有相当的硝化脱氮能力;但若对出水除氮有更高要求,则尚嫌不足。此外,它对废水中含有的重金属及难降解有机污染物也有较高净化能力。

③ 冬季亦能连续运行。

④ 基建投资费用低,一般为生物处理的 1/3~1/4,甚至 1/5。

⑤ 节省能耗,运行费用低,为生物处理的 1/5~1/6。

⑥ 运行操作简便,不需复杂的自控系统进行控制。

⑦ 机械、电气、自控设备少,设备的管理工作量也随之较少,这方面的人员也可少用。

⑧ 可定期收割作物,例如:芦苇等是优良的造纸及器具加的工原料,芦根及香蒲等还是中药,具有较好的经济价值,可增加收入,抵补运行费用。

⑨ 对于小流量污水及间歇排放的废水处理更为适宜,其耐污及水力负荷强,抗冲击负荷性能好。

⑩ 不仅适合于生活污水的处理,对某些工业废水、农业废水、矿山酸性废水及液态污泥也具有较好的净化能力。

⑪ 既能净化污染物,更能美化景观,增添绿色观瞻,形成良好生态环境,为野生动植物提供良好栖息环境。如把废水治理与野生动植物园建设结合起来,可提高环境资源与旅游资源价值。

其不足之处在于:需要土地面积较大,对恶劣气候条件抵御能力弱,净化能力受作物生长成熟程度的影响大;此外,可能需控制蚊蝇滋生等。

9.1.2 作用机理

人工构筑湿地系统去除污染物的作用机理可归结于表 9-1。

表 9-1 人工构筑湿地系统去除污染物的作用机理

反应类型	反应过程	对污染物的去除与影响
物理反应	① 沉降	可沉降固体在预处理及湿地中通过沉降去除,可絮凝固体也能通过絮凝沉降去除,随之也使 BOD_5、N、P、重金属、难降解有机物以及细菌及病毒去除。
	② 过滤	通过颗粒间相互引力作用及植物根系与介质的阻截作用,使可沉降与可絮凝固体被阻滤而去除。
化学反应与物理化学反应	① 化学沉淀	磷与重金属通过化学反应形成难溶解化合物或与其他难溶解化合物一起沉淀去除。
	② 吸附	磷与重金属被吸附在土壤的植物根茎表面,某些难降解有机物也能够通过吸附去除。
	③ 分解	由于紫外线辐射及氧化还原等反应过程,使难降解有机物分解或变成稳定性较差的化合物。
生物反应	微生物代谢	借助于悬浮的、底泥的以及寄生栖息于植物上的细菌的代谢作用将凝聚性与可溶性固体进行生物分解;通过生物硝化-反硝化作用进行脱氮;微生物也能将部分重金属氧化或还原后经阻滤或结合而加以去除。
植物反应	① 植物代谢	借助于植物的吸收而将有机物去除,植物根系分泌物对大肠杆菌和病原体有灭活作用。
	② 植物吸收	相当数量的氮、磷、重金属及难降解有机物能被植物吸收而去除。
	③ 自然死亡	细菌和病毒处于不适宜环境中会引起自然腐败而死亡。

9.1.3 人工构筑湿地的类型与构成

(一) 人工构筑湿地的类型

根据污水在湿地中水面位置的不同,人工湿地可以分为自由水面人工湿地和潜流型人工湿地。

1. 自由水面人工湿地

自由水面(敞流或表面流)人工湿地(如图9-1所示)是用人工筑成水池或沟槽状,然后种植一些水生植物(如芦苇、香蒲等)。水面位于湿地基质层以上,其水深一般为 0.3~0.5 m。目前,自由水面人工湿地有两种,一种是平面形状呈不规则形状,床底不是平的,有深水区和浅水区,水在湿地中的流动更接近于天然状态。另一种床底是平的,湿地内维持一定水深(0.1~0.3 m),水流呈推流式流动,从终端地表出水。污水投入湿地后,在流动过程中,与土壤、植物,特别是与植物根茎部生长的生物膜接触,通过物理-化学-生物的反应过程而得到净化。

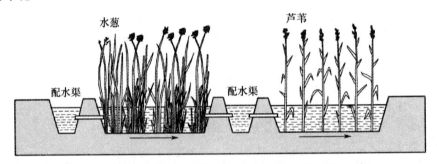

图 9-1 自由水面人工湿地系统示意图(水葱-芦苇二级系统)

2. 潜流型人工湿地

潜流型(地下流)人工湿地的水面位于基质层以下。这种湿地系统是目前广泛研究及应用的湿地处理系统,主要形式为采用各种填料的芦苇床系统。潜流型人工湿地(芦苇床)由上下两层组成,上层为土壤,下层是由易于使水流通的介质(如粒径较大的砾石、炉渣或砂层等)组成的根系层,在上层土壤层中种植芦苇等耐水植物。床底铺设防渗层或防渗膜,以防止废水流出该处理系统,并具有一定的坡度。根据湿地中水流动的状态可将其分为水平流潜流式湿地、竖向流潜流式湿地和复合流潜流式湿地。

(1) 水平流潜流式湿地(如图9-2所示)。其水流从进口起在根系层中沿水平方向缓慢流动,出口处设水位调节装置和集水装置,以保持污水尽量和根系层接触。潜流式湿地除了一般的湿地去除污染物机理外,而且由于植物根系对氧的传递释放,使其周围的微环境中依次呈现出好氧、缺氧及厌氧状态,因此,对氮具有较好的去除效果。

(2) 竖向流潜流式湿地。其水流方向和根系层呈垂直状态,出水装置一般设在湿地底部。与水平流潜流式湿地相比,这种床体形式的主要作用在于提高氧向污水及基质中的转移效率。其表层通常为渗透性能良好的砂层,间歇进水。污水被投配到砂石床上后,淹没整个表面,然后逐步垂直渗透到底部,由底部的排水管网予以收集。在下一次进水间隙,允许空气填充到床体的填料间,这样下一次投配的污水能够和空气有良好的接触条件,提高氧转移效率,以此来提高 BOD_5 去除和氨态氮硝化的效果。

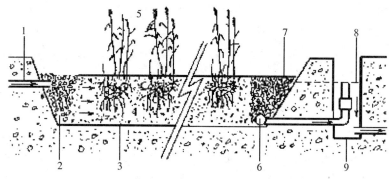

图 9-2　水平流潜流式人工湿地的纵断面图
1—机械预处理污水；2—填充大石块的布水区；3—防渗层；
4—填料层（粗砂、砾石、碎石块）；5—植物；6—出水集水管；
7—填充大石块的集水区；8—用出水溢流管保持芦苇床中的恒定水位；9—出水排放沟

(3) 复合流潜流式湿地。指其中的水流既有水平流，也有竖向流。在芦苇床基质层中污水同时以水平流和下向垂直流的流态流入底部的渗水管中。也有两级串联的复合流湿地系统，其中第一级为芦苇床湿地，以水平流和下向垂直流的组合流的流态流入第二级湿地；由于它具有很强的除污染效能，用以去除污水中大部分的污染物和污染负荷。第二级为灯心草床湿地，以水平流和上向垂直流的组合流态经溢流出水堰流入出水渠中。

潜流式湿地的优点在于其充分利用了湿地的空间，发挥了系统（植物、微生物和基质）间的协同作用，因此在相同面积情况下其处理能力比自由水面人工湿地得到大幅度提高。污水基本上在地面下流动，保温效果好，卫生条件较好，这也是其近几年被大量应用的原因。其缺点是比自由水面人工湿地建造费用高。

（二）人工构筑湿地的构成

人工构筑湿地由植物、土壤和微生物组成。

(1) 植物

在人工构筑湿地中常选用芦苇、香蒲等植物，其中芦苇因其输氧能力强，是湿地最常选用的水生植物。据测定，芦苇最大输氧速率可达 $28.8\ g(O_2)/(m^2 \cdot d)$；而且，其除磷能力也强。

(2) 土壤

土壤能吸收污水中大部分的磷，轻黏土最大吸磷容量可达 $300 \sim 800\ mg(P)/kg$ 土壤。同时采用中等颗粒的砂作为介质，也可有效地吸收磷。

(3) 微生物

湿地系统富集着大量的微生物（如细菌、真菌、原生动物）以及较高等的动物，但其仅附着在根茎部分的微生物对污水净化起主导作用。净化效果取决于停留时间、接触反应条件、供氧与需氧状况及水温等因素。

9.2　污水土地处理技术

利用土壤-微生物-植物组成的生态系统的自我调控及人工调控的机制对污水中的污染物进行一系列物理的、化学的和生物的净化过程，使污染物得以去除，污水水质得到改善，这种通过系统中营养物质和水分的循环利用，使绿色植物生长繁殖，从而实现污水的无害化、稳定化和资源化的生态系统工程,称为污水土地处理系统。这是一种高效、节能、经济并符合生态学原理的污水处理利用的工程技术。

9.2.1 优点和净化机理

1. 优点

这种新型污水净化系统具有以下明显优点:① 促进污水中植物营养素的循环;② 污水中有用物质通过作物的生产而获得再利用;③ 节省能源;④ 可利用废劣土地、坑塘洼淀处理污水,基建投资少;⑤ 运行管理简单、便利、低廉;⑥ 可绿化大地、增添风景美色,改善地区小气候,促进生态环境的良性循环;⑦ 污泥可充分利用,二次污染少。

2. 净化机理

污水土地处理系统是一个十分复杂的综合净化过程,其净化机理归纳于表 9-2 中。

表 9-2　废水土地处理的净化机理作用机理

净化过程	作用机理
物理过滤	土壤颗粒间的孔隙能截留、滤除废水中的悬浮颗粒。土壤颗粒的大小、颗粒间孔隙形状、大小分布及水流通道形状都影响物理过滤效率。悬浮颗粒过大、太多,有机物生物代谢产物,均能造成土壤堵塞。因此,应加强管理、控制灌水与休灌周期及其交替,以恢复土壤截污过滤能力。
物理吸附与物理沉积	土壤中黏土矿物等能吸附土壤中的中性分子,这是由于非极性分子之间范德华力所致。废水中部分重金属离子在土壤胶体表面由于阳离子交换作用而被置换、吸附并生成难溶物而被固定于矿物的晶格之中。
物理化学吸附	金属离子与土壤中的无机胶体与有机胶体由于螯合作用而形成螯合化合物;有机物与无机物的复合化而生成复合物;重金属离子与土壤进行阳离子交换而被置换吸附;有些有机物与土壤中重金属生成可吸附螯合物而固定于土壤矿物的晶格之中。
化学反应与沉淀	重金属离子与土壤的某些组分进行化学反应生成难溶性化合物而沉淀。若改变土壤的氧化还原电位,能生成非溶性硫化物;pH 的改变导致金属氢氧化物的生成;另一些化学反应能生成金属磷酸盐和有机重金属化合物等而沉积于土壤之中。
微生物的代谢过程与有机物的生物降解	土壤中含有大量异养性微生物能对颗粒中悬浮性有机固体和溶解性有机物进行生物降解。厌氧状态时,厌氧菌能对有机物进行厌氧发酵分解。此外,对亚硝酸盐和硝酸盐进行反硝化生物脱氮。

9.2.2 污水土地处理系统的组成

污水土地处理系统一般由以下 5 部分组成:① 污水的收集和预处理设施;② 污水的调节与储存设施;③ 污水的布水与控制系统;④ 污水土地净化田;⑤ 净化水的收集和利用设施。

9.2.3 污水土地处理系统的工艺类型

污水土地处理系统可分为慢速渗滤系统(slow rate land treatment system,简称 SR)、快速渗滤系统(rapid infiltration land treatment system,简称 RI)、地表漫流系统(overland flow land treatment system,简称 OF)和地下渗滤系统(subsurface infitration land treatment system,简称 SI)4 种工艺类型。

(一) 慢速渗滤系统

1. 性能与目标

慢速渗滤系统适用于渗水性能良好的壤土、砂质壤土,以及蒸发量小、气候湿润的地区。污水借助于表面布水或喷灌布水,将污水分布入田,而后垂直向下缓慢渗滤,田表面种植作物,可充分利用污水中的水分和营养成分,并借助于土壤-作物-微生物的协同作用对污水进行净化,部分污水经蒸发或蒸发散逸入大气,部分污水渗入地下。

2. 预处理要求

预处理通常采用一级处理或二级处理。一级处理是指沉淀池或酸化水解池等,二级处理指稳定塘处理或传统的二级处理(生物法),应控制大肠杆菌数小于 100 MPN/100mL(MPN 是指最大可能数)。

3. 作物选择

选择作物十分重要,一般可选用多年生牧草,其生长期长、氮利用率高、忍受水力负荷能力强。当选用森林时,还可同时进行污泥灌田;当选用谷物时,应该满足谷物对水的需要,加强水量水质调节蓄存管理。

4. 净化效果

慢速渗滤系统具有很强的净化能力,BOD_5 去除率$>95\%$、$COD>88\%$;$NH_4^+-N>95\%$、$TP>90\%$、$SS>70\%$,与进水水质有很大关系。

(二) 快速渗滤系统

1. 性能与目标

快速渗滤系统适用于透水性非常好的土壤(如砂土、壤土砂或砂壤土)。经预处理的污水投配入渗滤田后快速下渗,部分被蒸发,大部分下渗地下水。

采用周期性布水,继后休灌。灌水/休灌交替反复进行,使田块处于湿/干交替状态,借助于土壤及微生物对污水中组分进行阻截、吸附与生物分解,从而可防止土壤孔隙的堵塞。在田块土层内通过厌氧-好氧生物过程的交替重复运行,使 BOD_5、N、P 得以去除。该类系统的水力负荷与有机负荷比其他类型土地处理系统高得多,经科学设计、严格管理,其处理效率仍然很高。该系统的污水投配方式,若以达到回用为目的,则以面灌为主,借助于集水井或地下集水管系统收集出水;若仅为了回灌地下水,则可不设集水系统,净化水可直接储存在地下蓄水层内。

2. 预处理要求

(1) 欲使水力负荷、渗滤速率或硝化速率达最大值,污水经一级处理即可满足要求。

(2) 如在高负荷渗滤速率下运行(可节省土地),则污水需经二级处理或相当于二级处理。

(3) 若对系统出水水质要求很高,则需二级或二级强化处理。

(4) 若最大地去除氮量,则一级处理即可,需控制 BOD_5/N 之比例。

3. 净化效果

控制布水(灌水)/休灌(落干),即采取不同的周期,可以达到不同的 BOD_5 去除、硝化、反硝化的要求。若进入污水的 $BOD_5/N \geqslant 3$ 时,可满足脱氮过程对碳源的需要。进水布水 7~9 d,落干 12~15 d,可提高脱氮效率。此外,控制渗滤率也能提高脱氮效率。土壤的理化特性、水力停留时间及运行条件的调控,是十分重要的。

快速渗滤系统对磷的去除,一般可达 70%~93%。美国与以色列运行结果表明,进水磷浓度 2.1~9.0 mg/L,出水磷浓度 0.014~0.37 mg/L,一般可达 0.3~0.4 mg/L,去除率为 93%~99%。

(三) 地表漫流系统

1. 工艺特性与目标

地表漫流系统适用于透水性差的土壤(如黏土、亚黏土)以及具有均匀适宜坡度(2%~8%)的田块。采用漫灌或喷灌方式将污水有控地投配到田块上,使之在田块表面形成薄膜,均匀地顺坡流下,小部分蒸发或下渗,大部分流入集水沟。田块上种植青草,供微生物栖息并防止土壤被冲刷流失。水力负荷一般为 1.5~7.5 m/a。

地表漫流系统对 SS、有机物、营养素、微量污染物及病原体都有很强的去除能力。污水在地表作物行进过程中,颗粒物由于截留、沉淀而被去除;借助于所生成的生物膜对溶解性有机物进行生物降解;通过生物硝化-反硝化反应对氮化合物进行去除,一般氮化合物的去除率在 70% 左右。

2. 净化效果

多年运行资料表明,出水中 BOD_5 为 3.5~20.5 mg/L,SS 为 3~40 mg/L(超过 70% 数据不大于 10 mg/L),出水中 TN 为 2.1~39.7 mg/L(超过 70% 数据不大于 10 mg/L),TP 为 1.1~8.7 mg/L(平均为 5.2 mg/L)。

(四) 地下渗滤系统

1. 性能与构造

地下渗滤系统是将污水有控地投配到距地表一定深度、具有一定构造和良好扩散性能的土层中,污水在土壤的毛细管浸润和渗滤作用下,向周围运动并得到净化和利用的土地处理利用工艺。地下渗滤处理系统分为土壤渗滤沟、地下毛细管浸润沟和浸没生物滤池-土壤浸润复合工艺。

(1) 系统的优点。布水系统埋于地下,不影响地面景观;运行管理简单;N、P 去除能力强;出水水质好,净化水可回用。

(2) 系统的缺点。受场地和土壤条件影响较大;控制不当,易堵塞;地下施工,工程量较大,投资较高。

2. 预处理要求

采用腐化池、沉淀池、水解酸化池、厌氧滤池、生物接触滤池、简易过滤池作为预处理工艺,可净化污水中有机物及 N、P。

(五) 各种污水处理工艺类型的比较

各种污水土地处理工艺典型设计资料汇总于表 9-3。

表 9-3 各种污水土地处理工艺的典型设计资料汇总

项 目	慢速渗滤	快速渗滤	地表漫流	湿地	地下渗滤
(1) 布水方式	人工降雨(喷灌),地表投配(面灌、沟灌、畦灌、淹灌),滴灌等	通常采用地表投配布水	人工降雨(喷灌),地表布水	地表布水	地下管道布水
(2) 水力负荷/(m/a)	0.6~6.0	6.0~170	3~20	1~30	<10

续表

项　目	慢速渗滤	快速渗滤	地表慢流	湿地	地下渗滤
(3) 周负荷率/(cm/周)	1.3～10.0	10～240	6～40①	2～64	5～20
(4) 最低预处理要求	沉淀池或酸化水解池	沉淀池或酸化水解池	格栅及沉砂	沉淀池或酸化水解池	沉淀池或酸化水解池
(5) 要求土地面积② $10^4\ m^2/10^4\ m^3$	60～600	2～60	15～120	10～275	13～150
(6) 投入废水的去向	蒸发发散及渗滤	主要为下渗	表面径流、蒸发发散及少量下渗	蒸发发散、渗滤及径流	少量蒸发，主要为渗滤
(7) 对植物的要求	必要	无规定要求(可要可必要)必要	必要	必要	可要,可不要
(8) 对气候的要求	较温暖	无限制	较温暖	较温暖	无限制
(9) 适用的土壤	具有适当渗水性，灌水后作物生长好	具有快速渗水性，如砂土、亚砂土、砂质土	具有缓慢渗水性，如黏土、亚黏土等		
(10) 地下水位最小深度/m	≈1.5	≈4.5	无规定	无规定	2.0
(11) 对地下水水质的影响	可能有一些影响	一般会有影响	可能有轻微影响	一般会有影响	影响不太大
(12) 有机负荷率 $kg(BOD_5)/(10^4\ m^2 \cdot a)$ $kg(BOD_5)/(10^4\ m^2 \cdot d)$	2000～20 000 50～500	36 000～47 000 150～1000	15 000 40～120	18 000 18～140	
(13) 场地坡度	种作物不超过20%;不种作物不超过40%	不受限制	2%～8%	1%～8%	
(14) 可能达到的出水水质/(mg/L)	$BOD_5 \leqslant 2$ $TSS \leqslant 1$ $TN \leqslant 3$ $TP \leqslant 0.1$	$BOD_5 \leqslant 5$ $TSS \leqslant 2$ $TN \leqslant 10$ $TP \leqslant 1$	$BOD_5 \leqslant 10$ $TSS \leqslant 10$ $TN \leqslant 10$ $TP \leqslant 6$	BOD_5 5～40 TSS 5～20 TN 5～20	$BOD_5 \leqslant 10$ $TSS \leqslant 10$
(15) 运行管理特点	种作物时应严格管理，系统使用寿命长	管理运行较简单，磷可能限制系统的寿命	运行管理比较严格，寿命长		

注：① 其中6～15 cm/周，用于一级处理出水；15～40 cm/周，用于二级处理出水。
② 不包括缓冲地区、道路及沟渠等。

9.3 污水稳定塘处理技术

9.3.1 概述

稳定塘，一般习惯称之为氧化塘，又名生物塘。它是土地经过人工适当的修整、设围堤和防渗层的池塘，是一种主要依靠自然生物净化功能使废水得到净化的废水生物处理技术。

稳定塘是对各种类型的废水处理塘的总称，它有多种分类方式。按照塘内充氧状况和微生物优势群体，稳定塘可以分为好氧塘、兼性塘、厌氧塘和曝气塘；根据处理后达到的水质要求，稳定塘可以分为常规处理塘和深度处理塘；按照稳定塘出水是否连续性，稳定塘又可以分为连续出水塘、控制排放塘和完全贮存塘。此外，如果稳定塘净化废水除利用菌藻外，还利用水生植物和水生动物，则称为生物塘或生态塘。

稳定塘废水处理工艺在国内外已经得到了比较普遍的应用，特别是在美国得到了最为广泛的应用。目前，美国用于处理城市废水和工业废水的塘共有 11 000 多座，这些塘系统大都由兼性塘、曝气塘、好氧塘和厌氧塘等 4 种普通型式的塘以多种不同的组合方式构成，因而称为普通塘系统。这些普通塘系统具有基建投资少、运行维护费用低、运行效果稳定、去除污染效果好等优点，但它们也有一些缺点和局限性（如水力停留时间长，占地面积大）而影响了其推广应用，在土地缺少和地价昂贵的地方难以推广；厌氧塘和兼性塘在翻塘时会产生臭味，恶化周围环境等。

在稳定塘中存活并对废水起净化作用的生物有细菌、藻类、微型动物（原生动物与后生动物）、水生植物以及其他水生动物。这些类型不同的生物，构成了稳定塘内的生态系统。不同类型的稳定塘所处的环境条件不同，其中形成的生态系统又有各自的特点。与活性污泥法、生物膜法等人工生物处理技术相同，在稳定塘内对有机污染物降解起主要作用的是细菌。藻类在光合作用中释放出氧，供细菌利用，使细菌能够进行正常的生命活动。菌藻共生体系是稳定塘内最基本的生态系统，其他水生植物和水生动物的作用则是辅助性的，它们的活动从不同的途径强化了废水的净化过程。

图 9-3 所示为典型的兼性稳定塘的生态系统，其中包括好氧区、厌氧区（污泥层）及两者之间的兼性区。在稳定塘中，通过稀释、沉淀和絮凝、好氧与厌氧微生物的代谢作用、浮游生物摄食与吞噬作用以及水生维管束植物的吸收作用等过程，完成对废水的净化。

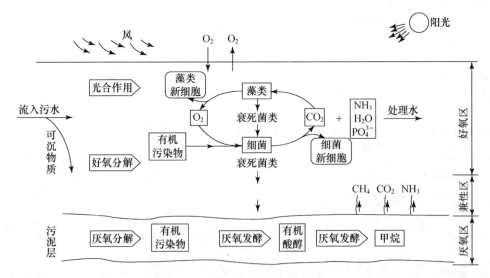

图 9-3　稳定塘内典型的生态系统

9.3.2 稳定塘的分类、特点与应用

稳定塘的分类、特点与应用列于表 9-4 中。

表 9-4 稳定塘的分类、特点与应用

稳定塘系统的类型	名 称	特 点	应 用
氧化塘 (塘内水深 0.15~0.45 m)	高速氧化塘	设计应满足藻类细胞组织的优化生产和获得高产蛋白质	脱氮、溶解性有机污染物的转化与去除
	低速氧化塘	通过控制塘深以维持好氧状态	处理溶解性有机污染物及二级处理出水
	精制塘 (深度处理塘)	同上,但有机负荷很小	对二级生物处理出水进行深度处理,以进一步改善出水的水质
好氧-厌氧生物塘	兼性生物塘 (氧源:藻类)	塘比高速生物塘深,藻类光合作用及表面复氧对上层废水提供氧源;下层呈兼性;底层固体污物进行厌氧发酵	用于处理经初级或一级处理的城市污水或工业废水
	具有机械表面曝气的兼性生物塘(氧源:表面曝气)	同上,但设有小型机械曝气池,以提供好氧层所需的氧	同上
厌氧生物塘	厌氧生物塘或厌氧预处理塘	厌氧塘后常设好氧生物塘或兼性生物塘	用以处理生活污水及工业废水
厌氧塘+兼性塘+好氧塘系统(设有出水回流)	稳定塘系统	用于达到专门的净化目标	用于城市污水和工业废水的完全处理
厌氧塘+好氧塘+好氧塘系统(好氧塘出水向厌氧塘回流)	稳定塘系统	用于达到专门的净化目标	用于城市污水和工业废水的完全处理,细菌去除率高

9.3.3 稳定塘

1. 氧化塘(好氧塘)

好氧氧化塘的水深较浅,一般只有 0.2~0.4 m,阳光可以透过水层,直接射入塘底;塘内生长有藻类,藻类的光合作用可向水中供氧。在好氧氧化塘中,溶解氧的供给,主要是依靠藻类,其次是水面大气复氧。

好氧氧化塘所能承受的有机物负荷低,BOD_5 负荷为 10~20 g/(m²·d);废水在塘内停留时间短,一般 2~6 d;BOD_5 的去除率较高,可达 80%~95%;塘内几乎无污泥沉积。这种塘常用于废水的二级和三级处理。处理后废水带有大量藻类,可以通过混凝沉淀、气浮、离心分离、微滤、砂滤等方法去除,所得藻类可以利用。

另外,由于藻类光合作用能利用水中的 N 和 P 合成体内物质,因此氧化塘也具有脱 N 和除 P 的功效。

2. 兼性塘

兼性氧化塘介于好氧氧化塘和厌氧氧化塘之间,并具有两者的特点。兼性氧化塘水深不

大,一般为 0.6~1.5 m。在塘的上部水层能接受阳光,生长藻类,进行光合作用,使上层水处于好氧状态;而在中部,尤其在下部,由于阳光透入深度的限制处于厌氧状态。所以废水中的有机物主要在好氧水层中被好氧微生物氧化分解,可沉固体及沉淀下来的老化藻类在厌氧水层中被厌氧微生物进行厌氧发酵分解。废水在塘内停留时间 7~30 d,BOD_5 负荷 2~10 g/(m^2·d),BOD_5 去除率 75%~90%。

3. 厌氧塘

厌氧塘水较深,一般塘深在 2.4~3.0 m 以上,BOD_5 负荷高,可达 33~56 g/(m^2·d)。仅在塘表面一层极薄的水层能从表面大气复氧中取得溶解氧,可以说,整个塘都处于厌氧状态,塘内无藻类生长。废水在塘内停留时间长达 30~50 d,废水净化速度慢,BOD_5 去除率有 50%~70%。由于停留时间长,因此,一些难降解的有机物,在塘内也有一定的降解作用(如废水中的"六六六",能被污泥吸附,沉淀到塘底,在塘底厌气分解)。由于处在厌气状态,所以废水的正常处理过程中,出水带黑色,并有特殊的臭气。

一般厌氧塘多作为预处理与好氧氧化塘组合处理,也多用于处理小量高浓度的有机废水。

4. 曝气塘

为了解决氧化塘水中溶解氧不足,而在塘面安装人工曝气设备的一种氧化塘,称为曝气塘。曝气塘可以在一定的水深范围内维持好氧状态,而不依靠藻类供氧。因此,曝气塘更接近活性污泥法的延时曝气,对水质、水量的变化有较大的适应性,污泥生成量少。

曝气塘的深度可达 5 m,一般都在 3 m 左右,停留时间 3~8 d,BOD_5 负荷 30~60 g/m^3 塘,BOD_5 去除率可达 90%。

稳定塘的运行方式有单级和多级两种。单级为仅有一个稳定塘或几个稳定塘并联运行。多级为几个稳定塘串联起来运行。当采用多级串联稳定塘时,每级稳定塘的作用可以各不相同。例如,某稳定塘采用三级串联:在第一级以处理废水和繁殖藻类为主;第二级以培养吞食藻类的动物性浮游生物和处理废水为主;而第三级由于废水已得到净化,水中溶解氧高于 4 mg/L,可以进行养鱼,鱼以动物性浮游生物为食饵。

稳定塘的处理效果受光线、温度、季节等因素的影响很大。一般来说,处理效果夏季高、冬季低,高低相差可达 10 倍之多,因此,不能保证全年都达到处理要求。我国北方冬季气温低,水面结冰,光合作用和水面充氧都受到障碍,氧化塘很难运行,况且水温低于 10℃不利于藻类生长,所以我国北方很少采用稳定塘。

讨 论 题

1. 请简要介绍人工构筑湿地的优缺点和作用机理。
2. 根据污水在湿地中水面位置的不同,人工湿地可以分为哪几个类型?简述各类型特点和人工湿地的构成。
3. 请介绍污水土地处理技术的优点和净化机理。
4. 污水土地处理系统的工艺类型有哪些?各子系统性能、要求和效果是什么?试比较各系统优缺点。
5. 请简要介绍污水稳定塘定义、分类及作用机理。
6. 简述稳定塘的分类、特点与应用。

第10章 有机废气处理技术

10.1 概 述

10.1.1 有机废气

有机废气占气态有毒污染物的绝大多数，在美国国家环境保护署(EPA)所列的有毒气体排放物清单(TRI)中的25种气体中，有18种是有机物，占有毒气体排量的74.2%。可见有机废气治理是大气污染治理中极为重要的一部分。有机废气产生根源是有机原料的应用和合成材料的生产。有机原料被广泛地应用于农业、轻工、纺织、化工、电子、机械制造、建材、国防工业等部门和人民生活的各个领域，合成材料主要来源于石油化工(包括塑料、橡胶、胶片)、印刷、黏结、涂料及其他一些工艺技术的生产。

有机原料产品种类繁多。根据有机原料在化学工业中的作用和加工利用程度，可将其大致分为两类：

(1) 基础有机化工原料。主要有以石油、煤为原料制得的乙烯、丙烯、丁烯、丁二烯、苯、甲苯、二甲苯、萘和乙炔等。

(2) 基本有机化工原料。它们是基础有机化工原料经加工、转化得到的产品，主要有含氧化合物(如有机醇、醛、酮、醚、酸、酯类化合物、环氧化合物等)、含氮化合物(如有机胺、腈、酰胺类化合物、吡啶等)、卤化物(如氯甲烷、氯乙烯、氯乙烷、四氯化碳、氟化物、氯氟烃及环氧氯丙烷等有机卤化物等)、含硫化合物(硫醇、硫醚等)、芳香烃衍生物(如烷基苯、苯酚、苯胺、蒽醌、硝基苯、氯苯、苯二甲酸及其酯类化合物等)。合成材料主要有合成树脂(塑料)、合成纤维和合成橡胶等。

有机废气主要是指挥发性有机物(VOCs)，是苯、甲苯、三氯乙烯等具有高挥发性有机物的总称。广义上，包括小分子的烷烃及其衍生物及醛、酯等含氧化合物。常见的VOCs污染物种类可按表10-1分类。

表10-1 常见的挥发性有机物(VOCs)及其分类

类 别	挥发性有机物(VOCs)
脂肪类碳氢化合物	丁烷、正己烷
芳香类碳氢化合物	苯、甲苯、二甲苯、苯乙烯
氯化碳氢化合物	二氯甲烷、三氯甲烷、三氯乙烷、二氯乙烯、三氯乙烯、四氯乙烯、四氯化碳
酮、醛、醇、多元醇类	丙酮、丁酮、环己酮、甲基异丁基酮、甲醛、乙醛、甲醇、异丙醇、异丁醇
醚、酚、环氧类化合物	乙醚、甲酚、苯酚、环氧乙烷、环氧丙烷
酯、酸类化合物	醋酸乙酯、醋酸丁酯、乙酸
胺、腈类化合物	二甲基甲酰胺、丙烯腈
其他	氯氟烃、含氢氯氟烃、甲基溴

1990年美国《清洁空气法》修正案列举的189种有毒有害物质中,70%是VOCs。挥发性有机物的大污染源主要是化工和轻工生产,例如:制鞋业在成型工艺中使用有机溶剂的胶黏剂,会产生"三苯"废气;水松纸是香烟过滤嘴外包装用纸,在水松纸生产工艺中要使用大量的有机溶剂——乙醇及少量的甲苯、二甲苯、乙酸乙酯、乙酸丁酯等溶剂,在涂料用热空气干燥成膜的过程中有机溶剂全部挥发,造成环境污染。

溶剂和稀释剂的污染也不容忽视,如广泛应用于机械、电气设备、家电、汽车、船舶等行业的喷漆工艺。其涂料由不挥发组分和挥发组分组成:不挥发组分包括成膜物质和辅助成膜物质,挥发组分是溶剂和稀释剂。喷漆废气中的有机气体来自溶剂和稀释剂的挥发,有机溶剂不会随油漆附着在喷漆物表面,在喷漆和固化过程中将全部释放形成有机废气,即漆雾。还有日常生活中随处可见的小污染源,如油漆、涂料、地板蜡等。

10.1.2 恶臭特性与测定方法

(一) 恶臭特性与危害

按照《恶臭污染物排放标准》(GB 14554-93)的规定,臭气是指一切刺激嗅觉器官,并引起人们不愉快及损坏生活环境的气体物质。恶臭污染是大气、水、固体废物等物质中的异味通过空气介质,作用于人的嗅觉思维而感知的一种感知(嗅觉)污染,是一种日益引起全球重视的大气污染公害。地球上存在的200多万种化合物中,1/5具有气味,约有10 000种为重要的恶臭物质。目前,凭人的嗅觉即能感觉到的恶臭物质有4000多种。不同类型的物质,其分子结构中有不同的"发臭基团",使各种恶臭物质具备不同臭味。

具有恶臭特性的气体不仅对生态环境造成了严重的影响,而且对人体健康也有极大的危害。它可使人的中枢神经产生障碍、病变,引起慢性病,缩短生命,还可以引起急性病和死亡。恶臭污染是通过发臭基团刺激嗅觉细胞,使人感到厌恶和不愉快。恶臭污染具有以下特点:

① 污染源众多,污染面广,涉及行业多。
② 恶臭物质的浓度一般较低,甚至可低到10^{-9}级的浓度。
③ 恶臭气体成分较复杂,往往是含多种恶臭物质的混合臭。
④ 恶臭污染的监测、分析难度大,其治理的难度也较一般的大气污染难度大。

(二) 恶臭测定方法

恶臭污染以心理影响为主要特征,而这种心理影响是通过嗅觉引起的。由于人的嗅觉非常灵敏,能感知极低的恶臭污染物浓度。恶臭物质的嗅阈值极低,这就使得测定非常困难。因此,目前还未找到一个可全面评述恶臭的可检测性、强度、厌恶度及其性质的简单测定方法。下面就一些常用的恶臭测定方法作简单介绍。

1. 仪器测定法

主要用于测定单一的恶臭物质。单一恶臭物质主要包括小分子的有机酸、酮、酯、醛类、胺类,以及硫化氢、甲苯、苯乙烯等。分析测定主要采用气相色谱-质谱联用仪(GC-MS)、高效液相色谱法(HPLC)、离子色谱、分光光度法等精密分析仪器进行,所以一般分析费用较高,分析时间也比较长。我国恶臭污染物排放标准中规定的8种恶臭物质的测定方法列于表10-2中。

表 10-2　单一恶臭物质的测定方法

序　号	控制项目	测定方法	标准序号
1	氨	次氯酸钠-水杨酸分光光度法	GB/T 14679
2	三甲胺	二乙胺分光光度法	GB/T 14676
3	硫化氢	气相色谱法	GB/T 14678
4	甲硫醇	气相色谱法	GB/T 14678
5	甲硫醚	气相色谱法	GB/T 14678
6	二甲二硫醚	气相色谱法	GB/T 14678
7	二硫化碳	气相色谱法	GB/T 14680
8	苯乙烯	气相色谱法	GB/T 14677

2. 嗅觉测定法

恶臭物质往往是由许多物质组成的复杂复合体,如垃圾产生的恶臭就包括氨、硫化氢、甲硫醇等几十种恶臭气体,这就给恶臭的测定和评价带来很大困难。传统的仪器测定虽然能够测定单一恶臭气体的浓度,却不能反映恶臭气体对人体的综合影响。为此,人们引进了嗅觉测定法,即通过人的嗅觉器官对恶臭气体的反应进行恶臭的评价和测定工作。这里简单介绍比较常用的六阶段臭气强度法和三点比较式臭袋法。

(1) 六阶段臭气强度法

最初参照调香师的嗅觉感知,从0～5用六阶段臭气强度法表示,具体见表10-3,其中2.5～3.5为环境标准值。简单的测定方法是以3人为一组,按表10-3表示的方法,以10 s的间隔连续测定5 min所得的结果。这种方法对测定人员的要求比较高,以0.5为一个判定单位,误差也比较大;但臭气强度能和一定的恶臭物质浓度相对应,两者存在正相关关系,如1×10^{-6}mg/L 和 5×10^{-6}mg/L 浓度对应的臭气强度分别为 2.5 和 3.5。

表 10-3　臭气强度的分类

臭气强度	分级内容	臭气强度	分级内容
0	无臭	3	可轻松认知值
1	可感知阈值	3.5	可轻松认知值
2	可认可阈值	4	较强气味
2.5	可轻松认知值	5	强烈气味

(2) 三点比较式臭袋法

在六阶段臭气强度法基础上改进的方法称为三点比较式臭袋法,又称臭气浓度法。所谓臭气浓度指恶臭气体(包括异味)用无臭空气进行稀释,稀释到刚好无臭时,所需的稀释倍数。具体办法是将3个无臭塑料袋之一装入恶臭气体后,让6人一组的臭气鉴定员鉴定,逐渐稀释恶臭气体,直到不能辨别为止。去掉最敏感和最迟钝的两个人,以其他人鉴定的平均值作为最后的测定结果。只要是年满18岁、嗅觉没有问题的人,经检查合格均可申请做臭气鉴定员。这种方法并未直接判断臭气强度的大小;而是通过判定臭气的有无,再通过计算,间接判定臭气的强弱。现在此方法已作为国家标准发布(臭气浓度,GB/T 14675)。

3. 嗅觉感受器测定法

近年来,发展比较快的是嗅觉感受器测定法。其原理是仿人的嗅觉器官,制成可测定不同恶臭气体的感受器。感受器的种类包括有机色素膜感受器、有机半导体感受器、金属酸化物半导体感受器、光化学反应感受器、合成脂质膜水晶震动子感受器等。

臭气强度法、三点比较式臭袋法、仪器测定方法、感受器测定法各有特点，4 种测定方法之间的比较列于表 10-4 中。

表 10-4 不同恶臭测定方法之间的比较

测定方法	测定原理	测定对象	主要问题	特　点
三点比较式臭袋法	人的嗅觉	主要为复合臭气	容易产生嗅觉疲劳，不能进行大量测定	判定臭气的有无，不需要特殊装置
臭气强度法	人的嗅觉	单一臭气或复合臭气	容易产生嗅觉疲劳，不能进行大量测定	直接判定臭气强度的大小，不需要特殊装置
仪器测定方法	化学分析	主要为单一臭气	测定费用高，测定时间较长	用 GC/MS、HPLC、离子色谱等进行精密分析
感受器测定法	电阻，共振周波数等的变化	单一臭气或复合臭气	存在其他气体的干涉问题	可进行快速连续测定

10.1.3　有机废气处理方法概述

对有机废气的治理，目前主要有热破坏法（直接火焰燃烧和催化燃烧）、吸附法（如活性炭吸附）、吸收法、冷凝法、传统生物法等。近年来又出现了新的控制技术（如生物膜法和生物过滤法、电晕法、臭氧分解法、光催化、等离子体分解法等）。

10.2　催化燃烧法

热破坏（thermal destruction）是目前应用广泛的有机废气治理方法，特别是对低浓度有机废气，又可分为直接火焰燃烧和催化燃烧（又称催化氧化）。有机化合物的破坏是复杂的，可能包含一系列分解、聚合及自由基反应。热破坏法是基于氧化和热裂解、热分解等机理进行的。

(1) 直接火焰燃烧。这是一种有机物在气流中直接燃烧和辅助燃料燃烧的方法。多数情况下，有机物浓度较低，不足以在没有辅助燃料时燃烧。直接火焰燃烧在适当温度和保留时间条件下，可以达到 99% 的热处理效率。

(2) 催化燃烧法。是指在较低温度下，通过催化反应器中催化剂的作用，将有机废气氧化分解的一种废气处理方法。催化剂的存在使有机物在热破坏时比直接燃烧法需要更少的保留时间和更低的温度。

10.2.1　催化燃烧的机理

1. 催化燃烧法的原理

催化燃烧法的原理如图 10-1 所示，即有机废气先经电加热器预热至催化反应所需的温度，然后流经催化剂床层，在床层中有机物发生氧化反应生成无害的二氧化碳和水，并放出大量热量。用化学式可表示为

$$C_nH_m + \left(n + \frac{m}{4}\right)O_2 \xrightarrow{催化剂} nCO_2 + \frac{m}{2}H_2O + 热量$$

2. 催化机理

在催化反应过程中,气体流过固体催化剂表面时,会在气-固界面上形成一个滞流膜层,而反应物分子必须在气流主体与催化剂表面间经过一连串的物理和化学过程才能完成其反应过程。概括起来,整个过程可由下列步骤组成:① 反应物自气流主体向固体界面扩散;② 反应物在催化剂孔内扩散;③ 反应物在催化剂内表面上吸附;④ 在催化剂内表面上进行反应;⑤ 反应生成物在内表面上脱附;⑥ 生成物在催化剂孔内扩散;⑦ 生成物从固体-气流界面向气流主体扩散。

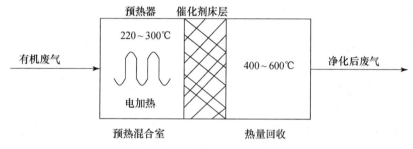

图 10-1　催化燃烧流程

各种有机物的燃烧产物不同,列举如下:

(1) 烃类焚烧的最终产物为 CO_2 和 H_2O;
(2) 含氧有机物(醛、醇、酮、酯)焚烧的最终产物为 CO_2 和 H_2O;
(3) 含氮有机物(胺、酰胺、腈)焚烧的最终产物为 CO_2、H_2O、N_2 或 NO_x;
(4) 含卤族有机物(卤代烃、酰氯等)焚烧的最终产物为 CO_2、H_2O 和卤化氢等;
(5) 含硫有机物(硫醇、硫醚、硫脲、硫酚及二硫化碳等)焚烧的最终产物为 CO_2、H_2O 及 SO_x。

催化剂的存在使有机物在热破坏时比直接燃烧法需要更少的保留时间和更低的温度。催化燃烧时所需温度较低,用于预热所消耗的功率仅为直接燃烧的 40%~60%,从而可以节约大量的能源。催化热破坏处理设备能达到的有机物热破坏效率在 90%~95% 之间,稍低于直接火焰燃烧,这是由于废气停留在催化床层填料或催化材料涂层的时间长,降低了催化剂有效表面积,从而降低了全面破坏效率。另外,催化剂常只针对特定类型化合物反应,所以催化燃烧的应用在一定程度上受到限制。

对催化燃烧而言,今后研究的重点与热点仍将是探索高效高活性的催化剂及其载体、催化氧化机理。

10.2.2　催化剂

在催化燃烧中,催化剂的作用是:提高反应速率、降低反应温度、减少反应器的体积。用于有机废气净化的催化剂主要是金属和金属盐,金属包括贵金属和非贵金属。目前使用的贵金属催化剂主要是 Pt 和 Pd,其技术成熟,而且催化活性高;但其价格比较昂贵,而且在处理卤素有机物以及气体在含 N、S、P 等元素时,有机物易发生氧化等作用使催化剂失活。非贵金属催化剂有过渡族元素钴、稀土等,例如:$V_2O_5 + MO_x$(M 为过渡族金属)+贵金属制成的催化剂用于治理甲硫醇气体;Pt + Pd + CuO 催化剂用于治理含氮有机醇废气。归纳起来,催化燃烧法所采用催化剂主要有 4 种：

(1) 贵金属催化剂：主要是 Pt 和 Pd 两种贵金属和铂合金；

(2) 过渡金属催化剂：主要是铜、铬、锰和镍等金属；

(3) 活性蜂窝催化剂；

(4) 金属氧化物催化剂：有单金属氧化物，也有复氧化物催化剂。

常见的复氧化物催化剂有以下两种：一种是钙钛矿型复氧化物，常见的有 $BaCuO_2$、$LaMnO_3$，有报道用于汽车尾气的处理；另一种是尖晶石型复氧化物，它具有优良的氧化催化活性，且燃烧温度低，既可避免高温催化剂烧结，也可避免因高温引发 NO_x 生成而带来的二次污染。

催化剂载体起到节省催化剂、增大催化剂有效面积，使催化剂具有一定力学强度，减少烧结，提高催化活性和稳定性的作用。能作为载体的材料主要有 Al_2O_3、铁钒、石棉、陶土、活性炭、金属等，最常用的是制成网状、球状、柱状、蜂窝状的陶瓷载体。另外，近年来研究较多且比较成功的还有丝光沸石等。

在催化剂的性能指标中，通过速率 V_0 表示催化装置处理废气的能力，其定义式为

$$V_0 = \frac{\text{废气体积流量}/[m^3(\text{标态})/h]}{\text{催化剂床层体积}/m^3} \tag{10-1}$$

对于碳氢化合物和一氧化碳，催化剂的活性顺序为

$Pd > Pt > Co_3O_4 > PdO > CrO_3 > Mn_2O_3 > CuO > CeO_2 > Fe_2O_3 > V_2O_5 > NiO > Mo_2O_3 > TiO_2$

由于有机废气中常出现杂质，很容易引起催化剂中毒。导致催化剂中毒的物质（抑制剂）主要有 P、Pb、Bi、As、Sn、Hg、Fe^{2+}、Zn、卤素等。

10.2.3 催化燃烧的工艺流程

有机废气催化燃烧装置工作过程如图 10-2 所示。

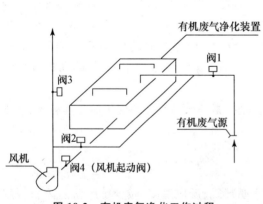

图 10-2 有机废气净化工作过程

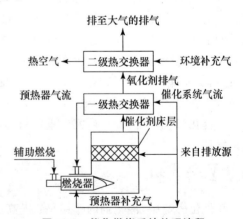

图 10-3 催化燃烧系统处理流程

有机废气净化装置处于预热状态时，阀门 2、4 打开，阀 1、3 关闭；净化装置处于正常工作时，阀 2 关闭，阀 1、3、4 打开；净化装置发生故障时，阀 4 关闭，阀 1、2、3 打开，有机废气直接高空排放；启动风机时，阀 4 关闭，风机运转正常后，阀 4 打开。

催化反应器可采用固定床或液化床,而影响催化焚烧效率的因素主要有操作温度、流速(停留时间)、污染介质的组成及浓度、催化剂的活性、废气中所含抑制催化剂活性或使其中毒的物质浓度。典型的具有一级、二级热交换器的催化燃烧系统如图 10-3 所示。

10.2.4 催化燃烧的安全措施

有机废气的浓度必须控制在相应有机物爆炸极限的 25% 以下。当有机废气浓度有可能超过此值时,应安装进风阀将其冲淡到安全值。因此在设计中应采用灵敏可靠的温度、浓度测定装置,以随时进行人工或自动调节。

为防止有机废气在催化剂床层上燃烧时的火焰蔓延,应在其进入净化装置前安装阻火器。目前较多采用干式阻火器,阻火材料通常为玻璃球、砾石、多孔金属板、金属网等。

除此之外,还应建立全面而规范的安全规程。

10.3 吸 附 法

在处理有机废气的方法中,吸附法应用极为广泛。该法的原理是:吸附剂所具有的较大的比表面对废气中所含的 VOCs 发生吸附,此吸附多为物理吸附,过程可逆;吸附达饱和后,用水蒸气或其他方法进行脱附,再生的吸附剂循环使用。吸附过程常用两个吸附器,一个吸附时另一个脱附再生,以保证过程的连续性。经吸附器吸附过的气体,直接排出系统。脱附采用水蒸气作为脱附剂,蒸气将吸附在吸附剂表面的 VOCs 脱附并带出吸附器,通过冷凝和蒸馏,将 VOCs 提纯回收。

与其他方法相比,吸附法具有去除效率高、净化彻底、能耗低、工艺成熟、易于推广、实用等优点,有很好的环境和经济效益。缺点是处理设备庞大、流程复杂,当废气中有胶粒物质或其他杂质时,吸附剂易失效。吸附法主要用于低浓度高通量有机废气净化。成功运用吸附法处理的有机废气有丙酮废气、沥青烟气、喷漆有机废气(甲苯、二甲苯、苯等)、醋酸乙酯、涂料生产废气(二甲苯)、苯乙烯、有机溶剂等。

决定吸附法处理废气效率的关键是吸附剂。对吸附剂的要求是具有密集的细孔结构,内表面积大,吸附性能好,化学性质稳定,耐酸碱、耐水、耐高温高压,不易破碎,对空气阻力小。吸附剂吸附有机废气的效果,除与吸附剂本身性质有关外,还与废气种类性质、浓度以及吸附系统的温度、压力等有关。一般来说,吸附剂对废气的吸附能力随气体相对分子质量的增加而增加,低分压的气体比高分压的气体更易吸附。

常用的吸附剂有活性炭。在目前应用的吸附剂中,根据对吸附剂的要求,活性炭性能最好,因而应用最广。目前研究以吸附法治理有机废气多采用活性炭,其去除效率高,物流中有机物浓度在 1000×10^{-6} (1000 ppm)以上,吸附率可达 95% 以上。已在制鞋、喷漆、印刷、电子等行业得到应用,对苯、醋酸乙酯、氯仿等的 VOCs 回收非常有效。

商业化的吸附剂有活性炭和活性炭纤维两种,它们的吸附原理和工艺流程完全相同。活性炭又有颗粒状和纤维状两类:比较而言,颗粒状活性炭结构气孔均匀,除小孔外,还有 $100 \sim 1000$ nm 的中孔和 $0.5 \sim 5$ μm 的大孔,待处理气体要从外向内扩散,通过距离较长,所以吸附和脱附都慢;而纤维状活性炭气孔分布均匀,而且绝大多数是 $15 \sim 30$ nm 的小孔,比表面积大,由于小孔直接开口向外,气体扩散距离短,因而吸附和脱附都快。另外,经过氧化铁或 NaOH 或臭氧处理过的活性炭往往具有更好的吸附性能,研究表明氧化后的活性炭具有更强的亲和力,对各种有机气体的吸附有效传质系数比没有处理过的活性炭更大。

活性炭吸附法最适于处理 VOCs 浓度为 $(0.3\sim5)\times10^{-3}\,mg/m^3$ 的有机废气,主要用于吸附回收脂肪和芳香族碳氢化合物、大部分含氯溶剂、常用醇类、部分酮类和酯类等,常见的有苯、甲苯、己烷、庚烷、甲基乙基酮、丙酮、四氯化碳、萘、醋酸乙酯等。活性炭纤维吸附法可用于回收苯乙烯和丙烯腈等,费用较活性炭吸附法高得多。该法已广泛用于喷漆行业的苯、乙醇和醋酸乙酯,制鞋行业的三苯和丙酮,印刷行业的异丙醇、醋酸乙酯和甲苯,化工行业的二氯甲烷和三氯乙烷的吸附回收。能与活性炭发生反应的 VOCs、会发生聚合反应的 VOCs 和大分子高沸点的有机物,不宜用该法。该法要求进气中 VOCs 的浓度一般不超过 $5\times10^{-3}\,mg/m^3$。

另外,炭在蒸气再生过程中产生的冷凝液,经回收 VOCs 后排放,可能造成二次污染。在应用该法时,对此废液需有处理措施。

可作为吸附剂材料的还有活性氧化铝、硅胶、人工沸石、分子筛等,也已在工业上得到了应用,但因其费用较高而受到了限制。此外,炉灰渣也是一种很好的吸附剂,在流化状态下,吸附净化沥青烟气的实验室小试表明,炉灰渣的吸附容量达 $125\,mg/g$,一次净化率为 99%。

为了提高净化效率,吸附法常和其他处理方法联用。如可采用液体吸附和活性炭吸附联合法处理浓度较高、可被吸附的有机废气(如处理苯乙烯的工艺流程);还可采用吸附法和催化燃烧联合处理丙酮废气,避免了吸附和催化燃烧两种方法的缺点,集浓缩催化燃烧、吸附和脱附为一体,具有吸附效率高,无二次污染等特点。

10.4 吸 收 法

吸收法处理有机废气主要利用有机废气能与大部油类物质互溶的特点,用沸点高、蒸气压低的油类作为吸收剂来吸收废气中的有机物,常见的吸收器是填料洗涤吸收塔。用液体石油类物质回收苯乙烯就是其中一例,因苯乙烯有微弱极性,能与液体石油类物质很好互溶,这就构成了苯乙烯废气吸收净化的前提。为强化吸收效果,还可用液体石油类物质、表面活性剂和水组成的乳液作为吸收液。

目前吸收有机气体的主要吸收剂仍是油类物质。日本科研人员利用环糊精作为有机卤化物的捕集材料,据此,研究了将环糊精的水溶液作为吸收剂在有机卤化物和其他有机化合物共存时,对有机卤化物进行吸收。

10.5 生 物 法

10.5.1 生物法概述

国外自 20 世纪 80 年代初就使用生物技术处理工厂排放的挥发性有机化合物(VOCs)和有毒气体。传统生物法主要是生物吸收法,类似水中的活性污泥法。用生物膜法处理工业废气,特别是用于有机高蛋白废气的净化处理,是近几年才发展起来的。

1. 生物法技术分类

微生物对多种污染物均有较强较快的适应性,并可将其作为代谢底物降解、转化。同常规的有机废气处理技术相比,生物技术具有效果好、投资及运行费用低、安全、无二次污染、易于管理等优点,尤其在处理浓度低、生物可降解性好的有机废气时更彰显其优越性。

利用异氧型微生物的代谢过程对多种有机物和某些无机物的降解作用,可以有效地去除从气体中转移到水里的污染物。根据生物处理系统的液相运转情况（连续运转或静止）和微生物在液相中的状态（自由或固定在载体或填充物上）来分类，有机废气生物处理主要有生物滤池、生物滴滤塔、生物滤床和生物洗涤器等几种形式。它们实际上也是一种生活污泥处理工艺。在化肥厂、污水处理厂等类型工厂，通过用生物滤池和生物滴滤塔来处理废气。其他类型的工厂，通常用生物洗涤器和生物滤池来处理废气。

根据微生物在有机废气处理过程中存在的形式不同，又可将其分为生物吸收法（悬浮态）和生物过滤法（固着态）两类。生物吸收法（又称生物洗涤法）工艺中，微生物及其营养物配料存在于液体中，气体中的有机物通过与悬浮液接触后转移到液体中而被微生物所降解。即废气首先进入洗涤器，通过吸收进入液相，也有部分有机物被降解；然后随液相进入生化反应器，通过悬浮污泥的代谢作用再被降解掉。典型的生物吸收装置是生物洗涤塔。

生物过滤法（生物膜法）就是将微生物固定附着在多孔性介质填料表面，废气通过由介质构成的固定床层（填料层）时被吸附、吸收，可将其中污染物除去，并使之在填料床层的空隙中降解。挥发性有机物等污染物吸附在孔隙表面，被孔隙中的微生物所耗用，最终被微生物降解成 CO_2、H_2O 和中性盐。用于有机废气生物膜法的处理装置，较为典型的主要有生物过滤器和生物滴滤过滤器两种，又分别叫生物滤池和生物滴滤塔，其技术目前已很成熟。

微生物对各种气态有机物的降解效果列于表 10-5 中。

表 10-5　微生物对各种气态有机物的降解效果

有机化合物	生物降解效果
甲苯、二甲苯、甲醇、乙醇、丁醇、四氢呋喃、甲醛、己醛、丁酸、三甲胺	非常好
苯、苯乙烯、丙酮、乙酸乙酯、苯酚、二甲基、噻吩、甲基硫醇、二硫化碳	好
酰胺类、吡啶、乙腈、异腈类、氯酚	较好
甲烷、戊烷、环己烷、乙醚、二噁烷、二氯甲烷	较差
1,1,1-三氯乙烷	无
乙炔、异丁烯酸甲酯、异氰酸酯、三氯乙烯、四氯乙烯	不明

2. 生物法原理

有机废气生物净化是利用微生物以废气中有机组分作为其生命活动的能源或其他养分，以代谢降解转化为简单的无机物（CO_2、水等）及细胞组成物质。与废水的生物处理过程的最大区别在于：废气中的有机物质首先要经历由气相转移到液相（或固体表面液膜）中的传质过程，然后在液相（或固体表面生物层）被微生物吸附降解，如图 10-4 所示。

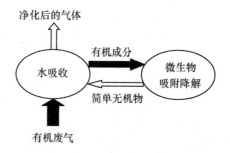

图 10-4　微生物净化有机废气模式图

由于气-液相间有机物的浓度梯度、有机物的水溶性以及微生物的吸附作用,有机物可从废气中转移到液相中(或固体表面液膜),进而被微生物捕获、吸收。在此长期保持下,微生物对有机物进行氧化分解和同化合成,产生的代谢产物一部分溶入液相,一部分作为细胞物质或细胞代谢能源,还有一部分(如 CO_2)则析出到空气中,废气中的有机物通过上述过程不断减少,从而得到净化。

10.5.2 生物法机理研究

1. 生物膜法降解动力学

生物膜法治理有机废气的机理虽已做了许多研究,但目前尚无定论。一般认为净化过程是传质与生化反应的串联过程,传质方向是气态有机污染物从有机废气向固-液混合相传输,即经历以下步骤:

(1) 有机废气固水接触,溶于水,从而从气相转移至液相;
(2) 溶解在水中的有机污染物被微生物吸收;
(3) 进入微生物细胞的有机污染物,在微生物体内代谢过程中作为能源和营养物质被分解成 CO_2、H_2O 和中性盐等。

至于反应的控制步骤,存在不同看法:有人认为一般传质速率比生化反应速度快,所以生化反应是控制步骤。而国外的 Kirchner 及国内的孙佩石等人对甲苯气体的研究表明,甲苯负荷量增加,甲苯生化去除量也随之增加,从而对甲苯的去除应属传质步骤控制过程。一般认为有机污染物的生物降解近似遵循一级反应,反应速率方程可表示为

$$v_n = k_{in} \times S_i \tag{10-2}$$

式中,v_n——表面反应速率,$mg/(m^2 \cdot h)$;k_{in}——一级表面反应速率常数;S_i——液相有机物浓度。

生物滤池基本模型表示为

$$C = C_0 \exp\left(-\frac{bk_m x}{v}\right) \tag{10-3}$$

式中,C——在生物滤池中轴向贯穿距离为 x 时,气相中污染物浓度,mg/m^3;C_0——进气中污染物的浓度,mg/m^3;x——有机废气在生物滤池中的轴向贯穿距离,m;b——生化一级反应速率,s^{-1};v——有机废气轴向贯穿空隙速率,m/s;k_m——分配系数。

当净化去除率确定后,就可由式(10-3)算出生物滤池的床层设计高度,进而确定滤池的结构尺寸。

2. 吸附-生物膜理论

有关生物滤池在有机废气处理中的研究,20 世纪 70 年代初 Jennings 在莫诺特方程的基础上提出了生物滤池中单组分、非吸附性、可生物降解的气态有机物去除率的数学模型。而后,Ottengrq 等人依据吸收操作的传统双膜理论,在 Jennings 的数学模型基础上进一步提出了目前在世界上公认影响较大的生物膜理论,如图 10-5 所示。

有人对生物滤池净化 VOCs 提出了吸附-生物膜新型(双膜)理论。该理论认为在生物膜表面不存在边疆的液膜,生物膜直接与气膜相接。生物化学法净化处理低浓度挥发性有机废气一般要经历以下几个步骤,如图 10-6 所示。

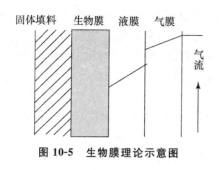

图 10-5　生物膜理论示意图

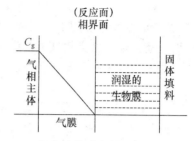

图 10-6　吸附-生物膜新型(双膜)理论示意图

（1）废气中的挥发性有机物及空气中的 O_2 从本体扩散，通过气膜达到润湿的生物膜表面；

（2）扩散到达生物膜表面的有机物及 O_2 被直接吸附在润湿的生物膜表面；

（3）吸附在生物膜表面的有机污染物成分及 O_2 迅速被其中的微生物活菌体捕获；

（4）进入微生物菌体细胞的有机污染物在菌体内的代谢过程中作为能源和营养物质被分解，通过生物化学反应最终转化成为无害的化合物，如 CO_2 和 H_2O；

（5）生化反应产物 CO_2 从生物膜表面脱附并反扩散进入气相主体，而 H_2O 则被保持在生物膜内。

10.5.3　生物滤池技术

1. 生物滤池工艺流程

生物滤池工艺中主体是生物滤池，用它处理有机废气的工艺流程如图 10-7 所示。

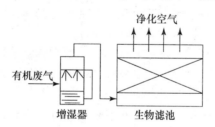

图 10-7　生物滤池系统示意图

具有一定湿度的有机废气进入生物滤池，通过 0.5~1 m 厚的生物活性填料层，有机污染物从气相转移到生物层，进而被氧化分解。转化过程由异氧型微生物在有氧气存在和中性或微碱条件下完成，一般有机物的最终分解产物为 CO_2；有机氮先转化为 NH_3，继而转化为硝酸；硫化物先被转化为 H_2S，继而转化为硫酸，净化后的气体排出。

2. 生物滤池的类型

生物滤池有单滤床开放式、多滤床封闭式等常用形式。与开放式单滤床相比，封闭式生物滤池对维护的要求较低，占地少，受气候影响小而且易于监控，但其造价较高。

3. 滤料和填料

生物滤池的填料层是具有吸附性的滤料（如土壤、堆肥、活性炭等）。堆肥生物滤池因其较好的通气性和适度的通水和持水性，以及丰富的微生物群落，能有效地去除烷烃类化合物（如丙烷、异丁烷），对酯及乙醇等生物易降解物质的处理效果更佳。

生物滴滤塔主要采用粗碎塑料蜂窝状填料、塑料波纹板料等不具吸附性而有大孔隙的填料。生物滤床的厚度一般约1 m，面积视处理气体量和处理效果而定。填料不仅为生物膜提供载体，而且还有助于微生物细胞外酶和废气中的有机物在填料和生物膜界处富集，从而提高反应速率，对生物滤床有重要作用。对填料多数处理技术是用固定膜系统，一般有惰性有机载体和无机载体。

生物滤池主要常选用堆肥、土壤、泥炭及活性炭等多孔、适宜微生物生长而且有较强保持水分能力的材料。其中堆肥是目前应用较多的材料，主要是由生活垃圾、碎木屑、树皮、树叶、干草及谷壳等组成的混合物，这些物质本身含有大量的各种微生物及其所需营养，因此不需外加营养物。

4. 工艺条件

生物滤池的进气方式可采用升流式或下降式。前者容易造成深层滤料干化；后者则可避免深层滤料干化，并可防止未经滤料净化的可流性有机物排出。

（1）进气条件。为防止气体中颗粒物造成滤池堵塞，废气进入滤池前必须除尘。废气应被水气润湿（相对湿度＞95％），以免过滤材料干燥、开裂；适宜的操作温度为15～40℃；滤床含水量的范围是40％～60％；适宜的pH 7～8；适宜的有机物质量浓度为1000 mg/m³以下，不应高于3000～5000 mg/m³，且不应含有对微生物毒性较大的物质（如SO_2）。废气与滤层的接触时间大约30～100 s。

（2）滤床含水量。含水量质量分数的最佳范围是40％～60％。为保持湿度，封闭式生物过滤器等需从滤床顶端喷水。从滤床中流下的水含有酸性降解产物和一些生物降解的物质，需定期排放。

（3）pH 一般为7～8。含S、N、Cl的有机物被生物降解产生相应的酸使pH降低，可向滤床中加入石灰中和。产酸过多的废气不宜用生物滤池处理，但可用生物洗涤器或生物滴滤塔这两种更易调节pH的生物方法来处理。

10.5.4 生物滴滤塔技术

1. 处理工艺流程

生物滴滤塔是种介于生物滤池和生物洗涤器之间的处理工艺，流程如图10-8所示。

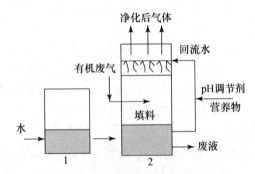

图10-8 生物滴滤塔流程图
1—贮水槽；2—生物滴滤塔

生物滴滤塔与生物滤池的最大区别，是在其填料上方喷淋循环液，设备内除传质过程外还存在很强的生物降解作用。滴滤塔集废气的吸收与液相再生于一体。塔内增设了附着微生物的填料,为微生物的生长、有机物的降解提供了条件。启动初期,在循环液中接种了经被试有机物驯化的微生物菌种,微生物利用溶解于液相中的有机物进行代谢繁殖,并附着于填料表面形成微生物膜,完成生物挂膜过程。生物膜工作过程为:气相主体的有机物和氧气经过传输进入微生物膜被微生物利用,代谢产物再经扩散作用外排。

2. 滴滤塔的填料和工艺条件

与生物滤池相似,滴滤塔所用的填料应具有易于挂膜、不易堵塞、比表面积大等特点。生物滴滤塔使用的是粗碎石、塑料、陶瓷等一类填料,填料的表面是微生物区系形成的几毫米厚的生物膜,填料比表面积一般为 $100\sim300 \text{ m}^2/\text{m}^3$。这样,一方面为气体通过提供了大量的空间;另一方面,也把气体对填料层造成的压力及由微生物生长和生物膜疏松引起的空间堵塞的危险性降到了最低限度。

与生物滤池相比,生物滴滤塔进气方式也分为水气逆流、并流两种,且废气也应预先除尘,温度、pH 等条件与生物滤池相近。生物滴滤塔的反应条件(pH、温度)易于控制(通过调节循环液的 pH、温度);而生物滤池的 pH 控制则主要通过在装填料时投配适当的固体缓冲剂来完成,一旦缓冲剂耗竭则需更新或再生滤料。温度的调节则需外加强制措施来完成,故在处理卤代烃、含硫、含氮等通过微生物降解会产生酸性代谢产物及产能较大的污染物时,生物滴滤塔较生物滤池更为有效。另外,生物滴滤塔单位体积填料层微生物浓度较高,适于处理高负荷有机废气。

10.5.5 生物洗涤器

生物洗涤器实际上是一个悬浮活性污泥处理系统,其流程如图 10-9 所示。生物洗涤器由一个装有惰性填料的传质洗涤器和生物降解反应器组成,它们的容积比为 1.5～2.0,出水需设二沉池。

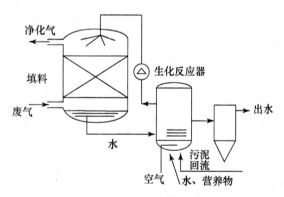

图 10-9　生物洗涤器流程图

生化反应器中生物悬浮液(循环液)自吸收室顶部喷淋而下,废气自下而上,与惰性填料上的微生物以及循环液进行传质、吸附、吸收。部分有机物被降解,大部分污染物和氧转入液相(水相),实现质量传递。吸收了废气中组分的生物悬浮液流入再生反应器(活性污泥池)中,通入空气充氧再生。被吸收的有机物通过微生物的氧化作用,最终被再生池中的活性污泥悬浮液从液相中去除。生化反应器出水进入二沉池进行泥水分离,上清液排出,污泥回流。

生物吸收法处理有机废气,其去除效率除了与污泥的混合液悬浮固体 MLSS 的浓度、

pH、溶解氧等因素有关外,还与污泥的驯化与否、营养盐的投加量及投加时间有关。

日本一铸造厂采用此法处理含胺、酚和乙醛等污染物的气体,设备采用两段洗涤塔,装置运行十多年来一直保持较高的去除率(<95%)。德国开发的二级洗涤脱臭装置,臭气从下而上经过二级洗涤,浓度从 2100 mg/L 降至 50 mg/L,且运行费用极低。

生物洗涤器属生物吸收法,此类方法中气、液两相的接触方法除采用液相喷淋外,还可以采用气相鼓泡。一般的,若气相阻力较大时可用喷淋法;反之,液相阻力较大时则用鼓泡法。鼓泡法与污水生物处理技术中的曝气相仿,废气从池底通入,与新鲜的生物悬浮液接触而被吸收。因此,文献中将生物吸收法分为洗涤式和曝气式两种。日本某污水处理厂用含臭气的空气作为曝气空气送入曝气槽,同时进行废气和废水的处理,取得了脱臭效率达 99% 的效果。

10.5.6 生物处理技术比较及发展

1. 三种生物处理技术特点比较

(1) 生物滤池的特点

需用设备少,操作简单,不需外加营养物,投资运行费用低[总成本:每处理 1000 m^3 废气,花费 2.5~12.5 元,而传统的处理技术(如吸附、吸收氧化等)总成本为每处理 1000 m^3 废气花费 25~100 元],VOCs 去除效率高;但其反应条件控制较难,占地面积大,基质浓度高时,因生物量增长快而易堵塞滤料,影响传质效果。

(2) 生物滴滤塔的特点

设备少,操作简单,液相和生物相均循环流动,生物膜附着在惰性填料上,压降低,填料不易堵塞,VOCs 去除率高;但其需外加营养物,填料比表面积小,运行成本较高,不适合处理水溶性差的化合物。

(3) 生物洗涤器的特点

在生物洗涤器中,水相和生物相均循环流动,生物为悬浮状态,洗涤器中有一定生物量和生物降解作用。与生物滤池相比,其优点是反应条件易控制,压降低,填料不易堵塞;但其需设备多,需外加营养物,成本较高,填料比表面积小,限制了微溶化合物的应用范围。目前,生物技术用于处理低浓度有机废气技术成熟,但如何将这些技术和方法用于高浓度有机废气的治理,尚有待于研究。

2. 生物处理技术存在的问题

(1) 有机废气流量和浓度波动较大时,容易造成废气在设备内的停留时间不够,处理效率降低。

(2) 废气中的颗粒物在滤床中积累过多,易造成滤床堵塞,阻力增大。

(3) 滤床湿度控制不当易使其干燥、开裂,造成气流短路。

(4) pH 控制不当,下降幅度大,造成微生物数量下降,使处理效果下降。

(5) 适合于特定有机物降解的细菌种类和接种方法有待于进一步研究与开发。

在今后研究中应解决的主要问题有:生物降解动力学的深入探索;各有机废气的生物降解能力,即生物膜法处理特定有机废气的可行性;微生物菌种种类、无机营养物、pH 缓冲、空气渗透性及工作温度等的影响。

10.6 冷 凝 法

对硝基氯苯废气中含对硝基氯苯蒸气及其他升华物、水蒸气和空气。对硝基氯苯熔点

83℃,沸点 242℃,闪点 127℃,易升华。根据这些特点,冷却凝固法是一种有效的治理方法,包括了冷却、冷凝、凝固、升华及除尘等多种物理过程。

冷却凝固法就是用水作冷却剂,废气与它直接充分接触,对硝基氯苯蒸气迅速被冷却凝固,由于其在水中溶解度很小,便会呈固态在水中存在,废气中的升华物和粉尘也能被捕集下来,废气中的水蒸气同时被冷凝。通过控制烟囱高度来控制处理后废气温度,实现废气达标排放。

对硝基氯苯不溶于水,冷凝后在水中以固相存在,可过滤回收;或加热使其熔化,与水分层,以液体形式分离,回收对硝基氯苯。分离后的水冷却循环使用。处理后废气中对硝基氯苯的浓度取决于废气冷凝温度,极限值是冷凝温度下的平衡压。

冷凝法回收装置一般采用多级连续冷却方法降低挥发油气的温度,使之凝聚为液体回收,根据挥发气的成分、要求的回收率及最后排放到大气尾气中油气的含量来确定冷凝装置出口处挥发气的温度值。该装置的冷凝温度一般按预冷、机械制冷、液氮制冷等步骤来实现,如图 10-10 所示。

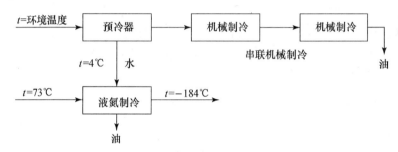

图 10-10　冷凝法工作原理

预冷器是一单级冷却装置,其冷凝温度在油气中各成分的凝结温度以上,使进入回收装置的油气温度从环境温度下降到 4℃左右,油气中的大部分水汽凝结为水而除去,从而使进入低温冷凝器的油气状态标准化,减少回收装置的运行能耗。挥发气离开预热器后进入机械制冷机。机械制冷机可使大部分油气中烃类冷凝为液体回收。若需更低的冷却温度,则在机械制冷之后连接液氮制冷,这样可使油气的回收率达到 99%。单级的机械压缩制冷装置工作温度范围从 10~35℃;串联的机械压缩制冷装置由浅冷级和深冷级组成,其工作温度为 −40~70℃;在液氮制冷的深冷装置中,其工作温度可达 −184℃。镇海炼油厂采用从美国 Edward 公司进口的冷凝法油气回收装置,油气的回收效果很好,烃类、硫化氢、甲硫醇和丁硫醇的去除率分别为 96%、74%、68%和 100%。

10.7　其他控制方法

近年来,逐渐发展了不同的 VOCs 新型控制技术,如分离膜技术、微波催化氧化技术、膜基吸收净化技术、光降解技术、纳米材料技术等。

10.7.1　膜分离法

膜分离法是一种新的高效分离方法。装置的中心部分为膜元件,常用的膜元件有平板膜、中空纤维膜和卷式膜,又可分为气体分离膜和液体分离膜等。

以气体膜分离技术为例,其原理是利用有机蒸气与空气透过膜的能力不同,使二者分开。其过程分两步:首先压缩和冷凝有机废气,而后进行膜蒸气分离。气体膜分离流程如图 10-11 所示。

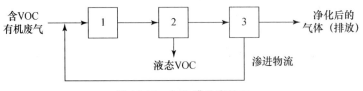

图 10-11 气体膜分离流程
1—压缩机;2—冷凝器;3—膜单元

含 VOC 的有机废气进入压缩机,压缩后的物流进入冷凝器中冷凝,冷凝下来的液态 VOC 即可回收。物流中未凝部分通过分离,分成两股物流,渗透物流含有 VOC,返回压缩机进口;未透过的去除了 VOC 的物流(净化后的气体)从系统排出。为保证渗透过程的进行,膜的侧压力需高于渗透后物流侧的压力。

该法越来越受到各行业的重视,已成功应用于许多领域,用其他方法难以回收的有机物,用该法可有效地解决。国外现有数十套相关工业装置,并已运行多年。采用该法回收有机废气中的丙酮、四氢呋喃、甲醇、乙腈、甲苯等(浓度为 50% 以下),回收率可达 97% 以上。

10.7.2 等离子体技术

等离子体分解法(plasmaa decomposition)用于治理有机废气基本处于研究阶段,但用等离子体分解氯氟烃等的技术已面临实际应用阶段。

非热平衡等离子体去除 VOCs,其基本原理是通过高电压放电形式获得非热电平衡等离子体,即产生大量的高能电子或高能电子激励产生的 O·、OH·、N· 等活性粒子,破坏 C—H、C=C 或 C—C 等化学键,使 VOCs 分子中的 H、Cl、F 等发生置换反应。由于 O·、OH·等具有强氧化能力,结果使 C、H 分解氧化,最终生成 CO_2 和 H_2O,即 VOCs 通过放电处理最终变为无害物质。

目前,产生非热电平衡等离子体的放电形式主要有脉冲电晕放电、界面放电以及无声放电等,在时间和空间上,为了能简单地得到高密度的等离子体,有时将某两种放电形式叠加(如无声放电和界面放电组合的放电叠加等)。

脉冲电晕放电法去除有机物的基本原理是通过前沿陡峭、脉宽窄(纳秒级)的高压脉冲放电,能在常温常压下获得非平衡等离子体,即产生大量的高能电子和 O·、OH·等活性粒子,使污染物最终转化为无害物。采用脉冲电晕放电法能有效地去除甲醛、乙醇、丙酮和二氯甲烷废气。在一定范围内脉冲峰压越高,有机物的去除率越高;选择气体在反应器内合适的停留时间,也有利于提高去除率和能量利用率;水汽含量对去除率有影响。反应后的产物以 CO、CO_2、H_2O 为主。

大气压非热平衡等离子体技术在处理 VOCs 方面有独特作用,但目前仍处于实验阶段,相信经过一段时间努力,可使此技术具有实用性。

10.7.3 微波催化氧化技术

微波空气净化技术是由填料吸附-解吸技术发展而来，是将传统解吸方式转变为微波解吸，微波能的应用大大减少了能量的消耗，并缩短了解吸时间，而且吸附剂经20次解吸后基本上保持了原有吸附能力。微波解吸原理可以用"容器加热理论"和"体积加热理论"加以解释。国外已有小规模的成功范例，国内尚处于起步阶段。

利用微波空气净化技术对含有三氯乙烯的废气进行处理时，工艺流程如图10-12所示。该过程主要由四部分组成，即活性炭/沸石吸附器、微波活性炭再生器、微波催化氧化器和酸性气体净化器。

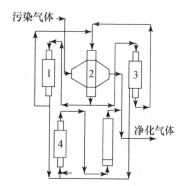

图10-12 微波空气净化流程图
1—活性炭/沸石吸附器，2—微波活性炭再生器，
3—微波催化氧化器，4—酸性气体净化器

活性炭/沸石吸附器在对污染气体进行吸附后，送到微波再生器进行再生，微波能使被吸附物质迅速从吸附剂上解吸出来，在载气 N_2 作用下排出微波再生器。微波催化氧化器中装有 SiC，它能吸收微波能，使催化氧化反应进行完全。从微波再生器出来的气体与大量空气一同送入微波催化氧化器进行氧化，在较低的温度下非氯代有机物被氧化为 CO_2 和 H_2O，可以直接排入大气；氯代有机物被氧化为 CO_2、H_2O 和 HCl，此时需将 HCl 用碱性物质进行吸收。

微波催化氧化技术耗能低、解吸时间短、对吸附剂损耗小；但该技术对特定物质应选择合适的吸附剂，而且应着重研究微波功率、加热时间、载气流量等对微波催化氧化效率的影响。

10.7.4 电晕法

脉冲电晕法(gorona discharge)去除气体有机物的基本原理是通过前沿陡峭、脉宽窄（纳秒级）的高压脉冲电晕放电，在常温常压下获得非平衡等离子体，即大量高能电子和 O·、OH· 等活性粒子，对有害物质分子进行氧化降解反应，使污染物最终转化为无害物的方法。

1988年以来，美国环保署进行了挥发性有机物和有毒气体电晕破坏的研究。他们模拟了表面反应器进行分子形式的破坏，达到分解有毒、有机化合物的目的，开发出了一种低成本、低费用、低浓度污染物流的控制技术。这项技术是在通常环境温度和压力下，使用效率、费用达到工业规模的电晕反应器，实现了对挥发性有机物和有毒气体的破坏。

10.7.5 光分解法

应用有机物在一定波长光照条件下分解的原理对环境中的有机污染物进行治理的方法称为光分解法(photolysis method)。光分解法主要用于废水净化处理，在有机气体污染物治理方面的报道不多见。如何把光分解用于气态污染物治理是今后值得研究的方向。

光分解气态有机物主要有两种形式：一种是直接光照在波长合适时，有机物分解；另一种是催化剂存在下，光照气态有机物使之分解。有机物废气治理研究以后者为主。

光催化氧化的基本原理就是在一定波长光照射下，光催化剂（常用的有 TiO_2）等使 H_2O 生成 OH·，然后 OH· 将有机物氧化成 CO_2、H_2O。由于气相中具有较高的分子扩散和质量传递速率及较易进行的链反应;催化剂对一些气相化学污染物的活性一般比在水溶剂中高得多,一些气相反应的光效率接近甚至超过水相反应。

日本的田中启和山口呈郎等对利用紫外光分解气态有机物做了研究,结果在气体情况下,有机氯化物和氟氯碳在 185 nm 紫外光照射下,进行气相光解。两种物质在极短的时间内分解,而且有机卤化物的分解速率大于氟氯碳;三氯乙烯几秒钟内即能分解,最终产物为 CO_2、Cl_2、F_2 及光气等。光分解可产生 1,1,1-三氯乙烯、醋酸等中间产物,可通过 NaOH 溶液处理或延长停留时间等手段最终除去。

光催化氧化机理如下:
(1) 在高能电子作用下,强氧化性自由基 O·、OH· 等产生;
(2) 有机物分子受到高能电子碰撞被激发,即原子键断裂形成小碎片基团;
(3) O·、OH· 与激发原子有机物分子破碎的分子基团、自由基等一系列反应,最终降解为 CO、CO_2、H_2O。去除率的高低与电子能量和有机物分子结合键能大小有关。

10.7.6 臭氧分解法

臭氧分解法(ozonolysis method)研究较少,国内尚未见报道,国外有报道用 O_3 分解挥发性有机物的方法。此方法可用于分解土壤中非挥发性有机物、多环芳香有机物、脂肪族有机物、酚和杀虫剂,用于净化土壤废气,而且方法简单便宜。此方法用地面气体作 O_3 载体。作为实验室及野外实验,研究特别注意了 O_3 处理后土壤的微生物状态,结果细菌减少 99%,呼吸性能降低,通过用纯 O_2 控制和将未反应的 O_3 分解从而达到安全的目的。

10.7.7 膜基吸收净化技术

膜基吸收净化技术处理有机废气中的 VOCs,具有流程简单、VOCs 回收率高、能耗低、无二次污染等优点。

膜基吸收净化技术是采用中空纤维微孔膜,需要接触的两相分别在膜的两侧流动,两相的接触发生在膜孔内或膜表面的界面上,这样就可避免两相的直接接触,防止了乳化现象的发生。与传统膜分离技术相比,膜基吸收的选择性取决于吸收剂,且膜基吸收只需要用低压作为推动力,使两相液体各自流动,并保持稳定的接触界面。

在膜基吸收净化技术过程中,使用了两种不同的中空纤维膜:一种膜是对 VOCs 进行吸收,吸收剂需对 VOCs 有很高的溶解性,而对空气中的其他成分基本上不溶解,而且吸收剂需是一种惰性、无毒、不挥发的有机溶剂。在运行过程中,始终保持气相压力比液相压力高,以保证膜对气体的有效吸收;另一种膜用来对吸收剂进行解吸操作,在加热和抽真空条件下,将吸收机中有机物解吸出来,吸收剂回用,被解吸出来的气体浓缩回收。在运行过程中需保持真空条件,从而将气体脱除。

膜基吸收净化技术所用的膜是微孔疏水中空纤维膜。只是在解吸膜中膜的外表面有一层超薄等离子聚合硅橡胶膜,它对 VOCs 有选择性透过作用,而吸收剂却不能透过,使解吸操作顺利进行。这种膜基吸收净化技术对极性和非极性 VOCs 均能去除;小流量和大流量均能适用;而且它是一个连续过程,净化有机污染废气的效率很高,还可回收有机物。

10.7.8 纳米材料净化技术

纳米材料是指晶粒尺寸为纳米级(10^{-9} m)的超细材料。纳米粒子表面积大,表面活性中心多,是一种极好的催化材料。在催化剂中用纳米粒子可极大提高反应速率,控制反应速率,甚至使原来不能发生的反应也可完全进行。

作为光催化剂的 TiO_2 纳米材料,降解苯酚效率达 99.9%;复合稀土化合物纳米级粉体可用于彻底解决汽车尾气中 CO、NO_x 和碳氢化物的污染;纳米级活性炭纤维材料对有机物的吸附表现出明显的优势。

随着纳米材料的兴起,纳米材料净化技术引起了人们的重视。由于其优良的性能,在环保领域逐渐得到运用。这一技术进一步所研究的问题应是纳米材料的研制以及对污染物净化时运行参数的优化。

讨 论 题

1. 有机废气占气态污染物的绝大多数。根据有机原料在化学工业中的作用和加工利用程度,可将有机废气分为哪几类?主要代表物质是什么?
2. 臭气是如何定义的?简要说明其危害性。
3. 请介绍常用恶臭的测定方法,试比较各测定方法的特点。
4. 简要介绍催化燃烧法的定义、分类、作用机理和工艺流程。
5. 试述有机废气处理的吸附法原理和特点。
6. 有机废气处理的吸附剂有哪些?其优缺点是什么?
7. 请介绍生物法处理有机废气的分类和原理。
8. 试述生物滤池和滤塔技术工艺流程、类型、条件和特点。
9. 试比较各类生物处理技术以及各自面临的问题。
10. 近年来,逐渐发展了不同的 VOCs 新型控制技术。简述这些新技术的特点及其发展与应用前景。

参 考 文 献

[1] 全国勘察设计注册工程师环保专业管理委员会,中国环境保护产业协会.注册环保工程师专业考试复习教材.北京:中国环境科学出版社,2011
[2] 丁忠浩,翁达.固体和气体废弃物再生与利用.北京:国防工业出版社,2006
[3] 徐晓军,宫磊,杨虹.恶臭气体生物净化理论与技术.北京:化学工业出版社,2005
[4] 席北斗.有机固体废弃物管理与资源化技术.北京:国防工业出版社,2006
[5] 陆震维.有机废气的净化技术.北京:化学工业出版社,2011
[6] 张无敌,尹芳,李建昌等.农村沼气综合利用.北京:化学工业出版社,2009
[7] 刘蓉厚.生物质能工程.北京:化学工业出版社,2009
[8] 吴占松,马润田,赵满成.生物质能利用技术.北京:化学工业出版社,2010
[9] 吴创之,马隆龙.生物质能现代化利用技术.北京:化学工业出版社,2003
[10] 朱锡锋.生物质热解原理与技术.合肥:中国科学技术大学出版社,2006
[11] 马隆龙,吴创之,孙立.生物质气化技术及其应用.北京:化学工业出版社,2003
[12] 常建民.林木生物质资源与能源化利用技术.北京:科学出版社,2010
[13] 日本能源学会编;史仲平,华兆哲译.生物质和生物能源手册.北京:化学工业出版社,2007
[14] 陈洪章.生物质科学与工程.北京:化学工业出版社,2008
[15] 钱伯章.生物质能技术与应用.北京:科学出版社,2010
[16] 程备久.生物质能学.北京:化学工业出版社,2008
[17] 刘广青,董仁杰,李秀金.生物质能源转化技术.北京:化学工业出版社,2009
[18] 袁振宏,吴创之,马隆龙.生物质能利用原理与技术.北京:化学工业出版社,2005
[19] 姚向君,田宜水.生物质能资源清洁转化利用技术.北京:化学工业出版社,2005
[20] 沈剑山.生物质能源沼气发电.北京:中国轻工业出版社,2009
[21] 林斌.生物质能源沼气工程发展的理论与实践.北京:中国农业科学技术出版社,2010
[22] 钦佩,李刚,张焕仕.产业生态工程丛书——生物质能产业生态工程.北京:化学工业出版社,2011
[23] 左然,施明恒,王希麟.可再生能源概论.北京:机械工业出版社,2007
[24] 惠晶.新能源转换与控制技术.北京:机械工业出版社,2008
[25] 刘良栋,陈娟.固废处理工程技术.武汉:华中师范大学出版社,2009
[26] 王琪.工业固体废物处理及回收利用.北京:中国环境科学出版社,2006
[27] 王洪涛,陆文静.农村固体废物处理处置与资源化技术.北京:中国环境科学出版社,2006
[28] 郝晓地.可持续污水-废物处理技术.北京:中国建筑工业出版社,2006
[29] 胡华龙,温雪峰,罗庆明.废物处理——综合污染预防与控制最佳可行技术.北京:化学工业出版社,2009
[30] 柴晓利,赵爱华,赵由才.固体废物焚烧技术(固体废物处理与资源化丛书).北京:化学工业出版社,2006
[31] 边炳鑫,赵由才.农业固体废物的处理与综合利用.北京:化学工业出版社,2005
[32] 彭长琪.固体废物处理与处置技术(第2版).武汉:武汉理工大学出版社,2009
[33] 朱能武.固体废物处理与利用(面向21世纪全国高校环保类规划教材).北京:北京大学出版社,2006
[34] 韩宝平.固体废物处理与利用.武汉:华中科技大学出版社,2010

[35] 庄伟强. 固体废物处理与处置. 北京：化学工业出版社，2009
[36] 牛冬杰. 工业固体废物处理与资源化. 北京：冶金工业出版社，2007
[37] 孙英杰，赵由才. 危险废物处理技术. 北京：化学工业出版社，2006
[38] 胡华锋，介晓磊. 农业固体废物处理与处置技术. 北京：中国农业大学出版社，2009
[39] 杨建设. 固体废物处理处置与资源化工程. 北京：固体废物处理处置与资源化工程，2007
[40] 赵勇胜，董军，洪梅. 固体废物处理及污染的控制与治理. 北京：化学工业出版社，2009
[41] 廖利，冯华，王松林. 固体废物处理与处置. 武汉：华中科技大学出版社，2010
[42] 宁平. 固体废物处理与处置. 北京：高等教育出版社，2010
[43] 宁平，张承中，陈建中. 固体废物处理与处置实践教程. 北京：化学工业出版社，2005
[44] 任芝军. 固体废物处理处置与资源化技术. 哈尔滨：哈尔滨工业大学出版社，2010
[45] 郑平，冯孝善. 废物生物处理. 北京：高等教育出版社，2006
[46] 沈华. 固体废物资源化利用与处理处置. 北京：科学出版社，2011
[47] 李永峰. 固体废物污染控制工程教程. 上海：上海交通大学出版社，2009
[48] 孙秀云. 固体废物处置及资源化. 南京：南京大学出版社，2007
[49] 牛俊玲. 固体有机废物肥料化利用技术. 北京：化学工业出版社，2010
[50] 杨军. 城市固体废物综合管理规划. 成都：西南交通大学出版社，2011
[51] 钱汉卿，徐怡珊. 化学工业固体废物资源化技术与应用. 北京：中国石化出版社，2007
[52] 张小平. 固体废物污染控制工程(第二版). 北京：化学工业出版社，2010
[53] 徐晓军. 固体废物污染控制原理与资源化技术. 北京：冶金工业出版社，2007
[54] 黄海林，晋卫. 化工三废处理工程. 北京：化学工业出版社，2007
[55] 李国建，赵爱华，张益. 城市垃圾处理工程(第二版). 北京：科学出版社，2007
[56] 李传统. 现代固体废弃物综合处理技术. 南京：东南大学出版社，2008
[57] 李艳. 发酵工程原理与技术. 北京：高等教育出版社，2007
[58] 仝川. 环境科学概论. 北京：科学出版社，2010
[59] 蒋建国. 固体废物处理处置工程. 北京：化学工业出版社，2005
[60] 汪群慧. 固体废物处理及资源化(环境科学与工程系列丛书). 北京：化学工业出版社，2004
[61] 周理，吕昌忠，王怡林等. 化工原理(上册). 天津：天津科学技术出版社，1983
[62] 王宝贞，王琳. 城市固体废物渗滤液处理与处置. 北京：化学工业出版社，2005
[63] 杨慧芬，张强. 固体废物资源化. 北京：化学工业出版社，2004
[64] 蒋建国. 固体废物处置与资源化. 北京：化学工业出版社，2008
[65] 杨岳平，徐新华，刘传富. 废水处理工程及实例分析. 北京：化学工业出版社，2003
[66] 邹家庆. 工业废水处理技术. 北京：化学工业出版社，2003
[67] 唐受印. 废水处理工程(第二版). 北京：化学工业出版社，2003
[68] 潘涛，田刚. 废水处理工程技术手册. 北京：化学工业出版社，2010
[69] 张学洪. 工业废水处理工程实例. 北京：冶金工业出版社，2009
[70] 孙培德，郭茂新，楼菊青，宋英琦. 废水生物处理理论及新技术. 北京：中国农业科学技术出版社，2009
[71] 沈耀良. 废水生物处理新技术——理论与应用(第二版). 北京：中国环境科学出版社
[72] 彭振博. 化工废水检测与处理. 北京：高等教育出版社，2009
[73] 严进，金文斌. 废水处理工培训教材. 北京：化学工业出版社，2009
[74] 钟琼. 废水处理技术及设施运行. 北京：中国环境科学出版社，2008
[75] 李亚峰，佟玉衡，陈立杰. 实用废水处理技术(第二版). 北京：化学工业出版社，2009
[76] 许保久，龙腾锐. 当代给水与废水处理原理(第2版). 北京：高等教育出版社，2000
[77] Metcalf & Eddy, Inc. Wastewater Engineering：Treatment and Reuse(Fourth Edition). 北京：清华大学

出版社,2003
- [78] [德]Wiesmann U,等著;盛国平,王曙光译. 废水生物处理原理. 北京:科学出版社,2009
- [79] 谢冰,徐亚同. 废水生物处理原理和方法. 北京:中国轻工业出版社,2007
- [80] 朱杰,黄涛. 畜禽养殖废水达标处理新工艺. 北京:化学工业出版社,2010
- [81] 沈耀良. 废水生物处理新技术:理论与应用. 北京:中国环境科学出版社,2001
- [82] 杨健,章非娟,余志荣. 有机工业废水处理理论与技术. 北京:化学工业出版社,2005
- [83] 刘雄科,袁园. 废水再生与回用应用技术.北京:中国电力出版社,2009
- [84] 张可方,李淑更. 小城镇污水处理技术. 北京:中国建筑工业出版社,2008
- [85] 徐强. 污泥处理处置新技术、新工艺、新设备. 北京:化学工业出版社,2011
- [86] 唐玉斌. 水污染控制工程. 哈尔滨:哈尔滨工业大学出版社,2006
- [87] 刘红. 水处理工程设计.北京:中国环境科学出版社,2003
- [88] 张忠祥,钱易. 废水生物处理新技术(精). 北京:清华大学出版社,2004
- [89] 王建新. 废水工程. 北京:化学工业出版社,2004
- [90] 北京市环境保护科学研究院主编. 三废处理工程技术手册(废水卷). 北京:化学工业出版社,2000
- [91] 张自杰. 废水处理理论与设计. 北京:中国建筑工业出版社,2003
- [92] 贺延龄. 废水的厌氧生物处理. 北京:中国轻工业出版社,1998
- [93] 刘广青,董仁杰,李秀金. 生物质能源转化技术. 北京:化学工业出版社,2009
- [94] 姚向君,田宜水. 生物质能资源清洁转化利用技术. 北京:化学工业出版社,2005
- [95] 田宜水,孟海波,孙丽英等. 秸秆能源化技术与工程. 北京:人民邮电出版社,2010
- [96] 张建安,刘德华. 生物质能源利用技术. 北京:化学工业出版社,2009
- [97] 陈英旭. 环境学. 北京:中国环境科学出版社,2001
- [98] 肖波,周英彪,李建芬. 生物质能循环经济技术. 北京:化学工业出版社,2006
- [99] 北京土木建筑学会,北京科智成市政设计咨询有限公司编. 新农村建设生物质能利用. 北京:中国电力出版社, 2008
- [100] 杜祥琬总主编. 中国可再生能源发展战略研究丛书·生物质能卷. 北京:中国电力出版社,2008
- [101] 姚向君,王革华,田宜水. 国外生物质能的政策与实践. 北京:化学工业出版社,2006
- [102] Mirko Barz 编. Energetic Utilization of Biomass. 北京:科学出版社,2004
- [103] 牛俊玲,李彦明,陈清. 固体有机废物肥料化利用技术. 北京:化学工业出版社,2010
- [104] 李国家,张福锁. 固体废物堆肥化与有机复混肥生产. 北京:化学工业出版社,2001
- [105] 刘良栋,陈娟. 固废处理工程技术. 武汉:华中师范大学出版社,2009
- [106] 李传统,J.-D. HERBELL 等. 现代固体废物综合处理技术. 南京:东南大学出版社,2008
- [107] 丁忠浩. 有机废水处理技术及应用. 北京:化学工业出版社,2002
- [108] 佟玉衡. 废水处理. 北京:化学工业出版社,2004
- [109] 吴婉娥等. 废水生物处理技术. 北京:化学工业出版社,2003
- [110] 毛悌和. 化工废水处理技术. 北京:化学工业出版社,2000
- [111] 陆震维. 有机废气的净化技术. 北京:化学工业出版社,2011
- [112] 蒋文举,宁平. 大气污染控制工程(第二版). 成都:四川大学出版社,2005
- [113] 刘天齐. 三废处理工程技术手册·废气卷. 北京:化学工业出版社,1999
- [114] 国家环境保护局编. 化学工业废气治理. 北京:中国环境科学出版社,1993
- [115] 宋学周. 废水、废气、固体废物专项治理与综合利用实务全书. 北京:中国科学技术出版社,2000
- [116] 《三废治理与利用》编委会编. 三废治理与利用. 北京:冶金工业出版社,1995
- [117] 杨广华,禹文龙. 三废监测. 北京:科学出版社,2011
- [118] 杨亚娟. 开发利用有机废弃物实现农业可持续发展. 国土与自然资源研究,2002(2):32—33.

[119] 田永淑. 有机废弃物的资源化. 中国资源综合利用, 2002(1): 27—28.

[120] 赵胜男, 崔胜辉, 岑涛等. 福建省有机废弃物资源化利用碳减排潜力研究. 中国人口·资源与环境, 2010, 20(9): 30—35.

[121] 韦秀丽, 李萍, 高立洪等. 重庆农村有机废弃物资源化利用现状与建议. 南方农业, 2010, 4(2): 78—80.

[122] 徐峥嵘. 中国农业有机废弃物利用存在的问题及对策. 云南农业科技, 2008(z2): 144—146.

[123] 胡学玉, 李学垣. 有机固体废弃物的堆肥化处理与资源化利用. 农业环境与发展, 2002, 2: 20—21.

[124] 李艳霞, 王敏健, 王菊思等. 固体废弃物的堆肥化处理技术. 环境污染治理技术与设备, 2000, 1(4): 39—45.

[125] 戴前进, 方先金, 黄鸥等. 有机废物处理处置技术与产气利用前景. 中国沼气, 2008, 26(6): 17—19.

[126] 汪春霞. 有机固体废弃物厌氧消化与综合利用. 中国资源综合利用, 2006, 24(7): 25—28.

[127] 董爱军, 马放, 徐善文. 有机废水资源化研究进展. 中国甜菜糖业, 2006(1): 24—28.

[128] 朱正斌. 有机废水的处理方法现状及进展. 化学工业与工程技术, 2004, 25(5): 50—53.

[129] 汪涵. 有机废水处理技术的现状与展望. 化学工程师, 2002(5): 39—41.

[130] 安莹玉, 张兴文, 杨凤林. 有机废气生物处理技术现状与展望. 四川环境, 2006, 25(1): 65—69.

[131] 马生柏, 汪斌. 有机废气处理技术研究进展. 内蒙古环境科学, 2009, 21(2): 55—58.

[132] 唐运雪. 有机废气处理技术及前景展望. 湖南有色金属, 2005, 21(5): 31—35.

[133] 冯智星, 余炳林, 胡勇等. 有机废气(VOC)处理技术. 广东科技, 2008(14): 3—5.

[134] 郭廷杰. 贯彻可持续发展方针促进有机废物的再生利用. 再生资源研究, 2001(1): 27—32.

[135] 侯宪文, 李勤奋, 邓晓等. 热带地区农业有机废物利用途径及存在问题的对策分析. 农业环境科学学报, 2010, (S1): 310—313.

[136] 彭世良, 吴甫成. 有机废弃物在生态农业中的多级循环利用. 生态经济, 2001(7): 66—68.

[137] 高志强, 朱启红. 有机固体废物的生物处理技术研究. 农机化研究, 2007(3): 216—220.

[138] 李金才, 邱建军, 任天志. 北方"四位一体"生态农业模式功能与效益分析研究. 中国农业资源与区利, 2009, 30(3): 46—50.

[139] 胡学玉, 李学垣. 有机固体废弃物的堆肥化处理与资源化利用. 农业环境与发展, 2002(2): 20—21.

[140] 李艳霞, 王敏健, 王菊思等. 固体废弃物的堆肥化处理技术. 环境污染治理技术与设备, 2000, 1(4): 39—45.

[141] Chongrak Polprasert. Organic waste recycling: technology and management. IWA Publishing, 2007.

[142] Prabhas Chandra Sinha. Hazardous wastes, organic pollutants and prior informed consent. SBS. 2006.

[143] Natalija Koprivanac, Hrvoje Kusic. Hazardous organic pollutants in colored wastewaters. Nova Science Publishers, 2008.

[144] Phillips, Charles Douglas Fergusson. Materia medica and therapeutics V2: in organic substances. Kessinger Publishing, 2009.

[145] Walter Klopffer, Burkhard O. Wagner. Atmospheric degradation of organic substances. Wiley-VCH; John Wiley, Distributor, 2007.

[146] Frimmel F H, Abbt-Braun G, Heumann K G, et al. Refractory organic substances in the environment. Wiley-VCH, 2002.

[147] Robert A, Baker. Organic substances and sediments in water: Humics and soils. Lewis Publishers, 1991.

[148] Piet Lens, Bert Hamelers, Harry Hoitink, et al. Resource recovery and reuse in organic solid waste management. IWA Publishing, 2004.

[149] Mata-Alvarez J. Biomethanization of the organic fraction of municipal solid wastes. IWA publishing, 2003.

[150] Williams, Paul T. Waste treatment and disposal. Witerwoof Inc. , 2009.
[151] Maczulak, Anne E. Waste treatment: reducing global waste. Facts on File, 2009.
[152] Lawrence K Wang, Yung-Tse Hung, Nazih K Shammas. Handbook of Advanced Industrial and Hazardous Wastes Treatment. CRC Press, 2009.
[153] Henke, Kevin R. Arsenic: environmental chemistry, health threats and waste treatment. John Wiley & Sons, 2009.
[154] Lawrence K Wang, Nazih K Shammas, Yung-Tse Hung. Advances in hazardous industrial waste treatment. CRC Press, 2008.
[155] Say Kee Ong. Natural processes and systems for hazardous waste treatment. American Society of Civil Engineers, 2008.
[156] Nelson Leonard Nemerow. Industrial waste treatment. Elsevier/Butterworth-Heinemann, 2007.
[157] Lawrence K Wang, Yung-Tse Hung, Howard H Lo. Hazardous industrial waste treatment. CRC/Taylor & Francis, 2007.
[158] Maryam Noor. Complete book on waste water treatment. Cyber Tech, 2007.
[159] Peter C G Isaac. Waste treatment. Symposium Publishings Division, 2005.
[160] Paul T Williams. Waste treatment and disposal. J. Wiley & Sons, 2005.
[161] Piet N L Lens, Christian Kennes, Pierre Le Cloirec. Waste gas treatment for resource recovery. IWA Publishing, 2006.
[162] Lawrence K Wang, Yung-Tse Hung, Howard H Lo, et al. Waste treatment in the food processing industry. CRC Press, 2005.
[163] Woodard & Curran Inc. Industrial waste treatment handbook, Second Edition. Butterworth-Heinemann, 2005.
[164] Nelson Leonard Nemerow. Industrial waste treatment: contemporary practice and vision for the future. Butterworth-Heinemann, 2006.
[165] Frank Woodard. Industrial waste treatment handbook. Butterworth-Heinemann, 2001.
[166] Gaetano Joseph Celenza. Industrial waste treatment processing engineering guide series. CRC Press, 2000.
[167] John Arundel. Sewage and industrial effluent treatment. Wiley-Blackwell, 2000.
[168] Ralf Koppmann. Volatile organic compounds in the atmosphere. Wiley-Blackwell, 2007.
[169] Paige Hunter, Ted Oyama S. Control of volatile organic compound emissions: conventional and emerging technologies. John Wiley, 2000.